我们一起解决问题

心理咨询中的财务议题

布兰德利·T. 克朗茨（Bradley T. Klontz）
[美] 索尼亚·L. 布里特（Sonya L. Britt） ◎主编
克里斯蒂·L. 阿丘利塔（Kristy L. Archuleta）

王静华◎译　李孟潮◎审校

FINANCIAL THERAPY
THEORY, RESEARCH, AND PRACTICE

人民邮电出版社
北　京

图书在版编目（CIP）数据

心理咨询中的财务议题 /（美）布兰德利·T. 克朗茨（Bradley T. Klontz），（美）索尼亚·L. 布里特（Sonya L. Britt），（美）克里斯蒂·L. 阿丘利塔（Kristy L. Archuleta）主编；王静华译. -- 北京：人民邮电出版社，2021.2
ISBN 978-7-115-55125-2

Ⅰ. ①心… Ⅱ. ①布… ②索… ③克… ④王… Ⅲ. ①心理咨询 Ⅳ. ①B849.1

中国版本图书馆CIP数据核字（2020）第213217号

内容提要

明明不需要，却忍不住购买；明明没有用，却舍不得扔掉；明明存款位数不断增长，却依旧不敢花钱；明明赌博已经令自己负债累累，却依旧期待下一次赢回所有……为什么明知道，却依旧停不下来？这些"明知道"恐怕是在心理咨询和治疗中经常遇到的议题。

《心理咨询中的财务议题》指出，每个人都有自己的金钱脚本，有些符合实际情况，有些则与实际情况相去甚远，无论如何，其中都蕴含着深远的意义：或许代表着爱，或许代表着被爱，或许代表着身份认同，或许代表着自我安抚，或许代表着无意识中的自我破坏冲动，如此等等，不一而足。识别这些脚本，并且有针对性地进行咨询和治疗，是本书的重点所在。本书在咨询和治疗方面给出了原有咨询理论和技术之外的新视角，如福特财务赋权模型、过度购物制动模型等，让心理咨询的视野更广泛了。

本书适合心理咨询师、心理治疗师、社会工作者、理财规划人员阅读。

◆ 主　　编　［美］布兰德利·T. 克朗茨（Bradley T.Klontz）
　　　　　　　［美］索尼亚·L. 布里特（Sonya L.Britt）
　　　　　　　［美］克里斯蒂·L. 阿丘利塔（Kristy L.Archuleta）
　　译　　　王静华
　　审　　校　李孟潮
　　责任编辑　柳小红
　　责任印制　杨林杰

◆ 人民邮电出版社出版发行　北京市丰台区成寿寺路11号
邮编 100164　电子邮件 315@ptpress.com.cn
网址 https://www.ptpress.com.cn
涿州市京南印刷厂印刷

◆ 开本：720×960　1/16
印张：26　　　　　　　　　　　　　　　2021年2月第1版
字数：480千字　　　　　　　　　　　　2021年2月河北第1次印刷

著作权合同登记号　图字：01-2019-0412号

定　价：108.00元

读者服务热线：（010）81055656　印装质量热线：（010）81055316
反盗版热线：（010）81055315
广告经营许可证：京东市监广登字20170147号

中文推荐序

金钱的本质是客体关系中价值感交换的工具

李孟潮，精神科医生，个人执业

墨子曾说："非无安居也，我无安心也；非无足财也，我无足心也。"这句话是我从业初期一位老前辈用来劝慰我们的，因为我们对他抱怨——我们太穷了。

众所周知，心理咨询这个行业是很需要墨子那样的安贫乐道精神的：用"安心"去笑看房价涨跌，用"足心"去面对自己那低于市民平均收入的工资。

正如本书所写，调查发现，大多数心理咨询师都具有金钱回避的风格。这大概也是我们这个职业的伦理要求。

当然，在工作中，我们不能把墨子这种金钱观灌输给来访者。但是，正如来访者们或迟或早会谈到性爱带来的苦恼一样，他们也或多或少会谈论金钱带来的问题。

钱的问题，牵扯出性的问题，然后又影响到孩子问题。就像一个国家，经济问题会影响军事，军事影响政治，政治影响文化，文化反过来制约经济。钱、性、孩子这三个问题可以说是立家之本。

偏偏钱的问题在心理咨询的专业培训中几乎完全不涉及。所以咨询师们也学会了，一旦遇到钱的问题就转向其他方面——你这不是缺钱，是缺爱啊。

一旦说到缺爱，我们就轻车熟路了。

心理咨询中的财务议题

这不就是依恋关系出了问题吗，和你妈不爱你有关：你妈不爱你，你的自体价值感就低，价值感低，你就用钱来补偿，你这是投射啊。你要学会共情啊。

然后呢，来访者会一脸茫然，心中暗想：我明明只是和爱人关系不够融洽，希望有所改变。什么我妈？什么自体？什么共情？这帮心理咨询师啊，怎么想的啊。难道股市大跌，房价大涨，留学费用每年八万美元是我妈造成的？中产阶层下沉是因为我妈不爱我？要这样，那我也太自恋了！

更有些来访者会从心理咨询票友转型做心理咨询师。转型后的女性咨询师会在心理咨询中开始发现，男性来访者的问题都和自己老公差不多，很多人还不如自己老公。大多数女性来访者也都在抱怨跟先生沟通不畅，有时候简直是鸡同鸭讲。

来"访"者变成了来"犯"者，让人心乱如麻。

因为有人说来"犯"者们付钱了，是我们的顾客，所以有些咨询师问："我不要这来访者的钱，我能骂他吗？"还有不差钱的咨询师问："我倒贴钱给他，我可以骂他吗？"

钱的问题，存在于来访者家庭中，存在于咨询师家庭中，同样存在于咨询关系中。

这本书被选中、被翻译，也就起源于此。

我曾经组织过一个专业精深的治疗师群研究心理治疗问题。结果发现，每次一讨论钱，群里就炸锅了，各种无力、无能加无知尽现。

我们一边反思一边查文献，发现讨论金钱的困难不仅仅在中国存在，在美国一样存在。

难怪在我们借鉴的世界各国的心理治疗师培训中，没有一个包含金钱讨论的专题课程。

在反复寻找、讨论文献的过程中我们发现，这本书堪称最优秀的一部图书。

此书整齐划一，虽然是多位作者合作，但是并没有出现合著图书常见的问题——各自为政、自说自话，而是每章的作者都遵循了美国临床心理学的标准体例。

在本书的第一部分，编者们专门用了六章的篇幅介绍了心理咨询中财务治疗的基础理论以及诊断、评估。这种结构隐约显示出，财务治疗未来的发展将会变成一种跨领域的治疗模型，类似企业教练、正念训练等领域，而不仅仅是财务问题的心理治疗了。

在介绍具体疗法的第二部分和第三部分中，每章都包括了治疗理论、治疗原则、治疗案例、治疗结果、伦理考量和未来发展六个部分，内容非常清晰明确，便于读者深入学习。本书介绍的 13 种疗法大都体现了美国的逻辑实证主义文化，编者还专门把这些疗法分为两组：一组以研究证据为主，另外一组则以经验证据为主。

当然，任何外来物种移植到我国都会面临适应和改造的问题，本书也不例外。

例如，书中有作者提出不介入孩子的财务状况，如不帮孩子买房、不帮孩子支付上大学的费用。这在中国是不现实的。即便在美国，最近几年，由于一些私立大学的费用飞涨到了每年 6 万 ~ 8 万美元，好多美国青年也不得不"啃老"了。

另外，本书还介绍了财务报表的记录和统计，列出了几个令非处女座人士看了望而生畏的表格。如果是在 20 年前，这个技术在中国还是适用的，现在则几乎成了落后守旧的笑话。因为支付宝、手机银行等付费工具可以自动生产报表并且设定预算。

除了以上细节外，我想，对于我们中国的心理治疗师而言，反思心理治疗中的金钱情结和金钱哲学显然具有深远的意义。

马克思主义理论认为，人的本质在其现实性上是一切社会关系的总和。

心理咨询中的财务议题

我们也可以说，金钱的本质是客体关系中价值感交换的工具。如同婚姻或伴侣咨询中我们常遇到的争吵，归根结底往往是先生希望自己男主外的价值感能够被太太看到和承认，而太太则希望自己女主内的价值感被承认。但是他们似乎都担心一旦承认对方的价值，自己的价值就烟消云散了。

如果进行长期治疗，来访者迟早有一天会问治疗师："老师，你自己在家里如何安排金钱？你自己倾向于哪一种金钱观？"

这时候，一般来说，治疗师不宜继续躲在职业身份之后，不展现自己个人的生活观。正如荣格所言：

> 这种哲学讨论是心理治疗有必要赋予自己的任务……这一问题必须以某种方式得以回答，因为病人相当有可能期望我们说明我们的判断及决定。并不是所有的病人都会容忍我们拒绝提及此种说明，而被他们认定为像婴儿那样自卑，更不用说事实是，此类治疗性大错会截断我们治疗之根基。换句话说，心理治疗的艺术要求治疗师拥有可明言、可信任、可防卫的信仰。

这时候治疗师感受到的感觉就是和来访者赤裸相见，正如婚姻咨询要在金钱–价值观、性爱–婚姻观、育儿–事业观[①]等各方面展开讨论一样。治疗师也必须加入这种讨论。这种讨论有时候非常激烈，甚至涉及政治哲学立场，如究竟哪一种婚姻观是公平和正义的。

这些讨论的前提当然是来访者具有一定的金钱心理学头脑，接受金钱心理学的教育。因为询问此类问题的咨询师太多，而可以寻找到的资源又有限，故此特意推荐此书。

最后，也是最重要的，要感谢本书译者王静华咨询师。财务治疗的英文书

---

① 我之所以将育儿–事业观并列，是因为育儿与事业并不是截然对立两分的事件，选择亲密育儿法的母亲们，大多同时选择职业停顿，从而错过职业成长期，育儿则变成了她的事业。

我们专业圈讨论多次，直到王老师自告奋勇，一马当先，此书才得以翻译，她的翻译极其认真，很多章节审校下来仅有几个错别字。

本书的出版将大大弥补心理咨询（治疗）领域的一种缺憾，为咨询师直面并解决金钱议题提供有益的抓手。

英文版序

很荣幸有机会写这篇序言，为心理咨询中新兴的财务治疗领域略尽绵薄之力。仔细思量财务治疗领域在近十年内怎样从无到有、从鲜为人知到众所周知，更深感本书的结集出版实属不易。它让我联想到谈及宇宙起源时科学家们提出的"宇宙大爆炸"理论：起始于虚无缥缈的思想，终结于实实在在的运动。

我有幸见证一个新的研究领域的诞生并成为其中的一员。2004年，在现在被称为财务治疗的领域，只有极少数默默无闻的临床工作者辛勤耕耘，当时该领域还没有确定的名称，研究意图和目的也不甚明朗。就像任何一场运动都有一群灵魂人物一样，财务治疗领域也不例外。这群灵魂人物跟随自己的预感、直觉和经验，相信有些东西和金钱有关，就如金钱与人类行为有关一样。对于该领域的绝大多数研究者而言，其研究过程如同艰难的跋涉，且都是孤独前行，他们无法从其他财务治疗师那里汲取知识，没有支持，没有信任，没人关注，甚至不知道哪些议题会成为现在这个蓬勃发展领域的一部分。在那个时候，当临床工作者提到财务治疗的相关议题时，行为健康领域和专业财务领域的同行即便对其没有公开的嘲讽，那种不屑一顾也是显而易见的。对于财务治疗领域而言，如同行为健康领域几乎所有新想法所走过的历程一样，能够为来

心理咨询中的财务议题

访者提供助益的实践，总是先于理论的构建与研究。

经济大衰退可以说是财务治疗的催化剂，因为主流文化开始尝试从系统层面和个人层面理解当时到底发生了什么。考虑到决策的结果伤害了这么多人，甚至差点摧毁了一种生活方式，越来越多的关注和好奇聚焦在了灾难性决策背后的心理因素和行为因素上。财务治疗也开始关注在人类天性和财务行为方面我们可以做些什么。

需要注意的是，在财务治疗领域，不论是仍然活跃的研究先驱，还是最近加入该领域的新手研究者，大家都需要意识到下面这个问题并予以慎重对待：各个领域的先驱都有一种倾向性，即紧紧地抓住某个特定的概念或方法并捍卫"它"就是"这个"概念或方法。从历史性视角来看，类似财务治疗这样的领域见证了这种僵化刻板，即便它没有孤注一掷地依附于某种思想意识形态。这种做法毫无意义，只会限制乃至耽误一个领域的发展，这种耽误可能是10年甚至更长时间。以我的经验而言，一个领域的第二代、第三代研究者和实践者塑造了这个领域的理性与客观。与其先驱不同的是，他们没有特定的情感倾向或占据某个特定方法的想法，他们对其他有价值的思想和方法持开放心态，糅合不同的思想以发展属于他们自己的独特方法。行为金融学的研究已经证实，如果某样东西是"我们的"，我们很可能夸大其价值，结果就容易导致无视事实并拒绝异见。其他领域也是如此，这某样东西可能是"我们的"咖啡杯、"我们的"家、"我们的"思想或者"我们运用的"开展财务治疗的方法。

对所有可能性持开放心态，不把有限的时间和精力用在构建并捍卫"我们的"概念或方法上，这对财务治疗领域而言颇具挑战性。就这一点来说，《心理咨询中的财务议题》还有待进一步完善。但是本书代表了编者们对兼容并蓄精神的认可与承诺，他们尽自己所能使财务治疗这一新兴领域不再四分五裂，转而关注建构一种理论体系，并在这个过程中积极借鉴其他领域的理论和经验。本书代表了心理咨询中财务治疗领域当前的最新研究成果。

本书介绍了财务治疗领域的诸多实践，并分享了具有创新性的新方法。对财务治疗领域而言，目前还没有典型的标准的"最佳实践"，而本书给出的每一种方法都已经得到了时间的验证，所以这些方法都具有潜在的实践价值。本书检视了那些可有效地解决来访者所面临问题的方法，并且向研究者和临床工作者提供了具体可操作的、极具价值的方法。

总而言之，当我们在财务治疗领域携手前行时，最重要的是继续让研究先行。而明智的做法是牢记下面这句格言："毫无差别地对待不同的事物是最不公正的（事情）。"

保罗·特德·克朗茨（Paul Ted Klontz），哲学博士
克朗茨咨询集团总裁
2014 年 4 月 14 日

目录

导　言 ··· 1

第一部分　财务治疗理论

第 1 章　财务治疗：一个新兴领域 ························· 8
引言 ··· 8
历史回顾 ··· 10
对于财务治疗的需要 ······································· 13
目标读者 ··· 15
伦理考量 ··· 15
未来方向 ··· 18

第 2 章　财务治疗理论、模型与整合 ···················· 20
引言 ··· 20
理论是什么 ·· 21
理论整合和技术折中主义 ································· 25
伦理考量 ··· 26
未来方向 ··· 27

第 3 章　金钱脚本 ·· 28
引言 ··· 28
金钱脚本 ··· 29
改变金钱脚本 ··· 34

伦理考量 ·· 37
　　　未来方向 ·· 38

第 4 章　金钱障碍 ·· 39
　　　引言 ·· 39
　　　金钱障碍 ·· 40
　　　伦理考量 ·· 68
　　　未来方向 ·· 69

第 5 章　财务治疗评估 ·· 70
　　　引言 ·· 70
　　　资产和负债 ·· 74
　　　收入与支出 ·· 75
　　　财务比率 ·· 77
　　　克朗茨金钱脚本调查问卷 ·· 79
　　　克朗茨金钱行为调查问卷 ·· 82
　　　财务焦虑量表 ·· 85

第 6 章　财务治疗的文化性回应七步骤 ······································ 87
　　　引言 ·· 87
　　　步骤 1：了解影响自身的文化 ·· 88
　　　步骤 2：认识自己的特权 ·· 90
　　　步骤 3：了解来访者的文化 ·· 92
　　　步骤 4：尊重来访者文化上的某些优势 ·· 94
　　　步骤 5：区分问题的内外因 ·· 95
　　　步骤 6：不要否认来访者经历的让人难以忍受的体验 ···························· 96
　　　步骤 7：不要挑战来访者的核心文化 ·· 98
　　　未来方向 ·· 99

第二部分　基于研究的财务治疗模型

第 7 章　体验性财务治疗——体验性疗法视角下的财务治疗 ··················· 102
　　　引言 ··· 102

理论思考 ·· 103
　　案例研究 ·· 112
　　伦理考量 ·· 115
　　未来方向 ·· 117

第 8 章　焦点解决财务治疗——焦点解决疗法视角下的财务治疗 ······ 119
　　引言 ·· 119
　　SFT：综述 ··· 120
　　SFT 在财务治疗中应用 ······································· 128
　　案例研究 ·· 135
　　伦理考量 ·· 142
　　未来方向 ·· 143

第 9 章　认知行为财务治疗——认知行为疗法视角下的财务治疗 ······ 144
　　引言 ·· 144
　　信念和行为的关系 ·· 144
　　认知行为技术 ·· 146
　　用 CBT 治疗金钱障碍 ·· 151
　　案例研究 ·· 155
　　伦理考量 ·· 158
　　未来方向 ·· 158

第 10 章　合作关系模型 ·· 160
　　引言 ·· 160
　　背景 ·· 160
　　财务治疗的合作关系模型 ···································· 162
　　理论思考 ·· 166
　　案例研究 ·· 167
　　伦理考量 ·· 170
　　未来方向 ·· 171

第 11 章　福特财务赋权模型 ···································· 173
　　引言 ·· 173

3

本章概论 ·· 173
　　理论思考 ·· 174
　　财务治疗中的赋权 ······································ 176
　　福特财务赋权模型 ······································ 177
　　案例研究 ·· 184
　　伦理考量 ·· 190
　　未来方向 ·· 190

第 12 章　过度购物制动模型·· 192

　　引言 ·· 192
　　强迫性购物障碍 ·· 193
　　过度购物制动模型 ······································ 196
　　案例研究 ·· 202
　　伦理考量 ·· 211
　　未来方向 ·· 212

第三部分　基于实践的财务治疗模型

第 13 章　系统财务治疗——系统理论视角下的财务治疗············ 220

　　引言 ·· 220
　　系统疗法 ·· 221
　　伴侣与财务理论 ·· 224
　　原则与策略 ·· 230
　　案例研究 ·· 232
　　伦理考量 ·· 238
　　未来方向 ·· 238

第 14 章　叙事财务治疗——叙事理论视角下的财务治疗············ 239

　　引言 ·· 239
　　理论 ·· 240
　　叙事财务治疗的原理与策略 ······························ 242
　　案例研究 ·· 251

伦理考量·········257
　　未来方向·········257
　　附录1·········258

第15章　女性主义财务治疗——女性主义视角下的财务治疗·········260
　　女性主义理论·········260
　　女性主义财务治疗·········268
　　女性主义财务治疗的应用·········269
　　伦理考量·········273
　　未来方向·········273

第16章　面向女性的接纳与承诺疗法视角下的财务治疗·········275
　　引言·········275
　　女性与金钱·········276
　　接纳与承诺疗法·········278
　　ACT概要介绍·········279
　　接纳与承诺财务治疗练习·········281
　　伦理考量·········292
　　未来方向·········292

第17章　心理动力学财务治疗——心理动力学视角下的财务治疗·········294
　　引言·········294
　　理论概念·········295
　　案例研究·········308
　　结果·········312
　　伦理考量·········313
　　未来方向·········313

第18章　自体心理学财务治疗——自体心理学视角下的财务治疗·········315
　　引言·········315
　　自体心理学及治疗结果·········316
　　案例研究：第I部分·········318
　　理论思考：第I部分·········319

案例研究：第Ⅱ部分 · 323
　　理论思考：第Ⅱ部分 · 324
　　理论思考：第Ⅲ部分 · 328
　　案例研究：第Ⅲ部分 · 330
　　结果 · 335
　　伦理考量 · 336
　　未来方向 · 337

第 19 章　人本主义财务治疗——人本主义心理学视角下的财务治疗 · · · · **339**
　　引言 · 339
　　人本主义的心理疗法的定义及综述 · 341
　　人本主义的心理疗法的结果研究 · 342
　　共同因素 · 343
　　人本主义疗法 · 344
　　伦理考量 · 359
　　未来方向 · 360

第 20 章　动机式访谈与改变阶段视角下的财务治疗 · · · · · · · · · · **361**
　　引言 · 361
　　改变过程 · 362
　　改变的前兆 · 364
　　通过动机式访谈处理来访者对改变的阻抗 · · · · · · · · · · · · · 368
　　案例研究 · 372
　　伦理考量 · 377
　　未来方向 · 378

致　　谢 · 379

编者简介 · 383

作者简介 · 387

导 言

《心理咨询中的财务议题》是心理咨询中财务治疗领域的第一本专业书，它涉及理财规划和精神健康两大专业领域。财务治疗关注与财务幸福感有关的个体内在面向和人际间面向。除了成立财务治疗协会（Financial Therapy Association）、发行《财务治疗期刊》（*Journal of Financial Therapy*）之外，财务治疗也得到了越来越多的主流新闻媒体的持续关注与专题报道。

本书的目标读者是从事财务治疗的专业人士，包括以下人员：（1）对理财规划和投资心理学感兴趣的理财规划师（financial planners）；（2）需要一定的工具来帮助来访者应对财务问题——他们生活中的首要压力源——的精神健康专业人员；（3）聚焦理财规划、金融心理学和行为金融学的研究人员；（4）专业领域涉及理财规划、心理学、心理咨询、社会工作、婚姻与家庭治疗和家庭研究的研究生和本科生。

章节概览

《心理咨询中的财务议题》分为三个部分：第一部分"**财务治疗理论**"聚焦于财务治疗这一新兴领域，涉及金钱脚本（money scripts）、金钱障碍（money disorders）和评估；第二部分"**基于研究的财务治疗模型**"介绍具体的财务治疗方法，这些方法已经通过了同行评议，并得到公开发表；第三部分"基于实践的财务治疗模型"探索如何利用已有的心理治疗理论发展新的财务治疗模型。本书的每章内容都经过了谨慎挑选，挑选的依据是编著者在各自专业领域的研究和专业技能。在财务治疗理论和财务治疗模型部分，本书还提供了可供读者使用的财务治疗工具。本书的特点是理论结合研究，并通过案例实践进一步深化理论，在理论、研究和实践之间建立起联系。作为主编，我们在本书中收录了各类财务治疗理论模型和方法。然而，这并不代表我们每个人都熟知或赞同这些方法的全部面向，因为我们每一个人在工作中都有自己的偏好。但是，我们力图提供更加宽泛多样的方法，期望读者能就这些模型和方法是否与自己的受训背景、所属的思想流派、信念体系相匹配而得出自己的结论，并最终发展出自己偏好的与来访者工作的方式。随着研究越来越深入，财务治疗将会得到进一步发展，帮助更多的人解决与金钱相关的问题。

↳ 第一部分：财务治疗理论

第 1 章"财务治疗：一个新兴领域" 本章抛砖引玉，论述了财务治疗的当前状况，既探究了财务治疗的起源，财务治疗、理财教练和理财规划之间的差异，也涉及伦理方面的思考，并且讨论了在财务治疗的发展过程中理论和循证实践的重要性。

第 2 章"财务治疗理论、模型与整合" 本章探究了各种心理治疗理论，以及怎样利用这些理论概念化财务健康、金钱障碍和财务治疗。理论是什么，它为什么很重要，它在财务治疗领域是如何发挥作用的，理解这些对于该领域的发展十分重要。本章的目的便是帮助读者深刻地理解理论，并知悉如何在财务治疗工作中更好地对其加以使用。

第 3 章"金钱脚本" 本章回顾了金钱脚本的相关文献，包括潜意识、情境化束缚、关于金钱的部分事实信念等，它们通常在一个人的儿童期发展形成，并决定了一个人成年后的财务行为。本章探究了四类金钱脚本，分别是金钱崇拜、金钱地位、金钱回避和金钱警觉，并论述了有助于财务治疗师识别并转变来访者金钱脚本的相关技术。

第 4 章"金钱障碍"　本章聚焦于九类金钱障碍，它们已经在财务治疗领域的相关文献中得到确认，包括强迫性购物障碍、赌博障碍、工作成瘾、囤积障碍、财务否认、财务利他、财务依赖、财务卷入和财务不忠。本章分别探究了各类障碍的征兆、症状及治疗方法。

第 5 章"财务治疗评估"　本章首先阐述了在财务治疗中为什么评估很重要，接着介绍了六个经过验证的财务治疗评估工具，它们都经过了严格的同行评议。本章对每种评估工具的描述都非常详细，包括该工具的心理测量属性及其适用人群（不仅临床工作者可将其应用于与来访者的实践工作中，学者也可将其应用于调研研究中）。

第 6 章"财务治疗的文化性回应七步骤"　本章检视了文化在财务治疗干预结构化方面的重要性，介绍了在跨文化环境中财务治疗干预结构化的关键步骤。

第二部分：基于研究的财务治疗模型

第 7 章"体验性财务治疗——体验性疗法视角下的财务治疗"　该治疗方法是在《华尔街日报》《纽约时报》《早安美国》和《ABC 新闻的 20/20》等媒体中以专题形式重点介绍过的方法。本章既描述了体验性财务治疗的理论基础，也回顾了关于模型有效性的研究，并进一步介绍了其在具体案例中的实际应用。

第 8 章"焦点解决财务治疗——焦点解决疗法视角下的财务治疗"　该治疗方法的有效性已经在其他心理健康问题方面得到了确证，如成瘾问题、亲子关系问题、学业问题、攻击性问题和长期疾病问题等。该疗法是一个实用的方法，其重点是聚焦于来访者的优势，以帮助来访者获得期望的结果。

第 9 章"认知行为财务治疗——认知行为疗法视角下的财务治疗"　本章

聚焦于认知行为理论和技术在财务治疗中的应用，主要回顾了采用认知行为疗法治疗金钱障碍的相关研究，探究了认知行为治疗的相关概念，如自动化思维、潜在信念、行为技术、家庭作业、图式和思维记录等。

第 10 章 "合作关系模型"　该模型的基础概念源自两位出色的财务治疗师，他们都在各自擅长的领域为来访者提供过深入且全面的财务治疗。本章介绍了合作关系模型及其理论框架基础和实际应用，并讨论了咨询师和来访者是如何从中受益的。

第 11 章 "福特财务赋权模型"　该模型把家庭治疗中常用的理论模型和基本财务咨询方法相结合，致力于财务成功和财务赋权。福特财务赋权模型整合了两种以理论为主的心理治疗方法，即认知行为心理方法和叙事方法，还介绍了相关财务咨询技能发展。本章不但描述了该模型的不同阶段及技术，也给出了赋权和情境方面的思考。

第 12 章 "过度购物制动模型"　本章从心理动力学疗法、认知行为疗法、接纳与承诺疗法中提炼出一个综合性的、为期 12 周的体验项目。这个项目通过教授特定的技能和策略，帮助过度购物患者打破强迫性购物的恶性循环并发展出让生活更丰富多彩的能力。本章在阐述理论的同时辅以案例介绍，并给出了该模型有效性的随机对照试验的研究结果。

↓　第三部分：基于实践的财务治疗模型

第 13 章 "系统财务治疗——系统理论视角下的财务治疗"　本章聚焦于如何将家庭系统理论应用于财务治疗。考虑到那些关系是如此重要、复杂，尤其是当它和金钱纠缠在一起的时候，所以治疗师有能力解释家庭和伴侣关系的循环论证，是与来访者开展有效工作的根本。本章提供了一个根植于系统理论的理论框架及相应的案例研究，以帮助研究者和临床工作者更好地理解关系和金钱，尤其是伴侣关系。

第 14 章 "叙事财务治疗——叙事理论视角下的财务治疗"　本章聚焦于叙

事疗法在财务治疗中的应用。本章所涉及的叙事和认知行为干预方法整合了理财规划六步骤过程，适合心理健康专业人员和金融专业人员在其实际工作中应用。

第 15 章 "女性主义财务治疗——女性主义视角下的财务治疗" 本章既强调了女性主义理论在财务治疗中的应用，也介绍了女性主义理论的历史脉络和理论要点。本章聚焦于女性当前在社会中的角色，具体地评估了女性就业带来的转变，进一步论述了这些社会性改变对家庭系统的影响，并在章末概要论述了女性主义财务治疗的优点、局限性和应用情况。

第 16 章 "面向女性的接纳与承诺疗法视角下的财务治疗" 本章是以接纳与承诺疗法为理论基础的治疗指南，旨在帮助女性，使其财务行为与其价值观更加一致，即便她们的信念和情绪受到很多限制。本章提出的七人会谈小组的接纳与承诺财务治疗模型旨在教授女性相关技能，如正念、接纳、与想法保持距离等，以使她们更能基于自己的核心价值观做出财务选择。

第 17 章 "心理动力学财务治疗——心理动力学视角下的财务治疗" 本章以发展及人格理论为基础探讨财务心理治疗，这些理论是从西格蒙德·弗洛伊德及其追随者的学说中发展而来的，通常被称作精神分析取向心理治疗。本章论述了精神分析的常用概念，以及这些概念如何能够帮助个体理解人类关系；并且讨论了人们在与金钱有关的沟通和理性思考方面为什么会困难重重，以及诸多心理治疗师（包括弗洛伊德）乃至金融专业人员为什么难以处理与金钱有关的问题。

第 18 章 "自体心理学财务治疗——自体心理学视角下的财务治疗" 本章介绍了一个涉及金钱、象征、信念、态度和情绪的发展过程，并指出这一过程对金钱事务的影响。本章利用研究和临床实践案例进一步阐明了所论述的方法，财务顾问和财务治疗师可以从中受益：更好地理解影响外在金钱决策的内在力量，更有效地与来访者工作。

第 19 章 "人本主义财务治疗——人本主义心理学视角下的财务治疗" 本章讨论了人本主义方法的优势，主要包括以下三点：（1）通过共情、无条件积极关注和真诚一致建立治疗联盟；（2）投入并促进患者的内在成长趋势；（3）修通情绪障碍和对治疗性改变的阻抗。本章也回顾了特定的人本主义方法（如格式塔疗法、存在主义疗法、以人为中心的疗法和情绪聚焦疗法等），并阐明了该如何将这些方法应用于财务障碍治疗。

第 20 章 "动机式访谈与改变阶段视角下的财务治疗" 本章力图在财务治疗中整合改变阶段模型和动机式访谈模型。本章在探究诸如面对改变的矛盾情绪、对改变的阻抗和修通阻抗的技术等概念的同时，就如何建构干预方式也给财务治疗师提出了具体建议，并通过案例阐明该理论在财务治疗中的应用。

第一部分
财务治疗理论

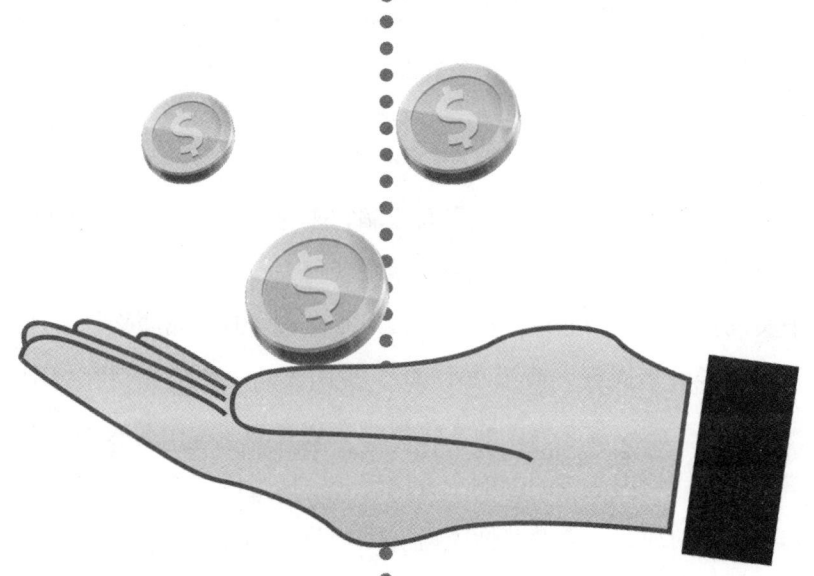

第 1 章
财务治疗：一个新兴领域

索尼亚·L. 布里特；布兰德利·T. 克朗茨；克里斯蒂·L. 阿丘利塔

引言

> 财务治疗是一个新兴领域，它整合了认知、情绪、行为、关系和经济等诸多领域的知识来对财务健康进行评估和治疗。
>
> 成立于2009年的财务治疗协会（Financial Therapy Association，FTA）是财务健康和精神健康临床工作者和研究者分享财务治疗观点的平台。

我们的生活离不开金钱——我们依靠它来保障衣食住行。我们不仅利用金钱来满足生活的基本需求，还利用金钱来获得安全感、稳定感、品质感，并用金钱来实现各种目标和愿望。尽管金钱以及金钱管理非常重要，高中或大学却很少开设金钱管理课程。截至 2014 年，美国大约一半的州只在高中课程中开设了一学期的金融教育课程，或者仅仅是在现有的课程中加入了个人财务的内容。糟糕的金钱管理造成的影响十分广泛——从过度消费、信用卡欠债，到与合伙人和家庭的冲突，以及赌博障碍、囤积障碍和破产等法律问题。在以上问题的解决中，个人对金钱的态度和个人与金钱的关系发挥着至关重要的作用。财务治疗是一个新兴领域，主要工作由财务领域和精神健康领域的专家完成，他们致力于研究金钱与个人内在、金钱与人际关系等各个方面的问题，整合了认知、情绪、行为、关系和经济等多个方面以促进人们的财务健康。财务治疗的终极目标不只是提高人们的财务幸福感，而且要提高人们的生活品质。

财务治疗是一个新兴领域，到目前为止，与之相关的专业课程和培训项目都很少。虽然多所学校为理财规划专业的学生提供了与财务治疗相关的咨询课程，但目前只有堪萨斯州立大学这一所学校开设了专门的财务治疗课程。而在相对传统的精神健康领域，几乎没有开设与财务治疗相关的课程，这使精神健康临床工作者在面对前来咨询财务问题的来访者时缺乏应对能力。教育工作者、临床工作者和研究工作者一致认为，心理治疗领域不应该缺少有关财务治疗的培训。促进人权和社会与经济的公平是社会工作的应有之义，而这也是财务治疗的核心追求。举例来说，金融从业者通常要接受金融、会计、商业管理和理财规划等领域的训练。最知名的理财规划考试由注册理财规划标准理事会（Certified Financial Planning Board of Standards，CFP Board）负责。CFP 委员会于 2012 年把人际沟通技能列入基本考试范围，但是没有提供相关的专业课程，这导致理论和实践的脱节。而理财规划和其他金融培训课程目前并没有将金融决策行为和态度的内容包含其中。

和其他任何一个新领域一样，从业经验和学术研究对财务治疗领域地位的奠定必不可少。自从 2009 年 FTA 成立以来，有关财务治疗的学术研究成果激增。由 FTA 赞助的《财务治疗期刊》（Journal of Financial Therapy）以财务治疗的前沿研究和最新理论发展为特色，为学术论文的发表提供了专业平台。图 1.1 是主流互联网搜索引擎的搜索结果，显示了过去 10 年中与"财务治疗"有关的研究性参考条目数量及总参考条目数量的历史趋势。从 2011 年开始，与"财务治疗"有关的搜索条目多达 1 000 条（在 2011 年以前，互联网搜索引擎不会验证搜索条目是否来自同一个用户，也就是说，同一个人多次搜索会被多次计入），而到了 2013 年，与"财务治疗"有关的搜索结果的数量已经超过 1 500 条。

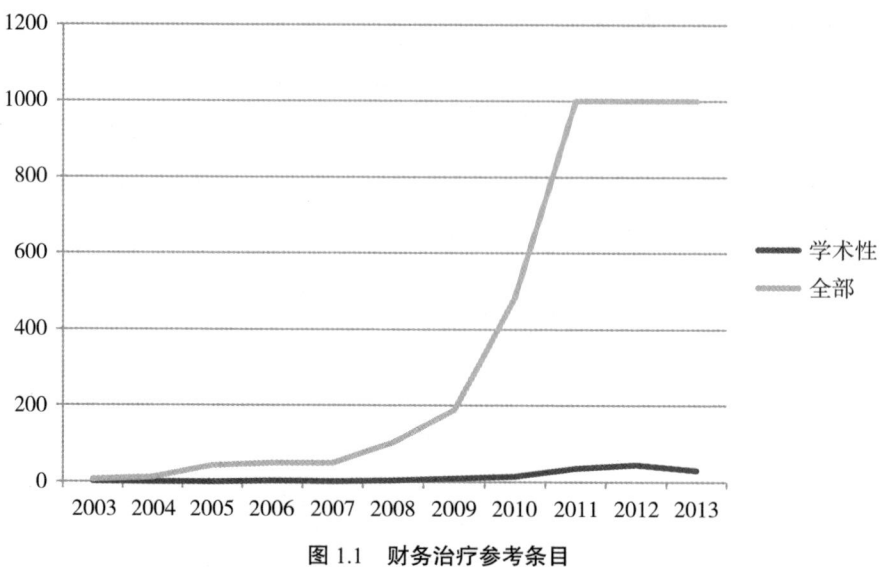

图 1.1　财务治疗参考条目

作为财务治疗领域的主要从业者，我们尝试与其他领域的从业者合作，以便厘清财务治疗是什么及其发展方向。本书提供了该领域在今后的工作中可资借鉴的经验资料和理论框架。在本书的第二部分和第三部分中，我们分别回顾了以研究发现为基础的理论模型（第二部分），以及仅仅是基于理论、需要进一步实证检验的其他理论模型（第三部分）。

历史回顾

虽然不知道"财务治疗"这个术语是从什么时候开始使用的，也不知道是谁第一个使用了它，但从互联网检索词来看，"财务治疗"一词早在 2001 年就出现了。随着财务治疗的从业者和研究者日益增多，旨在专门研究财务治疗的 FTA 协会于 2010 年成立。FTA 协会成立后不久就创办了《财务治疗期刊》，并在其创刊号上对财务治疗进行了全面的历史性回顾。

财务治疗是一个研究范围明确、正在持续发展的全新领域，它有别于人生理财规划、财务咨询和财务指导。具体而言，理财规划是具有前瞻性并面向未来的，个人通过理财规划可以实现自身和家庭的财务目标。个体要想成为一名注册理财规划师（Certified Financial Planner™），需要对保险、税务、房地产、退休和投资等领域的专业知识进行系统学习，完成一份书面的综合性理财规划书并通过综合考试，此外也要求其拥有3年从业经验。理财规划有一个分支，叫人生理财规划。金德人生规划学院（Kinder Institute of Life Planning）是一所专门从事人生理财规划培训和实践的学院。它主张人生理财规划应有一个前提条件，即在制定理财规划前，人生理财规划师应该首先找出当事人最基本的人生目标，以此为指导来评估其经济状况。换言之，人生理财规划以人生目标、人生价值为前提。与人生理财规划相比，财务治疗虽然也以价值引导财务目标为前提，但它更注重观念、行为和关系动力学，因为它们影响着财务目标的实现。金钱与个人的关系、金钱与人际的关系是一体两面、不可分割的。不考虑个人因素与人际因素，就不能帮助个体充分实现财务目标，也无法使其获得财务幸福感。

财务咨询主要是债务咨询和信用咨询，致力于帮助个人和家庭改善糟糕的财务状况和财务行为，从而实现财务的稳定。个体若想成为一名财务咨询师，需要获得财务咨询、规划及教育协会（Association for Counselors）的认证，需要经过严格的培训、考试。财务咨询师考试主要有两门，一门是关于财务咨询的，一门是关于个人理财的。财务咨询师虽然可以从相对完整的视角来处理来访者的问题，但其关注点还是在理财方面。而财务治疗既可以是前瞻性的，类似于理财规划，也可以是反应性的，类似于财务咨询，它可以既考虑财务问题，也考虑财务幸福感涉及的心理问题和系统性障碍。

在《改善财务状况：理财规划师、教练和治疗师的工具》（*Facilitating Financial Health: Tools for Financial Planners, Coaches, and Therapists*）一书中，克朗茨（Klontz）等人提出了"财务改善决策树"（Financial Facilitation Decision Tree）理念，以帮助财务从业人员正确区分理财规划、财务指导与财务治疗。他们认为，财务压力迫使人们寻求专业的财务建议。而财务压力的来源多种多样，如可能来自于财务危机、遗产继承、创业失败、退休恐惧等。如果当事人虽有财务压力，但并无明显的心理痛苦（如焦虑、抑郁、人际关系紧张等），那理财规划就足以帮助其改善财务状况。如果理财规划没有带来财务行为的改善，那就需要财务教练识别并探索其金钱脚本，以改善其财务状况。克朗茨等人建议，如果从一开始就发现当事人的财务压力伴随着显著的心理痛苦，并且财务教练不足以帮助其改善财务状况，那他们就需要接受财务治疗，以改善无法解决的情绪和功能失调性想法导致的适应不良行为。

克朗茨等人对"教练"和"治疗"做了明晰的区分。他们认为教练主要是针对财务问题提供最优的解决方案，而这些解决方案要符合理财咨询模型。而且，治疗以医学模型为基础，并且涉及精神障碍的诊断和治疗。自从《改善财务状况》一书出版后，财务治疗得到了理财规划师、理财顾问、理财分析师和治疗师的广泛关注。虽然我们赞同克朗茨等人提出的"治疗"这一术语源自于医学模型的观点，但我们认为"心理治疗"这个术语更能准确地表现其与医学的关系。就财务治疗而言，我们认为治疗这个术语的含义更加广泛，并不局限于与金钱有关的精神障碍的诊断和治疗。实际上，治疗有多重定义，既可以被理解为"心理治疗"，也可以被定义为用任何有效的行动、爱好、任务、程序等来缓解紧张。而且"治疗"这个术语已经被广泛应用，可以指那些非医学性的缓解紧张的活动（如健身治疗、音乐治疗、推拿治疗和芳香治疗等）。我们认为在每个领域的专业范围内，在该领域的从业伦理标准的规范内，财务治疗应该广泛应用于包括理财规划、财务咨询、财务指导和财务心理治疗（如赌博障碍、囤积障碍、强迫性购物障碍等）在内的诸多领域。

财务治疗这个术语在业界尚存在争议。这些争议包括财务治疗是什么，个体具备什么技能才可以被称为**财务治疗师**。理财规划师主张，为了开展财务治疗，心理治疗师需要获得与个人理财相关的学位或证书才能够开展财务治疗。而心理治疗师则认为，为了进行财务治疗，理财规划师需要获得与精神健康相关的学位和资质。我们建议读者不要陷入这些争论，而是要关注财务治疗理论、研究和实践是如何有助于自己进行理财规划、教练、咨询并保持精神健康的，或者说是如何有助于自己在本专业领域内进行研究和工作的。

财务治疗是一个全新的领域。随着该领域的持续发展、成熟，独立的课程培训体系将会被开发出来。因而，如何规范使用"财务治疗"和"财务治疗师"这两个术语就变得十分重要。但因为"治疗"一词在诸多场合被广泛地使用，所以它并不是该领域的专用术语。FTA给出的财务治疗的定义认为，为了促进财务健康，精神健康临床工作者有必要对来访者进行整体性评估；为了处理与财务健康有关的认知、情绪、行为和关系方面的问题，临床工作者有必要接受部分心理咨询方面的培训。通过本书，大家将了解有关财务治疗领域的基础知识和基本技能。这些知识和技能涉及认知、情绪、行为、关系和个人理财等诸多领域。尽管目前并没有规定财务治疗师必须经过正规的学术训练，或者获得相关的从业经验，但相关的正规学历教育和认证项目已经出现。或许在不久的将来，个体想成为财务治疗师需要经由专门管理委员会认证或许可，并需要接受相关的课程培训、考试和继续教育。财务治疗是一个被迫切需要且持续成长的领域，接下来我们将谈谈它为何重要。

对于财务治疗的需要

> 尽管近几年学术上对于财务治疗的关注显著增加，但对财务问题相关行为方面的实证研究却寥寥无几。

FTA的成立是十分必要的，首届财务治疗论坛探讨的主要问题便体现了这一点。这些问题集中在以下几个方面：

- 确定财务治疗的有效因素，确定财务治疗计划如何能够得以实施，以及如何将其融入理财规划实践，这些都十分必要；

- 缺乏关于实践技术有效性的研究；
- 缺乏与财务咨询和财务治疗有关的教学资料。借助 FTA，建构帮助来访者的跨学科方法是一个很好的着手点，这可以弥补教学资料的匮乏。

以上问题也是我们编纂此书的根本原因。FTA 之前的多项研究发现，财务问题与人际关系、情绪、行为之间存在联系。我们强调这一发现的原因，是希望说明我们对财务治疗的认知发展到了哪一步，哪些问题得到了关注与研究，哪些问题尚未得到实证性研究。

尽管近几年学术上对于财务治疗的关注显著增加，但对该领域行为方面的实证研究却寥寥无几。考虑到金钱和美国人生活的紧密关系，这一现象颇让人感到惊讶。研究发现，金钱是伴侣之间最为频繁发生争吵的话题之一，并且在婚后头几年的离婚原因中高居第一。研究发现，财务问题是女性来访者前来咨询婚姻问题的首要应激源。布鲁雅（Borooah）认为，生活标准与生活满意度高度相关，当一位伴侣对生活不满（如感到悲伤或抑郁等），另一位伴侣也很有可能受到消极影响。有关对财务问题的认知如何影响人际关系的研究也呈现了类似结果，表明人际关系满意度和财务满意度高度相关。

费奇（Fitch）等人注意到，债务问题的形成与成瘾具有相似的过程。他们研究发现，有心理健康疾病的来访者出现债务问题的概率是没有心理健康疾病的来访者出现债务问题的概率的三倍。他们提出了一个概念化框架，把债务问题视为一个螺旋上升的过程，在这个过程中，来访者对自己的债务问题从可控发展到不可控。这个概念化框架和成瘾的病理性概念非常类似，如果强迫性消费、囤积障碍和赌博障碍长时间得不到干预，那么随着时间的推移，情况会越来越糟糕。个体的行为起初是可控的，慢慢地发展为滥用该行为，最终成瘾。处于恢复期的吸毒人员更有可能出现金钱障碍，这种情况并不少见，因为金钱障碍等财务问题是司空见惯的，是可被社会接受的，所以反而不容易受到关注。除了信用卡公司（当欠款达到一定程度时），没有人关心一个人的花费是否远远超出了其每个月的信用卡额度，并且在很长一段时间内已经没有办法支付最低还款额度。这是因为大家普遍的观点是，个体对社会不会产生直接影响。显然，这个看法是错误的。一个人的行为其实很容易从一种成瘾模式转变为另一种更容易被社会接受的成瘾模式。

目标读者

本书的目标读者是财务治疗专业的学生、临床工作者和研究者。我们的目的是通过对财务治疗的历史性回顾，为未来的财务治疗理论和实践奠定基础。这是财务治疗领域的第一本专业图书，主要面向从事财务治疗的四类专业人士：（1）对理财规划心理和投资行为感兴趣的理财规划师；（2）需要一定的方法来帮助来访者应对财务压力并治疗金钱障碍的精神健康从业者；（3）聚焦理财规划、财务心理学和行为金融学的研究人员；（4）专业领域涉及理财规划、财务、商业、成瘾研究、精神病学、心理学、咨询、社会工作、婚姻与家庭治疗和家庭研究的本科生和研究生。

伦理考量

第二部分和第三部分的每章均包含若干伦理议题，在运用某章所叙述的心理治疗技术或者提出心理治疗建议之前，我们需要考虑这些伦理议题。有些议题会反复出现，这些议题和盖尔（Gale）等人提出的观点很相似，他们把财务治疗视为一个专业领域，认为从事财务治疗需要考虑起码十个要素。在盖尔等人看来，因为不同领域的从业者都在运用某种形式的财务治疗，所以让业界认同财务治疗的地位显得尤为重要。为此，他们提出了以下十大要素：

- 确立有效的财务治疗服务指标；
- 建立理论模型；

心理咨询中的财务议题

- 识别需要进行财务治疗的来访者；
- 定义专业界限；
- 发展一套财务治疗技能；
- 开发评估工具；
- 确保知识技能；
- 认可能量动力学（power dynamics）；
- 处理文化与精神的多样性；
- 遵守一套道德行为、专业标准和最佳实践的规范。

支付财务治疗费用则是对盖尔等人提出的十大要素的重要补充。当财务治疗涉及两位及以上专业人员时，是由一名专业人员收取全部费用（如果这名专业人员是精神健康临床工作者，来访者可以通过保险支付费用），还是与其他专业人员平分呢？或者，来访者需要分别支付两名或两名以上专业人员费用？即便一名专业人员是精神健康临床工作者，在处理精神健康障碍问题时，这个费用是否由保险支付？这会对被诊断为精神健康障碍的来访者有何影响？如果一名专业人员是理财顾问，是否应该收取管理资产的费用？这对财务治疗师给出的建议会有怎样的影响？财务治疗要成为一个专业领域，需要对以上议题都做出回答。FTA 目前正在处理这些议题，定期召开研究会议，希望通过专业的平台解决这些议题。FTA 还赞助了一个调查项目，定期对 FTA 成员的工作情况进行调查，并在《财务治疗期刊》上公布调查结果。这成了一项运作机制，有助于推动财务治疗领域的发展。

对 FTA 成员的工作情况进行的第二次调查便聚焦于盖尔等人提出的十大要素方面。调查发现，在如何支付财务治疗师费用这个议题上，在收到的 68 个回复中，大约一半的来访者是按月薪或时薪支付，一半是通过服务费或以佣金方式支付。而有一半的来访者支付的财务治疗费用占他们总收入的 1/4。调查显示，大约有 50% 的精神健康专业人员会和财务专业人员一起工作，然而只有26%的财务专业人员会和精神健康专业人员合作。大部分调查对象表示，当和其他专业人员合作时，他们要么遵守自己行业的职业伦理规范，要么遵守行业间严格的职业伦理规范。而只有11%的调查对象不属于任何行业协会。考虑到财务治疗领域还没有专门的职业伦理规范，美国心理协会（American Psychological Association，APA）的伦理规范和CFT标准委员会的伦理和专业职责规范（Code of Ethics and Professional Responsibility of the CFP Board of Standards）可以作为制定财务治疗领域伦理规范标准的有效参考。这两套标准都以充分的教育和知识为基础，强调服务的有效性；同时强调以诚实的态度提供服务，竭尽全力保护来访者的切身利益。

有一个职业伦理问题需要被特别提及，即严格禁止同时提供理财规划服务和财务治疗服务。精神健康临床工作者（包括心理治疗师、社会工作者、咨询师、婚姻与家庭治疗师）都被禁止与他们的来访者建立多重关系。如果一名心理治疗师正在对一名来访者进行抑郁方面的治疗，同时他又与这名来访者存在诸如恋爱、商业合作之类的关系，那就是存在多重关系。这种情况需要被严格禁止，因为治疗关系中存在权力差异，在心理治疗师–来访者关系中，其他关系中存续的情绪可能导致心理治疗师不能平等、客观地对待来访者。在财务治疗领域，如果精神健康临床工作者既治疗来访者的囤积障碍，同时也在管理来访者的投资，那么就存在职业伦理所称的多重关系。在这种情况下，精神健康临床工作者可以选择治疗来访者的囤积障碍，让另外的理财规划师来为来访者提供资产管理服务；也可以选择管理来访者的资产，让另外的精神健康临床工作者治疗来访者的囤积障碍。精神健康临床工作者试图为同一个来访者同时提供这两项服务是违反职业伦理规范的。

涉及的领域越多，伦理上的考量便越重要，特别是在确定自己的角色方面，即自己是哪种治疗师。在财务治疗领域，财务治疗师可能是接受了财务治疗训练的理财规划师，也可能是接受了财务治疗或理财规划训练的精神健康从业者。因此，在与来访者建立关系的初始阶段便明确角色定位就显得格外重要。接受了财务治疗训练的理财规划师应该向来访者清楚地表明，尽管财务治疗理论和实践技术是其所具备职业能力的一部分，但理财规划师是顾问的角色，他不会为来访者提供心理健康障碍方面的治疗。当接受精神健康培训的理财规划师在担任财务顾问时；他也要做出类似清晰明确的区分，即在服务来访者的过程中，他们可能借鉴财务治疗的理论和技术，但是作为财务顾问，他们不会提供精神健康障碍的心理治疗服务。

未来方向

> 阅读此书的财务治疗师必须努力让公众了解他们是谁、他们以何种角色为来访者提供服务、他们在做些什么，以及他们需要遵守哪些伦理准则。

作为一个新兴领域，财务治疗拥有很大的发展空间。正如本章前面讲过的那样，迄今为止，还没有专门针对财务治疗师的关于学历教育、专业经验、职业伦理和继续教育等方面的要求。缺乏统一的认证标准会让从业人员和来访者感到困惑。阅读此书的财务治疗师必须努力让公众了解他们是谁、他们以何种角色为来访者提供服务（例如，作为精神健康临床工作者还是作为财务顾问）、他们在做些什么，以及他们需要遵守哪些伦理准则。

公众对财务治疗的了解越多，越有助于他们有针对性地寻求帮助。来访者鼓足勇气前来寻求帮助却一无所获的结果不仅令人遗憾，还可能导致来访者拒绝再次寻求帮助。财务治疗有利于来访者一开始就找到合适的服务，从而帮助他们自己变得更好，帮助他们的家庭关系、工作关系和校园关系变得更好。

最后，要加强财务治疗领域的研究。随着财务治疗方法的不断发展和完善，对这些能够改善来访者财务状况、增强财务幸福感的方法的衡量变得至关重要。除非能够在理财规划和精神健康这两个领域中确定财务治疗干预方法的有效性，否则财务治疗还是存在被忽视的风险。但可喜的是，最近几年，财务治疗领域已经取得了长足的发展，既有理论方面的发展和研究，也组建了专业的研讨会。这些进展对于尚处于发展初期的财务治疗具有积极的推动作用。财务治疗领域的研究者和临床工作者既对该领域抱有热情，也期望这个领域向前发展并取得成功，他们正携手共进，进行开创性的研究，运用财务治疗方法在诸多情境中解决财务问题。

第 2 章
财务治疗理论、模型与整合

索尼亚·L. 布里特；克里斯蒂·L. 阿丘利塔；布兰德利·T. 克朗茨

引言

财务治疗的实践应用已经有很长一段历史，但目前对于财务治疗理论尚无定论。相较而言，财务治疗的理论研究是近几年的事情，也取得了一些结论。但在相关研究中有一个很大的问题，就是缺乏构建财务治疗研究与实践的理论框架。

> 理论能够指导临床工作者进行实践以改善来访者的行为，且具有可复制性。理论预先制定了一套如何实施和评估财务治疗的框架。

评估某种工作方式的可复制性和有效性需要标准化的方法。在标准化的方法中，理论通常用来解释在若干假设之下的预期结果。截至目前，关于财务治疗有效性的研究很少，对病理性赌博的研究除外。针对病理性赌博的治疗，目前至少已有 14 个心理治疗随机试验的结果。但这些研究结果涉及的治疗方法在本质上是心理疗法，并没有理财规划的要素。克朗茨等人于 2008 年完成的一项关于紊乱的金钱行为的治疗研究是第一个整合了心理治疗和理财规划的研究。他们的团队在一个短期（6 天）住院项目（residential program）中测验某个特定的财务治疗模型，该模型把个人财务教育和经验性团体治疗结合了起来。治疗集中于识别有问题的财务行为，并解决相关问题。在接受治疗后，参与者感觉因财务问题引发的痛苦、焦虑、担忧等情绪得到缓解，财务健康水平得到提高。在三个月之后的后续测验中这些改善依旧存在。理论基础是克朗茨的治疗方法具备普适性的关键。

如果缺乏哲学和实践基础，对研究进行评估就会变成一个棘手的问题。克朗茨等人是从一个经验性的治疗实践框架着手开始研究的。这个框架以存在主义–人本主义哲学为基础，并且已经应用于其他问题行为的治疗中。他们的独特贡献在于把现有框架（也就是经验疗法）应用于新问题（也就是财务问题）。把已有的经验疗法应用于财务问题确实促进了财务治疗的发展，但与此同时，也要注意发展财务治疗的新理论。当然，这是一个更复杂的任务。本书第二部分（基于研究的财务治疗模型）和第三部分（基于实践的财务治疗模型）涉及的内容就是在财务治疗的实践中应用现有的理论框架。第二部分的模型提供了在财务治疗中使用理论框架的支持性证据，而第三部分的模型在本质上就更具探索性和假设性。这两个部分需要在财务治疗实践中进一步测试，以验证模型的有效性，从而得出以实证为基础的模型。

理论是什么

有批评者认为，理论令人厌烦、不切实际，也没有联系实际情况，所以是无关紧要的。理论也常常被认为是学者们才需要关心的事情，因为他们没有实践经验。但实际上，理论对于一个领域的发展极其重要，因为理论是提供共同基础的基础性构建模块。理论也有助于总结知识、协助实践并指导研究。本斯顿（Bengston）等人在研究家庭取向理论时强调，理论对于扩展关于家庭和家庭关系的知识很重要，没有理论的支持，研究结果的应用会十分受限，而该领域的知识积累也会受到阻碍。这个观点也适用于财务治疗领域。财务治疗这个新兴领域主要研究个体的心理、情绪和家庭关系是如何与财务相互影响的，而理论有助于形成关于上述问题的知识、理解和解释。财务治疗理论将提供框架，帮助从业者概念化这类问题的病因学，如伴侣和家庭中的财务压力（financial stress）、金钱障碍和财务挣扎等。财务治疗理论将提供一个透镜，临床工作者通过这个透镜可以探究来访者的财务态度、财务行为和相应结果等问题。财务治疗理论将为财务治疗干预提供基础，并对其进行发展、修正及评估。

理论在本质上是一套相互关联的思想，其最终的目标是解释和预测现象。没有扎实的理论，研究者无法进行理性研究，临床工作者无法对来访者实施有效的干预或者提供有帮助的建议。2011年，在财务治疗协会年度会议上，阿丘利塔（Archuleta）等人（见图2.1）阐述了理论的重要性，以及理论、研究和实践是如何相互关联而非孤立存在的。理论和实践通常被认为是对立的，前者重视如何"思考"，后者重视如何"操作"。图2.1显示，实践应该为理论和正在进行的研究提供信息；研究应该从理论和观察临床工作者正在做的事中获取信息；理论应该给出实践模型和研究构想。以上三者的整合将得出新的研究发现，发展并拓展关于实践应用的新思想、新理论，从而使理论具备更好的解释效力，提升其可预测性，并最终增强其实用性。

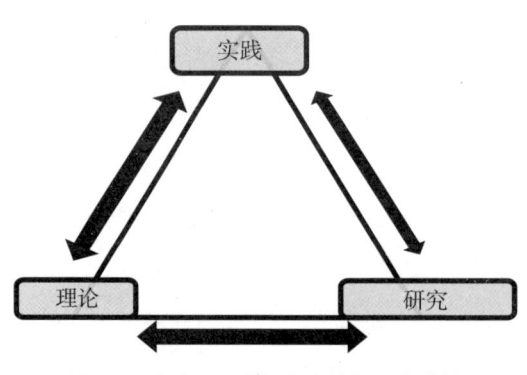

图2.1　理论、研究与实践的相互关联性

如果研究缺乏理论依据，从业者就不可能连贯一致地着手处理或解释一项研究发现。现在，想象一位临床工作者在没有理论依据的情况下要怎么理解来访者的行为呢？当来访者以特定的方式行事或者面临一个具体的问题时，临床工作者如何知道该使用哪种技术呢？没有一个可以借助的透镜来解释正在发生什么，或者预测如果来访者继续沿用特定的行为方式

第 2 章
财务治疗理论、模型与整合

行事将会发生什么,那么临床工作者就只能猜测接下来做什么。理论是只用一种方式来看待一个现象吗?绝对不是。在交叉性领域,如财务治疗领域,从业者的专业技能和背景非常不同,这就使人们可以从不同的视角来考虑相同的情境。精神健康临床工作者和金融专业人员会通过不同的理论透镜来分析同一个情境。注意,没有哪一方是错误的;他们仅仅是做出不同的假设,仅仅是描述了同一现象的不同方面,因为他们采用的理论不同。我们的理论选择取决于我们所持的立场及我们如何看待世界。本书大部分章节专注于不同的理论类型或理论指导下的实践。

> 我们的理论选择取决于我们所持的立场及我们如何看待世界。

要想知道理论是什么,有一点非常值得注意,那就是科学理论有不同的内容范围,从狭义到广义,从具体到抽象,包括假设(assumptions)、概念(concepts)和命题(propositions)。假设是被视为理所当然或者假定为真的理论陈述,可能可以被检验,也可能无法被检验。假设是理论的核心。概念是普适性想法,是一个理论的构件块(building block)。概念(concept)与观念(construct)这两个术语有时可以交替使用。总体而言,概念指的是抽象的思想,观念则是更加宽泛的抽象的思想。变量(Variable)是当提及理论概念时会使用的另一个术语。变量对概念进行测量并且有两个或更多的值(如男性或女性)。命题描述两个或多个概念之间的关系。一个理论必须具有两个及两个以上的命题。如果只有一个命题,那么仅仅只是一个假设而非一个理论。

完备的理论应该能被详细描述、准确预测,并且可被应用于广泛的案例中。在多尔蒂(Doherty)等人看来,可以依据如下 17 个标准来评估理论是否完备:

- 思想的丰富性;

- 概念的清晰度；
- 概念之间关系的紧密性；
- 简约性；
- 理论假设的清晰度；
- 理论各假设的一致性；
- 承认理论的社会-文化背景；
- 承认先前的理论；
- 承认根本的价值定位；
- 潜在的有效性和当前的有效程度；
- 承认局限性，甚至某些点无效；
- 与其他理论的互补性和解释层次；
- 对于变化和修订的开放性；
- 伦理的影响；
- 对于多元人类经验的敏感度；
- 能够结合个人从业经验和学术严谨性；
- 有可能应用于教育、治疗、辩护、社会行动或公共政策领域。

虽然以上标准都很重要，但是对于财务治疗而言，最重要的标准是思想的丰富性、清晰度、一致性、简约性且能够指导应用。没有这些标准，理论将难以被发展和实施，也难以被连贯一致地用于培养财务治疗师。

> 理论能够检验实践的有效性，最终提高来访者的满意度，改善治疗效果。

总而言之，理论能够帮助解释或预测不同变量之间的关系，有助于预测在给定的环境下可能发生什么，有助于解释为什么某些行为和过程会那样发生，能够帮助我们理解和预测感兴趣的现象。从根本上来说，理论通过提供一致的方式考虑具体情景，从而帮助临床工作者和研究者既见森林，也见树木。理论能够检验实践的有效性，最终提高来访者的满意度，改善治疗效果。

理论整合和技术折中主义

对于心理治疗而言，理论的使用是实践的一个重要特征。心理治疗师的培训包括学习截然不同的、能够帮助来访者达成来访目标的临床理论。和心理治疗师一样，财务治疗师也能够从多元理论培训和理论建构模型中受益。如前所述，在与来访者的工作过程中，理论能够帮助财务治疗师理解正在发生什么以及如何处理。但是，心理治疗师很少会在他们与来访者的工作中采用单一的心理治疗理论。即使他们恰巧就是基于单一的理论基础开展工作的，许多人也会从其他理论中借用其他技术。技术折中主义（technical eclecticism）提出了一种综合不同理论和技术的方法，绝大多数的心理治疗实践都会用到这种方法，而且对于财务治疗师而言，该方法可以帮助他们找到一种理论透镜，服务于其与来访者的工作。财务治疗可以借鉴众多业已成熟完备的临床理论。

现在有数以百计的心理治疗理论。相较而言，其中一些得到了更加全面深入的研究，但是没有哪个心理治疗理论得到了普遍而广泛的接受。约有75%的心理治疗师认为其与来访者工作的方法是折中主义的，不会完全遵从某个理论的方法或者某套技术。大部分的元分析研究（meta-analytic studies）显示，一种方法并不比另一种方法更具优势，这就解释了为什么方法具有多样性。技术折中主义是一种综合性的方法，以一种系统化的、理论上合理的方式从不同的治疗方法中借用循证技术。

技术折中主义被认为是折中的、系统化的、综合性的治疗方法，能够提供建立关系、进行访谈、评估、构思和选择方案、发展洞察力、处理案例、管理行为、评估和结案等方面的策略。一般来说，技术折中（technical eclectics）

基于某个特定的技术方法（如认知行为治疗），但是也会借用其他理论中有效的技术，却不必同意该技术诞生的理论。就综合性治疗而言，布朗（Brown）注意到治疗师可以只采用一种治疗模型进行工作，或者顺序使用多个模型，或者同时使用多个模型。但要注意的是，要避免以非系统化的混乱的方式去综合迥然不同的心理治疗理论和技术。

本书的初衷之一便是向财务治疗师提供许多参考案例，以便于他们从中提取概念化方式和干预方法。财务治疗，顾名思义，既包含理财规划概念，也包含心理治疗理论。从某种程度上说，本书提出的诸多理论是理论上的整合。治疗师可以通过使用一个或多个心理健康理论来提高来访者的财务健康水平。适合财务治疗实践者以技术折中的方式使用的技术均具有坚实的理论基础。财务治疗的研究虽然尚处于发展阶段并且需要更多的研究加以证实，但是一些财务治疗方法已经由实践经验数据证明了其自身的有效性。

伦理考量

毫无疑问，那些接受过精神卫生领域培训的人会接触到更多的理论框架。由于理财规划领域缺乏相关的理论，所以财务专业人员很难理解理论的必要性，也难以掌握理论的可操作性。财务专业人员可以借用精神卫生领域的理论框架下的假设、概念和命题，而不受职业准则的制约。但是，他们要受到其从业领域的伦理准则的约束。因此，临床工作者应该通过广泛的阅读和参加培训来获得知识，从而能够恰当地应用不同的理论框架。

在诸多的伦理考量中，与财务治疗有关的最容易被提及的问题是：财务治疗师可以是一个人吗？或者说，财务治疗必须包含一个财务专业人员和一个精神健康临床工作者吗？这个问题将贯穿本书并被反复讨论。考虑到财务治疗师的受训背景和专长，一般而言，在财务治疗中确实需要另一位专业人员的参与。但是，若在财务健康和精神健康两方面都接受过培训，一个人确实能够开展财务治疗。但是，这存在某些伦理上的问题，就像第 1 章指出的那样。例如，当财务治疗师正在治疗一个患有囤积障碍的来访者时，就不应该同时为该来访者提供投资咨询。本书中的某些理论和实践模型与我们的信念会产生冲突，而且，为了使工作卓有成效，确实需要两个以上的专业人员。

未来方向

本书给出的所有理论框架都需要更广泛多样的样本测试。理论模型的有效性需要通过在来访者中进行的、设计严谨且效果显著的试验加以证实。第二部分（基于研究的财务治疗模型）概要介绍了六个经过初步测试的实践模型，在经过更多的研究之后，它们都有望发展为财务治疗理论框架。这些基于研究的模型包括体验性财务治疗、焦点解决财务治疗、认知行为财务治疗、合作关系模型、福特财务赋权模型和过度购物制动模型。

> 理论模型的有效性需要通过在来访者中进行的、设计严谨且效果显著的试验加以证实。

本书在第三部分中综述了八个理论，包括人本主义的财务治疗、叙事财务治疗、女性主义财务治疗、接纳与承诺财务治疗、心理动力学财务治疗、自体心理学视角下的财务治疗、系统财务治疗以及动机式访谈与改变阶段的财务治疗。以上理论都有望发展为实践模型，但是迄今为止都没有经过试验证实。

第 3 章

金钱脚本

德里克·R. 劳森；布兰德利·T. 克朗茨；索尼亚·L. 布里特

引言

金钱脚本是人的潜意识中与金钱有关的假设或信念，它并非完全正确，一般形成于人的童年时期并贯穿于整个成年时期。金钱脚本的核心是财务爆发点（financial flashpoints）——与金钱有关的早期生活事件（或系列事件）给个体留下了强有力的印象并持续影响其一生。金钱脚本常常在家庭和文化中代代相传，并影响个体的财务行为。克尤德（Cude）等人发现，有证据表明，在孩子们的财务行为中，父母的财务决策扮演着非常重要的角色。如果处理不当，孩子的心理情绪未得到充分满足，行为未得到充分重视，他们在潜意识中就很容易形成消极的金钱脚本并影响他们今后的财务行为。来访者的金钱脚本是根深蒂固的，有时财务治疗师未能认识到这一点，反而会强化金钱脚本和消极财务行为之间的关系。金钱脚本与性别无关，但与资产净值（net worth）、收入和其他财务指标有关，并且可以根据金钱脚本来预判金钱障碍。

> 金钱脚本是人的潜意识中与金钱有关的假设或信念，它并非完全正确，一般形成于人的童年时期并贯穿于整个成年时期。

> 金钱脚本常常在家庭和文化中代代相传，并影响个体的财务行为。

研究发现，个体的金钱态度（money attitudes）与其收入无关，而个体的金钱脚本却与其资产净值、收入、信用卡负债、童年时期的社会经济地位及其众多财务行为有关。克朗茨金钱脚本调查问卷（Klontz Money Script Inventory，KMSI）可以协助临床工作者提高来访者对自己潜藏的金钱信念的觉察，从而改善来访者与金钱的关系。KMSI 中的条目是报告式的，答案直接来源于来访者。在财务治疗中使用 KMSI，临床工作者就可以聚焦讨论来访者得分较高的金钱脚本类别。例如，针对来访者为什么会因为金钱产生焦虑或压力进行讨论可以帮助来访者发现导致回避型信念的"财务爆发点"。持续关注个人的财务问题，建构个人与金钱之间的健康关系，能够帮助人们缓解非人为因素导致的财务困境，如失业、破产或健康问题等。个体的金钱脚本一旦被发现，其持续呈现的非理性行为便可以被理解了。当金钱脚本被识别、脚本形成原因被理解、脚本对财务行为的影响及最终产生的结果被承认时，个体就能够创造更准确的、更具有功能性的金钱脚本。克朗茨等人将金钱脚本归纳为四类，分别是金钱回避型、金钱崇拜型、金钱地位型和金钱警觉型，接下来我们将介绍这四类金钱脚本。

金钱脚本

↘ 金钱回避型

詹妮特（Jennett）和哈格皮恩（Hagopian）把恐惧性回避（phobic avoidance）描述为个体在特定情境中感到焦虑或害怕，因而要回避这类情境，否则就会感到非常痛苦。这与以往关于回避行为研究的结论一致。具有金钱回避型金钱脚本的人会尽量避免处理自己的金钱事务，并且拒绝为糟糕的金钱状况承担个人责任。他们试图谴责他人，并且认为金钱是糟糕的，认为金钱是罪恶的，所以应避而不谈，这种观念的形成是因为大众普遍相信金钱是一种禁忌，并且认为一个人不应该和其他人讨论个人的金钱事务。对此，克朗茨等人和唐（Tang）的研究得出了类似结论，那就是低收入和低资产净值人群（其中也包括年轻人）更容易具有金钱回避型金钱脚本。此外，在 KMSI 的金钱回避型金钱脚本量表的得分上，不知道自己资产净值的人比低资产净值的人通常得分更高。

> 具有金钱回避型金钱脚本的人会尽量避免处理自己的金钱事务，并且拒绝为糟糕的金钱状况承担个人责任。

研究表明，上了年纪的人在 KMSI 的金钱回避型金钱脚本量表上得分降低。例如，在得分上，18～30 岁人群的得分比 61～80 岁人群高大约 23%。这可能是因为他们面临退休并且认识到目前的财务状况并不乐观。克朗茨和布里特（Britt）也发现，职业与金钱回避型金钱脚本高度相关。例如，与财务顾问相比，精神健康从业者更有可能具有金钱回避型金钱脚本。

心理与财务的关联性　一旦涉及金钱，具有金钱回避型金钱脚本的人就会感到害怕、厌恶或焦虑。他们把负性感受和金钱联系在一起，为富有贴上贪婪的标签，认为金钱腐蚀一切，并且相信钱越少越舒服自在。每当遇到和金钱相关的问题，他们就选择逃避。

在具有金钱回避型金钱脚本的人当中，一部分人存在消费过低的问题，即便是必需品，也是能不买就不买；另一部分人则为了尽快减少财富，而选择过度消费，这就导致了其糟糕的财务状况，甚至破产。然而，研究发现，具有金钱回避型金钱脚本的人一方面痛斥金钱，一方面也期望拥有更多的金钱，这显示出其与金钱之间复杂而矛盾的关系。一些人之所以消费过低，是因为他们对未来充满不确定感或者对未来感到焦虑。他们选择放弃和朋友的娱乐活动，忽略必要的医疗检查，三餐极简或拥有不健康的饮食习惯。最终，过低的消费导致他们对金钱的极度焦虑，甚至导致其抑郁。鲁宾斯坦（Rubinstein）发现，消费过低的人自尊心更低，财务满意度和个人满意度更低，并且常伴有诸如头疼、焦虑和性驱力降低等健康问题。克朗茨等人认为，财务拒绝、财务否认、过度规避风险和过低消费都与金钱回避型金钱脚本有关。研究表明，金钱回避型金钱脚本可以通过财务依赖、工作成瘾、财务利他和财务否认等行为进行预判，这些行为具体表现为拒绝查看银行对账单，试图忽略个人的财务状况，没有财务预算和规划。

金钱崇拜型

一些人秉持这样的信念：如果他们拥有更多的金钱，他们就能更快乐。他们相信意外之财或收入增加是所有问题的解决之道。但这并不是全部，卡内曼（Kahneman）和迪顿（Deaton）发现，家庭年收入达到75 000美元时，幸福感的递增量最低。这并不是说低收入人群不快乐。一般来说，如果个体的需要得到了满足，就会觉得收入足够。而金钱崇拜者总觉得自己的需要从未得到满足——他们总是相信，拥有一定数量的金钱或某个具体实物才能让他们快乐。

> 一些人秉持这样的信念：如果他们拥有更多的金钱，他们就能更快乐。

福尔曼（Forman）对两类人做了区分，一类人痴迷于金钱本身，另一类人把金钱视为通往权力和地位的阶梯。他们认为，拥有的金钱越多，拥有的权力相应地也就越多，因而人自然也越快乐。金钱崇拜者终其一生都难以得到他们想要的东西。他们关注赚钱、省钱或者花钱，并将这些与安全、快乐或权力联系起来。

克朗茨等人提供了金钱崇拜者的人口统计学判定标准。这些标准包括年轻、单身、循环利用信用卡余额（revolving credit card balances）、资产净值低（或者资产净值未知）。金钱崇拜者信奉以下观点："钱，永远不够。""钱多多，快乐多多。""生命短暂，须及时行乐。"

心理与财务的关联性　克朗茨等人的研究发现，金钱崇拜者认为他们必须为了赚钱而超级努力地加班加点工作。与此同时，他们也相信，需要通过花钱来表达对他人的爱。

金钱崇拜型金钱脚本导致的财务行为或财务障碍包括囤积障碍、工作成瘾、无休止地追求金钱或者追求那些拥有金钱的人。克朗茨和布里特认为，追求更多的金钱和财富可能是因为人们在竭力购买快乐时导致了慢性过度消费或者强迫性购买。金钱崇拜型金钱脚本导致的其他财务症状类似于金钱回避型金钱脚本所导致的，如试图忽略自己的财务状况、即便承担不起也要把钱花出去、在财务上依赖他人等。研究发现，过分关注财务成功和过分物质化都与低幸福感有关。

即使研究已经表明金钱不是万能的，为什么来访者还是认为腰缠万贯就能解决所有问题呢？对于这个问题的聚焦讨论能够揭示导致来访者金钱崇拜行为的"财务爆发点"。来访者只要能识别和理解自己的金钱脚本，就能理解自己为什么花钱，最终，通过财务治疗，临床工作者能够帮助来访者改善财务健康状况，减少他们与金钱相关的心理痛苦。

金钱地位型

具有金钱地位型金钱脚本的人将自我价值等同于资产净值。他们相信金钱能带来地位，并且把金钱与自己所属的社会经济阶层挂钩。他们认为，自己必须一直拥有下一个全新的、大件的商品。金钱地位型金钱脚本与金钱崇拜型金钱脚本的区别在于，后者更关注金钱积累对自身价值实现的作用，而前者更倾向于向他人炫耀自己的财富。皮仑（Pullen）认为，把金钱和商品、资产净值联系在一起是因为受到消费主义的影响。例如，"买得起最新款的等离子电视或者内置式 GPS 导航系统表明我们是一个成功者。否则，我们就是一个失败者。"克朗茨等人研究发现，具有金钱地位型金钱脚本的人有如下特征：年轻、单身，受教育程度比同龄人低，资产净值更低。此外，克朗茨和布里特发现，在较低经济文化阶层中成长起来的人，更有可能具有金钱地位型金钱脚本。与具有其他类型金钱脚本的人的症状相似，不知道自己资产净值的人在 KMSI 的金钱地位型金钱脚本量表中得分也较高。有趣的是，克朗茨等人还发现，与高收入和高资产净值的人相比，位于工薪阶层前 1% 的人在 KMSI 的金钱地位型金钱脚本量表中的得分非常高。在他们的研究样本中，位于工薪阶层前 1% 的人常常是第一代工薪阶层，增加资产净值是这一代人的人生目标，并且他们成为工作成瘾者的可能性更高。

> 具有金钱地位型金钱脚本的人将自我价值等同于资产净值。

心理与财务的关联性　卡塞尔（Kasser）和阿瓦维亚（Ahuvia）发现，相信金钱等同于地位的人，他们的自我认同、生命活力和快乐程度更低。其他研究也证实，那些信奉金钱至上的人生活得更不快乐，其生活满意度也更低。这就导致他们更容易出现焦虑或其他精神健康问题。克朗茨和布里特发现，具有金钱地位型金钱脚本的人更有可能沾染病理性赌博——他们把赌博视为获得意外之财的方法，试图以此增加财富，提高社会经济地位。

金钱象征地位，这种观点既与低资产净值和低收入有关，也与高收入和高资产净值有关，因为这也是工作成瘾者的行为驱动力。具有金钱地位型金钱脚本的人相信，金钱的多少代表成就的高低，而且财富的多寡与自己的努力程度相关。与金钱地位型金钱脚本有关的金钱障碍包括过度消费和冒险行为。具有金钱地位脚本的人更可能向伴侣谎报支出。

↳ 金钱警觉型

> 具有金钱警觉型金钱脚本者通常显得谨小慎微、步步为营，并且担忧他们的财务状况。

对金钱保持警觉或关注通常被认为是正向特征。而具有金钱警觉型金钱脚本者通常显得谨小慎微、步步为营，并且担忧他们的财务状况。这类人一般不会回避财务事务，不会过度支出，也不会沾染赌博等恶习。非白种人，尤其是每月用信用卡支付开销的人和有着更高资产净值和更高收入的人，对自己的金钱更加警觉。与理财规划师相比，商业从业人员在金钱警觉型金钱脚本上得分更高。

心理与财务的关联性 具有金钱警觉型金钱脚本者不会将自身价值与地位、金钱关联在一起，但会因过度谨慎和过度焦虑而感到痛苦，而且他们不大信任那些和自己有金钱瓜葛的人。调查显示，尽管大约有一半的人曾向他们的情侣隐瞒财务信息，但是具有金钱警觉型金钱脚本的人很少这样做。通常他们会把金钱存起来。这虽然是件好事，但是过度的焦虑使他们无法享受金钱带来的快乐和安全感。克朗茨和布里特发现，具有金钱警觉型金钱脚本的人为钱工作，而不关心怎么把钱花出去。就这一点而言，他们更容易成为工作成瘾者。他们不会轻易信任陌生人，通常选择现金交易，而非使用信用卡。因此，他们通常有着更高的收入和更高的资产净值。

改变金钱脚本

克朗茨和布里特建议，临床工作者在收集来访者资料的过程中应该对来访者的金钱脚本进行评估。因此，治疗从一开始就应围绕着来访者的金钱信念对财务成功的影响展开。了解来访者占据首位的金钱脚本后，临床工作者便可以对之予以挑战，以阻止来访者做出破坏性财务行为，促进其做出健康的财务行为。KMSI 是一个十分有用的工具，可以协助临床工作者识别来访者的金钱脚本。接下来将介绍几个金钱脚本练习，以帮助来访者觉察自身的金钱脚本，并且挑战和改变对来访者财务健康状况有负面影响的金钱脚本类型。

> 克朗茨和布里特建议，临床工作者在收集来访者资料的过程中应

该对来访者的金钱脚本进行评估。因此,治疗从一开始就应围绕着来访者的金钱信念对财务成功的影响展开。

↳ 金钱脚本日志

金钱脚本日志(见表 3.1)是一个非常实用的技术,有助于来访者识别、挑战和改变失功能的金钱脚本。金钱脚本日志是一种来源于认知行为疗法的技术,可以帮助来访者辨识与金钱有关的感受、行为和无意识思考模式。金钱脚本日志有很多版本,但都要求来访者写下来,主要包括以下几点:与金钱有关的、导致其痛苦或忧虑的情境或行为;与之相伴的心理感受或身体感觉;相关的金钱脚本类型;更加准确的替代性金钱脚本或适应性行为。具体如下所示。

表 3.1 金钱脚本日志

行为或情境	心理感受或躯体感觉	金钱脚本	替代性金钱脚本或适应性行为
• 我开销很大,但是我回避制订支出计划	• 当伴侣提到这件事情时,我觉得肌肉紧张,感到害怕和愤怒	• 我要努力工作,才值得拥有我想要的 • 如果我做预算,我会有一种被剥夺感	• 如果我遵从储蓄计划和支出计划,我就可以安心地退休 • 购买一本关于支出计划的书,并从下个月开始阅读

克朗茨等人认为,形成替代性金钱脚本对于来访者是种挑战,应该鼓励他们把脑海中出现的任何替代性想法写下来,然后再和临床工作者一起处理这些想法。在识别金钱脚本类型、帮助来访者"积极挑战"自己有局限性的、错误的金钱信念上,金钱脚本日志很有用。

↳ 金钱脚本词语联想

克朗茨等人提供了一张词汇列表用以帮助来访者识别金钱脚本。他们用"意识流"(stream of consciousness)的方式开展有关金钱脚本的头脑风暴。在头脑风暴中,临床工作者念出提示词,来访者不进行任何思考和分析,尽可能快速地写下脑海中的第一反应。

临床工作者鼓励来访者在听到提示词后，依据提示词写下完整的句子。这些提示词包括开销、婚姻、投资、爱、权力、工作等。克朗茨等人指出，在形成一张有关金钱脚本的陈述清单之后，来访者要核对这张陈述清单，并圈出最准确、最真实的陈述，这些陈述可以用来确认来访者的金钱脚本。例如，一个来访者写出了如下的金钱脚本陈述清单："富人之所以富有，是因为利用他人。""工作升迁，都是政治。""我永远不会快乐，因为我一直没有钱。""金钱不重要，只有家庭才是重要的。""穷人之所以贫穷，是因为被富人利用。"在和这个来访者的交流中，克朗茨等人注意到，他的金钱脚本导致了他自我挫败的金钱行为，包括明知要为退休存钱却不这样做。对于这个来访者而言，在经历了多年的财务挣扎和自我挫败的财务行为之后，他越来越能觉察到自己的金钱脚本。这帮助他开始为将来的退休做准备，并开始储蓄。

↘ 金钱脚本填句

克朗茨等人设计了30个有待补充的句子用以帮助来访者识别他们的金钱脚本。与金钱脚本词语联想方法不同的是，金钱脚本填句的方法不是针对一个单词的反应，而是针对一个句子主干的反应。它鼓励来访者把脑海中的自动想法填入有待补充的句子。临床工作者要鼓励来访者不评价、判断或审查其自动想法，因为它们是重要的线索，暗藏着无意识里的金钱脚本。下面是部分有待补充的句子的示例。

1. 富人之所以富有，是因为_____。
2. 穷人之所以贫穷，是因为_____。
3. 一个人永远不应该把钱花在_____。
4. 我绝不可能有能力做到_____。

来访者的反应可以让我们洞察他们对于金钱的自动想法。这些反应为治疗中的探索性讨论提供了素材。例如，一个来访者完成了如下的句子。

1. 富人之所以富有，是因为利用他人。

2. 穷人之所以贫穷，是因为他出生于贫穷家庭。

3. 一个人永远不应该把钱花在无用的饰物上。

4. 我绝不可能有能力做到舒适地退休。

设置新的金钱秘咒

秘咒（mantra）可以是一个词，也可以是一个短语。它通常被一而再、再而三地复述，以中断或替换无益的自我对话。克朗茨等人提出了设置新的金钱秘咒的方法，以帮助来访者改变自我挫败的金钱脚本。设置新的金钱秘咒的前提是来访者要建立一套新的、健康的金钱信念。一旦他们的头脑中出现旧的、负性的金钱信念时，就鼓励他们念出新的金钱秘咒。慢慢地，关于金钱的负性想法就会消退，新的、健康的想法将不断得到增强。克朗茨等人建议人们把新的金钱秘咒写下来并随身携带，时刻提醒自己做出积极正面的选择。例如，一个工作成瘾者可以借助新的金钱秘咒——"我既要努力工作，也要花时间和家人在一起，两者同等重要"来中断自己加班加点的过度工作模式。

伦理考量

本章清晰地表明，金钱脚本会影响人们处理金钱的方式。KMSI 是用来协助临床工作者识别潜藏的金钱信念的工具。它的使用方法和评分说明请参考《财务治疗期刊》。虽然使用 KMSI 无须经过正式的培训，但除非临床工作者想借助它识别来访者潜藏的金钱信念，否则不应轻易使用。使用 KMSI 也是一种情感体验，可能还需要与专业的心理健康从业者合作。在实际操作中，理财规划师发现 KMSI 在评估潜藏的金钱信念时很有用，而这些金钱信念会干扰理财规划的过程。如果问题十分严重，理财规划师要考虑把来访者转介给受过精神健康培训的财务治疗师。

未来方向

KMSI 还需要更多的研究来确定其有效性。虽然在广泛使用前还需要进一步的研究，但目前 KMSI 已经推出了多个缩减版。本章提及的方法，如金钱脚本日志和金钱脚本填句，是引导来访者识别其金钱脚本类型的入门方法，建议临床工作者在一开始就使用这些方法。这将有助于在治疗中尽早发现阻碍来访者进步的绊脚石，有助于将讨论其金钱信念对其财务行为和财务状况影响这个过程正常化。

理财规划师也会从 KMSI 或本章提到的其他方法中获益匪浅。理解金钱脚本对于理财规划师很重要。例如，在和来访者的交流过程中，理财规划师要花大约 25% 的时间来处理非财务性议题。而大约 40% 的理财规划师没有接受过如何处理非财务性议题的培训。智能机器人顾问的出现（技术平台能够以极低的成本为更多人，尤其是那些精通技术的人，提供资产管理解决方案）以及其他技术的发展使来访者可以自己搜集大量信息，这就要求理财规划师转换工作模式，为来访者提供更多有价值的解决方案。而使用 KMSI，就是提供有价值的解决方案的有效途径。

为了探索 KMSI 在财务治疗中的有效性，我们需要在实践中进行更多的研究。而实例证据表明，KMSI 可以让来访者更好地融入治疗过程，从而提升来访者－从业者之间的关系，增加来访者－从业者之间的默契度。

第 4 章

金钱障碍

安东尼·卡纳勒；克里斯蒂·L. 阿丘利塔；布兰德利·T. 克朗茨

引言

美国心理协会（American Psychological Association，APA）的一项调查显示，在人们的日常生活中，金钱成为位居第一的压力源，排在工作、健康和子女之前。虽然大多数美国人意识到金钱是他们日常生活压力的主要来源，但很少有人知道这一压力来源是由功能失调所致。克朗茨等人将金钱障碍定义为自我毁灭性的财务行为模式，它们常常是顽固的、可预测的、僵化的，会导致巨大的压力、焦虑、痛苦，并且对生活的各个方面造成实质性损害。个别的财务过失或偶尔的过度开销并不构成金钱障碍。金钱障碍并非缺钱所致，因此解决方案也不是拥有更多的金钱。患有金钱障碍的人通常都存在错误的金钱信念，他们即使知道自己糟糕的财务行为也无力改变。对于一些人而言，情绪问题导致了金钱障碍，所以他们会在财务方面付诸行动，来回避某种尚未解决的情绪。

> 金钱障碍是自我毁灭性的财务行为模式，它们常常是顽固的、可预测的、僵化的，会导致巨大的压力、焦虑、痛苦，并且对生活的各个方面造成实质性损害。

根据《精神障碍诊断与统计手册》（Diagnostic and Statistical Manual of

Mental Disorders-5，*DSM-5™*），心理治疗师可以诊断出至少两类金钱障碍，即病理性赌博障碍和囤积障碍（Hoarding Disorder，HD）。DSM-5™所列出的障碍通常由专业的心理治疗师进行治疗，并通过第三方保险支付服务费用。但是，本章所列的大部分金钱障碍尚未得到DSM-5™的承认。这些金钱障碍尚未得到精神健康领域的认可并不让人感到奇怪，因为有证据表明，精神健康临床工作者自身很有可能就是金钱回避者。理财规划师常常会接触那些受到金钱障碍困扰的来访者及其家人。尽管他们在临床意义上不"治疗"金钱障碍，但是理财规划师常常被要求对受到金钱障碍困扰的来访者进行干预，给出建议，并提供转介服务。

本章探讨的金钱障碍包括强迫性购物障碍（Compulsive Buying Disorder，CBD）、赌博障碍（Gambling Disorder，GD）、工作成瘾、囤积障碍、财务否认、财务依赖、财务卷入、财务利他和财务不忠（financial infidelity）。这些金钱障碍在财务治疗领域最常见并得到了广泛研究。本章将介绍每一种金钱障碍的诊断标准及患病率，探讨相应的心理症状和财务症状，概述相关的治疗方法。

金钱障碍

强迫性购物障碍

购物是日常生活的一部分，但对一些人而言，他们的购物行为缺乏计划、不由自主，且与愉悦感和兴奋感有关。若购物成为重复性的并且会导致糟糕的心理和财务后果，就被认为是强迫性购物。与正常购物的目的不同，强迫性购物与购买的物品无关，而是为了暂时减缓紧张或负性的感受。患有强迫性购物障碍的人强烈地、无法控制地沉迷于购物，造成明显的个人和人际痛苦。他们的购物模式导致情绪问题，并在心境障碍和焦虑障碍的作用下进一步恶化。强迫性购物障碍患者企图通过狂欢式购物的方式来改善情绪或缓解痛苦，但是这种方式通常伴随内疚和懊悔的情绪。米勒等人的报告指出，强迫性购物障碍与心境障碍、焦虑障碍、物质使用障碍、物质依赖障碍、饮食障碍、冲动控制障碍（Impulse Control Disorder，ICD）和强迫症（Obsessive–Compulsive Disorder，OCD）之间存在关联性。

诊断标准　在 DSM-5™ 之前，研究者通常把强迫性购物障碍归类为非特定的冲动控制障碍，而在 DSM-5™ 中，它属于其他特定的破坏性、冲动控制和品行障碍、强迫性购物障碍，或者非特定的破坏性、冲动控制和品行障碍。强迫性购物障碍的诊断标准于 1994 年被首次提出，并在之后不断得到完善。麦克尔罗伊（McElroy）等人认为，强迫性购物障碍的诊断标准为不恰当地沉迷于购物或冲动消费，具体表现在如下方面：认识到沉迷于购物或冲动购买的行为是无法抗拒、带有强迫性且毫无意义的；频繁购物，花费超出个体承受能力，频繁购买并不需要的物品，或者购物所花费的时间比预期更长；沉迷于购物、冲动购物或其他购物行为，造成明显的痛苦，耗时过长，干扰了正常的社交、工作，或者导致财务困境（如欠债或破产等）；过度购物行为不只发生在轻躁狂期间或躁狂期间。

麦克尔罗伊等人指出，大约有 70% 强迫性购物障碍患者认为购物令人愉快，带来乐趣、快感，让人兴奋。强迫性购物障碍可以通过以下方法进行筛查：强迫性购物量表（Compulsive Buying Scale，CBS）；耶鲁布朗强迫性量表——购物版（Yale-Brown Obsessive-Compulsive Scale-Shopping Version，Y-BOCS-SV）；购买行为问卷（Questionnaire About Buying Behavior，QABB）；加拿大强迫性购物测量量表和克朗茨-金钱行为量表（Klontz-Money Behavior Inventory，KMBI）。

心理症状　强迫性购物障碍用来描述购物行为中表现出来的心理需求与戒断症状。一般来说，冲动购买的行为受到多种因素的影响，往往带来正向的情绪，而强迫性购物常常由负性情绪导致，并以降低负性情绪的强度为目的。它的结果往往是带来欣快感，或者缓解负性情绪。但这种缓解常常是短暂的，随之而来的是焦虑。强迫性购物障碍患者反复感受到的那种无法抵抗的购买商品的冲动类似于药物滥用者对药物滥用的冲动。在许多情况下，购物者购买的商品并没有被使用。强迫性购物患者对购买行为本身更感兴趣，而非所购买的物品。强迫性购物是一种典型的寻求刺激的行为。

在勒儒尤（Lejoyeux）和温斯坦（Weinstein）看来，冲动性和强迫性在强迫性购物障碍中起着重要作用。由于冲动性，强迫性购物障碍患者不能戒断购买。强迫性购物障碍患者的高冲动程度使强迫性购物障碍被纳入具有冲动控制问题的成瘾行为。与强迫症患者相比，强迫性购物障碍患者的冲动程度更高。

财务症状 互联网的发展加剧了强迫性购物障碍，因为网络购物回避了面对面交易，使购物变得隐蔽。另外，互联网能够及时提供商品及定价的最新信息。强迫性购物障碍的后果包括带来巨额财务负债、法律问题、引发人际冲突、婚姻冲突，导致心理痛苦，如抑郁或内疚等。对于强迫性购物患者而言，金钱和购物等同于毒品。

病因学和患病率 个体强迫性购物障碍行为表现的部分原因可能是其社会化和不断试错学习后发现，强迫性购物这一特定行为可以缓解紧张或其他负性感受。西方国家的强迫性购物患病率最保守的估计为占成年人口的 5.5%～8%。法勃尔认为，如果使用最严格的诊断标准，至少有 1.4% 的人口患有强迫性购物障碍。大部分强迫性购物障碍患者是女性，平均发病年龄是 30 岁。克朗茨和布里特发现，金钱地位型、金钱崇拜型和金钱回避型金钱脚本（第 3 章）可以作为强迫性购物障碍的重要预测指标。

干预 强迫性购物障碍患者在情绪自我调节方面存在问题，他们还有很多错误的购物观念，如担心失去购买机会或者过分夸大所购之物的重要性等，因此认知行为疗法（Cognitive-Behavioral Therapy，CBT）被认为可能是治疗强迫性购物障碍的有效途径。勒儒尤和温斯坦建议，应该首先评估强迫性购物障碍患者的精神病性共病，尤其是抑郁，以便实施恰当的精神药物干预。米切尔等人发现，强迫性购物患者在接受了认知行为治疗后，其购物的时间会显著减少，其冲动购物的发作次数也会减少。认知行为疗法的目标是干预并解决购物行为中存在的问题，建立健康的购物模式，重建正确的购物观念，培养相关的应对技能。关于评估药理学治疗效果的研究很少，且尚无研究表明药物对治疗强迫性购物障碍有效。关于强迫性购物的具体治疗方法详见第 12 章。

赌博障碍

> 赌博障碍是持久、反复、有问题的赌博行为，会引发个体具有临床意义的显著的损害或痛苦。

虽然现在 GD 已经被 DSM-5™ 归类为成瘾障碍，但直到 1980 年它才首次被确认为一种精神障碍。赌博障碍就是冒着巨大风险以博取更大的利益。在 DSM-5™ 出版之前，吉梅内斯－穆尔西亚（Jiménez-Murcia）等人将赌博障碍定义为持久、反复、适应不良的赌博行为模式。赌博障碍与其他精神障碍具有很高的共病率，如物质滥用、抑郁障碍、焦虑障碍和人格障碍等。

诊断标准　DSM-5™ 将赌博障碍定义为持久、反复、有问题的赌博行为，会引发个体具有临床意义的显著的损害或痛苦。个体如果在 12 个月内表现出 9 项赌博障碍诊断标准中的 4 项（或更多），就可以被确诊为罹患赌博障碍。这些诊断标准包括：当减少或停止赌博时，会坐立不安或者出现易怒情绪；减少或停止赌博的努力以失败而告终；沉迷于赌博；执着于"追回"损失；依靠他人提供赌资。

心理症状　研究表明，赌博障碍与健康问题紧密相关，涉及各个年龄段和诸多疾病。背痛、关节痛和心脏问题都与赌博有着显著的关联性。在年轻群体中，赌博障碍与社交冲突、物质滥用、不良嗜好和犯罪行为有关。除了身体上的症状之外，赌博障碍患者还会表现出负罪感、羞耻感、内疚感以及抑郁和失控等精神上的症状。有证据表明，赌博障碍伴随着血压升高、心率上升、情绪高涨等身体变化。谢弗（Shaffer）和马丁（Martin）的报告显示，精神障碍患者成为赌博障碍患者的概率是正常人的17倍。此外，赌博障碍患者发展为物质滥用障碍患者的概率是正常人的5.5倍，他们有75%的概率成为酒精障碍患者，有38%的概率成为药物滥用障碍患者，有60%的概率成为尼古丁成瘾患者，有50%的概率成为情绪障碍患者，有41%的概率成为焦虑障碍患者，有61%的概率成为人格障碍患者。

财务症状 没有金钱就没有赌博，金钱加剧了赌博障碍，而赌博障碍患者面临的最大问题就是负债。负债通常导致破产。虽然关于赌博障碍和破产的专门研究很少，但是由于赌博在美国许多州是合法的，可以想象破产是普遍存在的。对赌徒行为的研究（Gambler Impact and Behavior Study，GIBS）发现，19%的赌博障碍患者会申请破产。格兰特（Grant）等人发现，申请破产的赌博障碍患者更有可能是在功能失调的家庭中长大，赌博作为一种应对功能失调的机制而存在。许多赌博障碍患者因无力偿还负债而宣告破产。

病因学和患病率 持续终身的赌博障碍的患病率占北美成年人口总数的0.5%~10%。早期调查认为，被调查人口的3%~5%患有一定程度的赌博障碍。赌博机会的激增和赌博合法化范围的扩大促使社会以更加包容的态度对待赌博。大部分研究表明，男性更有可能出现赌博障碍。他们的发病年龄大多在年轻的时候，而女性的发病年龄是在40岁以后。

和其他成瘾问题一样，赌博障碍受到生物、心理和社会等诸多因素的共同影响。成瘾综合征模型认为，因为令人满意的主体体验与成瘾对象有关，这使成瘾具有某种特定的形式。基于活动的成瘾（如赌博）和基于物质的成瘾具有相似的生成因素。遗传是导致赌博障碍的因素之一。环境因素也是导致赌博障碍的因素之一。有研究表明，在赌场方圆千米内，赌博障碍患病率更高。但是，最近的经验证据表明，当人们接触到新的赌博机会时，个体能够适应这种情况，并且只会在短期内增加问题赌博行为。对赌博障碍的人口统计学研究表明，低龄、男性、待业、生活福利差、居住在大城市、教育水平低、非主流种族的美国人，罹患赌博障碍的风险更高。克朗茨和布里特发现，金钱地位型金钱脚本（与净资产、自尊相关的金钱信念）是病理性赌博障碍的重要预测因子。

干预 对包括赌博障碍在内的成瘾问题的治疗一般采用十二步治疗法（12-step program）。这也是大多数匿名戒赌互助会（Gamblers Anonymous，GA）采用的治疗方法。类似于戒赌互助会这样的组织有很多，它们广泛分布于全美各地。佩特里（Petry）和布兰科（Blanco）的一项随机研究发现，认知行为疗法也能改善赌博障碍症状，并建议临床工作者和相关的戒赌互助会采用认知行为疗法来治疗赌博障碍。

佩特里和布兰科还发现，赌博障碍主要会对社会经济地位较低的阶层产生影响，所以需要一种简单、可靠、有效的筛查工具来帮助发现有初期赌博问题者，以便在其赌博问题发展为严重的赌博障碍之前能对其进行干预、治疗。虽然认知行为干预在治疗赌博障碍方面已初见成效，但是能够熟练掌握这种疗法的临床工作者却很少。认知行为疗法的干预措施包括想象脱敏、线索暴露、认知重建，以及在临床工作者的帮助下去除偏见。尽管大家对赌博障碍的看法各有不同，但在治疗方面大多选择住院治疗、门诊治疗和求助自助团体等方式。

大部分赌博障碍患者不会寻求治疗，而是运用一些认知行为控制策略自行应对赌博障碍。斯拉斯克（Slutske）的报告显示，40%的病理性赌博者没有接受任何治疗就痊愈了。赌博障碍自愈策略包括：避开赌博场馆；冷火鸡法①；生活方式的改变；用其他活动代替赌博；提醒自己严重的负性后果；来自家人和朋友的支持。

虽然某些药物在病理性赌博的治疗中初见成效，但是这些药物并没有得到食品药品管理局（Food and Drug Administration，FDA）的批准。相关的药理

---

① 冷火鸡法也被称为"硬性脱毒"，即不使用任何药物和其他治疗方法，强制病人不吸毒，让吸毒症状自行消失，用在赌博障碍上，就是不使用任何包括药物在内的治疗方法，强制病人不赌博，让相应的症状自行消失。——译者注

研究是必不可少的，因为精神障碍共病与赌博障碍密切相关，所以对这两种障碍同时进行诊断和治疗尤为重要。赌博障碍的治疗存在一些问题，某种程度上是因为它没有被纳入美国医保计划。赌博障碍未来的研究方向主要是确认能够预测赌博障碍发展的行为标记，并对其进行测试。

↘ 工作成瘾

> 工作成瘾被描述为一种长期过度沉溺于工作的模式，表现为长时间工作，比预期做得更多，忘我地工作，并且强迫自己工作，所有这些损害了个体正常的身心健康和人际关系。

工作成瘾（workaholism）这个术语来源于酒精成瘾（alcoholism），用来描述对工作上瘾或者无法中断工作冲动。在研究中，工作成瘾、工作成瘾者或过度工作这些术语可以交替使用。大部分研究把工作成瘾描述为一种长期过度沉溺于工作的模式，表现为长时间工作，比预期做得更多，并且忘我地工作。也有研究者称，工作时间并不是判断工作成瘾的必然要素。部分研究者认为工作成瘾是正向性的，它表明一个人具有较高的工作热情和动机，但是其他研究者更强调工作成瘾的强迫性、刻板性等负性特性。因此我们有必要对工作成瘾和工作投入进行区分，工作投入的人十分享受工作过程，但是工作成瘾的人在工作中不只有享受的一面，还有被强迫的一面，而后者是大部分成瘾问题的共性。

> 部分研究者认为工作成瘾是正向性的。

作为成瘾问题，工作成瘾被描述为无法控制的工作动机，花费在工作上的时间和精力过多，妨碍了其人际关系、休闲娱乐和身体健康。工作成瘾的特征表现为反复寻求愉悦感,而这种愉悦感来自于特定的依赖——与滥用、欲望、具有临床意义的显著压力和强迫性依赖行为有关。

诊断标准 斯科特(Scott)等人描述了工作成瘾者的三个重要特征:在工作上花费大量时间,非工作时间也沉浸在工作中,为了满足他们的工作需要,工作时间比期望的合理工作时间更长。塔里斯(Taris)等人进一步补充了工作成瘾者的另外两个特点,分别是没有能力从工作中抽身和没有能力减少工作时长。莫热(Mosier)对工作成瘾的定义是每周工作 50 小时及以上。在识别工作成瘾者时存在一个问题,那就是除了每周工作时长这个指标以外,一般没有其他的工作成瘾测量指标,即便有,也只是自我报告的测量指标。

卡蕾蒂(Caretti)和克拉帕罗(Craparo)提出了新的成瘾诊断标准,或许对工作成瘾的诊断有所帮助。他们指出,由于持久且反复的适应不良的成瘾行为,工作成瘾患者承受着临床意义上的显著的损害或痛苦,表现为对工作的沉迷、冲动性和强迫性工作等行为。此外,成瘾的想法或行为频繁发生,干扰了个体的社会功能和人际关系。

克朗茨等人注意到,工作成瘾者和强迫型人格障碍患者具有某些共同点,包括控制欲强、完美主义、固执己见、缺乏弹性、不愿意委派工作给他人,以及以牺牲友谊和休闲娱乐为代价过度工作。

心理症状 罗宾逊(Robinson)把工作成瘾定义为一种试图解决心理需要的渐进性成瘾(progressive addiction),它导致个体对日常生活难以管理,导致其家庭关系破裂和健康问题严重。值得注意的是,工作成瘾实际上会导致身体健康状况变差,但是工作成瘾者并不一定能感知到这一点,这表明工作成瘾者并不清楚自己的行为正在影响自己的身体健康。工作成瘾者发展出某些与工作相关的病理性联系,以回避亲密关系和自尊提升。工作成瘾与糟糕的健康状况、频繁的工作–家庭冲突和更高强度的工作压力紧密相关。斯科特等人指出,某些工作成瘾者具有强迫症症状,他们投身工作,以移除强迫性思维。除了强迫性要素以外，常见的工作成瘾患者还具有完美主义倾向，会在工作过程中过分注意细节。

斯科特等人研究发现，工作成瘾患者不太与人交往，不会花时间与他人打交道，对朋友和家庭的满意度较低。不工作的时候，工作成瘾患者会有内疚感，他们无法在休闲的时间放松自己，而是认为休闲活动很无聊，这让他们体验到高水平的焦虑和痛苦。工作成瘾患者对生活的满意度较低，这是强迫性和依赖性的结果。钱柏林（Chamberlin）和张（Zhang）发现，工作成瘾患者的身心健康水平较差，自我接纳程度较低。他们还发现，工作成瘾患者的子女在心理层面会受到父母工作成瘾行为的影响。

对工作成患瘾者而言，因为工作成瘾在诸多成瘾类别中的社会认可度更高，工作成瘾为完美主义倾向提供了一个社会可接受的途径，并且还会得到赞美。个体通过工作获得承认并取得成就能够改善其不良心境；但是把工作当作一种应对负性情绪的机制则会导致其孤独和不满。范·登·布洛克（Van den Broeck）等人认为，从工作成瘾中可以区分出过度工作的行为组成成分和强迫性工作的认知组成成分。他们发现，强迫性工作的倾向与糟糕的健康状况、强制性感受有关。而过度工作行为则与开心愉悦和幸福感有关。

财务症状 研究表明，个体花在工作上的时间与其财务需求呈正相关。克朗茨等人发现，工作成瘾患者往往拥有较高的收入，与此同时，循环信贷水平也较高（revolving credit）。工作成瘾的负性结果表现为个体具有情绪痛苦或者感到疲惫不堪，工作成瘾患者几乎没有社交活动，家庭冲突不断，常心不在焉驾驶，边驾驶边打电话，常常在睡眠不足的情况下驾驶。虽然存在这些潜在危险，但是工作成瘾患者获得了升职加薪，并且受到雇主和同事们的肯定。萨斯曼（Sussman）的研究表明，很多工作成瘾患者会选择延迟退休，以便继续工作。

病因学和患病率 有研究认为，工作成瘾是个体缺乏安全感、自我价值感低所致，是其为了回避痛苦、消除恐惧、避免亲密关系。工作可以增强一个人的自尊，增加一个人的自信。有观点称，工作成瘾患者或许认为父母的爱取决于他们的成功，所以他们工作是为了获得父母的爱。吴（Ng）等人认为，气质（即渴望成就和提高自尊）、社会文化经验（即通过工作逃离过去的经历）和行为强化（即工作回报、公司文化鼓励超时工作）是工作成瘾的预兆。不工作就焦虑、强迫性工作和长时间工作是工作成瘾患者行为的征兆，这会导致他们的个人生活受到影响。克朗茨和布里特发现，金钱回避型金钱脚本和金钱崇拜型金钱脚本（见第3章）是工作成瘾的重要预测指标。

格里菲斯（Griffiths）发现，个体特征、环境特征和工作的结构特征共同带来财务、社交、生理和心理上的回报，这些习惯性的奖赏和强化是成瘾行为的潜在诱因。彼得罗夫斯基（Piotrowski）和沃丹洛维奇（Vodanovich）认为，工作成瘾与人格特征、家庭责任感和内外部压力源有关。个体因素和工作因素共同导致了工作成瘾行为的形成。在初期阶段，工作成瘾行为会获得公司的赞赏和家庭的认可，所以慢慢地它被强化，最终导致了个体工作–家庭生活的不平衡。

梁（Liang）和周（Chu）认为，导致工作成瘾的主要人格特征包括强迫性、成就导向、过度的完美主义和责任心。工作成瘾患者虽然具有精力充沛和成就非凡等正面特征，但也有负面特征，如自恋、完美主义、神经质、强迫或苛责他人等。

干预 研究者很少把非化学性成瘾和其他相关成瘾进行比较，这导致了人们对工作成瘾是否真实存在的怀疑。有人提出，工作成瘾是得到鼓励的，并且是被社会接受的，因此应该修正针对工作成瘾患者的成瘾治疗方案。

认知行为疗法对工作成瘾的治疗策略包括指导设置治疗目标、培养享受工作的能力、创造工作–生活平衡的方法、培养解决问题的技能和管理时间的方法等诸多方面。这些策略有助于改善工作成瘾患者拼命工作的倾向，控制他们完成任务的速度，以提高他们对工作的享受。该疗法的核心治疗假设是重新恢复患者的工作生活平衡。整体方案涉及睡眠、饮食、锻炼、放松练习、压力管理、自信训练和精神活动等诸多方面。

部分研究者认为，理性情绪行为疗法（Rational Emotive Behavior Therapy，REBT）更适用于工作成瘾治疗。REBT 有一个前提，即功能失调性的行为不仅是由环境因素导致的，而且是由非理性思维引起的。万荷兰维希（van Wijhe）等人认为，非理性想法和认知在自我挫败行为和工作成瘾中起着重要作用。陈（Chen）也认为，工作成瘾的根本原因是非理性信念，它导致工作成瘾者完全被工作所占据。REBT 提供了一种很有前景的干预方式，它致力于把一个人的非理性信念重新构建为更具功能性的信念。工作成瘾的其他治疗策略包括动机式访谈、团体治疗、家庭治疗、暂时远离工作的住院治疗以及体验性治疗。

↘ 囤积障碍

囤积障碍一直被认为是一种金钱障碍，它不仅表现为对物品的收集和保留，还表现为节俭等正向行为，而且两方面都达到了极端不健康的程度。囤积障碍不仅影响个人的健康和安全，而且可能导致公共健康问题、社会成本增加以及家庭关系紧张。尽管囤积障碍患者为数众多并且伴有显著的抑郁倾向和功能性损害，但是关于囤积障碍的研究却不多。囤积障碍患者将情感依附在金钱和物品上，很难让他们花钱或者丢弃囤积的物品。一般来说，囤积被视为强迫症或者强迫型人格障碍（Obsessive-Compulsive Personality Disorder，OCPD）的表现。但是，囤积行为也可以被列为一种单独的障碍，因此囤积障碍在 DSM-5™ 中被视为一种精神疾患。

诊断标准 囤积障碍在 DSM-5™ 中的诊断标准包括：不管物品的使用价值如何，都长期难以丢弃或放弃物品；感到积攒物品的强烈需要，当要丢弃它们时感到很痛苦；物品的集聚导致生活空间变得拥挤杂乱，显著影响了其用途；具有临床意义的痛苦，或导致社交、工作或其他方面的功能性损害。囤积障碍可能伴以下情况：过度收集，良好或一般的自知力，较差的自知力，或者缺乏自知力，甚至有妄想信念。

囤积障碍能够导致重要功能的损害，如无法为自己和他人营造一个安全的环境。因为屋里堆满物品，导致家庭的生活空间和工作空间拥挤杂乱，无法正常使用，也很难在屋子里安全地活动。克朗茨等人发现，强迫性囤积症状在低净资产的男性群体中更加常见。

财务治疗师指出，在财务领域中，囤积障碍患者表现为非常焦虑钱不够用，以至于他们可能忽视最基本的自我照顾，很难享受攒钱带来的好处。福曼（Forman）指出，财务囤积患者害怕失去金钱，在金钱方面不信任他人，很难享受金钱。

心理症状 囤积者保留物品的原因主要与眷恋（sentimental attachment）、有用和审美特质（aesthetic qualities）有关，相关性甚至达到物品已成为其自我延伸的程度。丢弃一个物品感觉就像是丧失了部分自我或者就像一个朋友故去了。物品的功能不仅提示过去的重要事件，而且提供舒适感和安全感。所以，囤积者不可能分享物品，因为他们的身份认同与他们拥有的物品不可分割。他们的积攒物不限于没有价值的或者破旧不堪的物品，许多物品是新的且从来没有被使用过。囤积障碍在临床意义上显著的表现是，囤积行为导致人际压力，包括婚姻冲突或遭到家庭成员、朋友的反对。

囤积障碍在许多方面类似于强迫症——回避丢弃物品，因为担心将来会用到它们，或者因为有情感上的眷恋，并且担心在丢弃什么方面犯错误。以上种种类似于强迫性思维。如果回避丢弃物品是一种强迫性行为，那么难以丢弃物品则是一种强迫性思维。但是，与强迫症的强迫性思维不同，与囤积或堆积相关的思维并非不愉快的。和物品有关的想法并不会令囤积者感到不快，他们的痛苦通常来自囤积导致的结果（如杂乱、夫妻冲突等），而不是囤积思维或行为本身导致的。囤积障碍患者在收集过程中体会到的往往是正向情绪，在试图丢弃物品时则感到悲伤。这些情绪在强迫症患者的体验中并不常见。强迫症患者的行为会有起伏变化，但是囤积从个体年轻时开始且会随时间的推移而日益加重。

财务症状 当代心理学从一开始就认为囤积是人类本能，并且是一种自我保存策略。人类花费了时间并付出了努力来获取报纸、收音机和电视机等日常用品。金钱囤积行为具有适应性，对于应对突发紧急状况具有显著价值，同时也表现出一种悖论，亦即从某种意义上来说，金钱囤积行为看起来是正面的财务行为（如节约等），却达到了一种极端的程度。正如克朗茨等人指出的那样，节约固然没错，同时花钱也是必要的，但金钱囤积者即便是在最基本的需要方面也不愿意花钱。有些金钱囤积患者很难把钱花出去并非是出于财务上的原因，而是因为金钱带来的情感眷恋、舒适感与安全感。无明显用途的物品囤积可能是非物态的形式呈现，如银行账户余额等。与物品囤积者不同，金钱囤积者不会因为屋内杂乱地堆满硬币或现金而导致困难。更确切地说，金钱囤积者的困难在于其认知上混乱不堪、无法容纳其他思维或事务，导致其具有明显的临床症状。

病因学和患病率 研究表明，囤积是思维和信念导致的条件反射性的情绪行为。囤积者常常对丢弃拥有物感到忧虑，表现出焦虑情绪、回避做决定和回避丢弃，囤积者表现出过度的节约，拥有物和囤积带来的快感进一步强化了这个行为。引发囤积障碍的因素包括信息处理缺陷、对拥有物有情感眷恋、情绪上感到痛苦以及回避行为。内齐尔奥卢（Neziroglu）等人识别出的囤积者具有的共同特质包括担心失去、犹豫不决、害怕犯错、担心丧失记忆、缺乏组织性。囤积或节约成为囤积障碍患者身份认同的一部分。有囤积行为的人倾向于单身，并且常常缺乏和他人的人际联结，因此他们强烈地眷恋拥有物。部分囤积者认为囤积行为是过去一件无法应对的压力事件的结果，另一部分人则表示囤积行为在其人生中经历了一种缓慢且稳定的发展。克朗茨等人认为，囤积障碍是对财务创伤的应激回应，或者是早期贫穷或匮乏的生活的结果，他们还认为，经济大萧条产生了一代金钱和物品囤积者。克朗茨和布里特也发现囤积障碍与其他紊乱的金钱行为高度相关，包括强迫症。克罗默（Cromer）等人指出，囤积者更有可能报告至少一件创伤性生活事件。1993年之前，精神健康研究中几乎没有关于囤积行为的研究。过去了20多年后，囤积已经被确认是一种常见且严重的疾病。多项研究表明，囤积障碍的患病率占总人口的2%～5%，几乎是强迫症的患病率的两倍。

干预 过去对囤积障碍进行干预治疗很困难，这是因为患者对治疗的反应率很低。考虑到囤积障碍患者对囤积有正面感受而对丢弃有负性感受，这一点就不难理解了。从目前来看，最鼓舞人的资料是多模式干预疗法，它主要聚焦于4个主要的问题：信息处理；情感眷恋；行为回避；关于所有物的错误信念。其中动机式访谈用来处理矛盾情绪和自知力差的问题，CBT用来帮助减少杂乱并抵制收集的冲动，认知重建用来缓解丢弃恐惧。这个多模式干预疗法非常漫长，成功与否取决于患者是否积极配合。

在囤积障碍治疗中，CBT获得了最广泛的支持。有人设计了一项针对囤积的CBT疗法公开试验。它包括26次个别会谈，每月一次家庭拜访，持续时间为9～12个月。试验结果表明，被试的节俭行为受到控制，家中的杂乱状况得以缓解。特纳（Turner）等人发现，应用专业的CBT技术治疗一组老年囤积患者，其家中的杂乱得到改善，其收集行为和丢弃困难减少，其安全感获得提升。该治疗主要是基于家庭的，持续大约35节会谈，集中于强化动机，提高认知技能、组织和决策技能以及非收集（nonacquiring）技能。在一项修订后的CBT囤积治疗的等待清单对照试验中，斯特科蒂（Steketee）等人将参与者随机划分为两组，一组立即接受治疗，另一组等待12周后再治疗。仅仅12周以后，从统计学上来看，与等待组相比，接受治疗组的囤积严重程度测量值得到了更大的改善。

CBT团体治疗方法也很有效。穆罗夫（Muroff）等人发现，每周一次CBT会谈结合非临床医生的家庭拜访，持续20周后，接受治疗者的囤积症状得到了极大的改善。自从1998年以来，高清图像的网络CBT成为持续干预方式且看起来很有前景。某些证据表明，选择性5羟色胺再吸收抑制剂（SSRI）

药物治疗方法也很有效，帕罗西汀、氯丙咪嗪、氟西汀和舍曲林，能够改善囤积障碍的症状。CBT 结合药物疗法的有效性尚需进一步研究。其他一些治疗方法也很有希望。克朗茨等人主张解决与创伤有关的未完成事件来治疗金钱障碍（包括强迫性囤积），可以使用密集团体体验疗法，该疗法的临床实用性得到实证支持。佩卡雷瓦-科赫尔希纳（Pekareva-Kochergina）和弗罗斯特（Frost）发现，团体阅读干预方法更具优势。穆罗夫等人发现，每周团体 CBT 会谈结合非临床医师的家庭拜访，持续 20 周后，被治疗者的囤积症状得到了显著缓解。

↘ 财务否认

> 财务否认是一种防御机制，用以逃避心理痛苦而最小化或回避金钱问题。

在应对自己所面临的困难时，金钱障碍患者通常选择不考虑或者回避金钱问题，从而导致其情况变得更加糟糕。克朗茨等人将财务否认描述为一种防御机制，即通过最小化或极力回避金钱问题，从而逃避心理上的痛苦。伯切尔（Burchell）也指出，一部分人由于对个人财务状况具有混乱不清的非理性倾向，导致其糟糕的财务管理状况，并给其造成巨大的财务损失。这种回避现象普遍存在于各个财务领域。例如，奥代恩（Odean）和巴伯（Barber）发现，投资者更愿意卖出赚钱的投资而非赔钱的投资，这被称为处置效应（disposition effect）。奥代恩指出，处置效应其实与投资无关，只是因为人们不喜欢承认错误，以防造成对自我的否定或者产生后悔心理而选择的回避策略。

诊断标准 伯切尔从三个方面概念化了个人财务的功能失调倾向。首先，该障碍有点类似于阅读障碍，阅读障碍只是在阅读和写作上的特定缺陷，而非理性财务行为只是在财务问题上的特定缺陷。其次，非理性财务行为是人们在处理财务状况方面存在认知缺陷而导致的。因为日常生活繁忙而复杂，为了避免负担过重，人们通常不会充分掌握并处理各种信息，这就导致了偏见和判断失误。最后，非理性财务行为还可能具有情绪上的原因。当人们怀有负性情绪时，他们极有可能选择回避考虑自己的财务状况，从而导致其决策和结果并非最优选择。

伯切尔进行了一次涉及 1 000 名英国成年人的调查，他使用财务厌恶量表（Financial Aversion Scale）来评估财务否认的患病率、影响因素及其本质。在伯尔切看来，财务厌恶也体现为回避考虑与个人财务有关的事务，因为这些事务多与厌烦、内疚或焦虑等负性情绪有关。财务回避患者不会审慎地检查他们的信用卡和银行财务报表。克朗茨和布里特发现，金钱回避型金钱脚本和金钱崇拜型金钱脚本是财务否认的重要预测指标，其表现主要是竭力回避考虑金钱、试图遗忘自身的财务状况以及回避查看个人银行对账单（参考第 3 章）。

心理症状 临床病理学的很多案例显示，致病原因是过度回避，而非回避，回避只是试图让自己摆脱不想要的或糟糕的感受或情绪。在伯切尔看来，财务否认患者对财务问题并非无能、无知、无度。他们中的许多人在其他领域取得了很高的成就，也知道财务管理的重要性，却深陷在某种心理综合征中，致使他们很难理性处理个人的财务问题。克朗茨等人也同意，财务否认是一种防御机制，用以缓解财务痛苦导致的焦虑。财务否认与财务拒绝截然不同，后者是让自己摆脱金钱或回避金钱积累。而低自尊的人更易导致财务拒绝，因为他们觉得自己不配拥有金钱。

财务症状 伯切尔的研究揭示了与财务否认有关的行为相关因素。大约有 30% 的财务否认患者不知道他们每周的账户上有多少钱，而在其他人群中这一比例仅为 18%。财务否认患者在处理财务问题时感到头晕、身体不适或者被情绪控制的概率是正常人的 5 倍。克朗茨等人发现，财务否认的相关因素包括低收入水平、低教育程度、低资产净值和高循环贷款率等。

病理性和患病率 施伦德（Schlund）认为，焦虑障碍的最新概念表明，

心理咨询中的财务议题

这类患者以功能失调的回避方式进行应对的原因与创伤后应激障碍患者类似，即处理奖赏动机性行为的大脑部分转而支持厌恶动机性的回避行为。适应性功能反映了执行系统和回避系统之间的平衡，而两者间的不平衡会导致精神病变。但有关这个主题的研究还很有限。

梅丁茨（Medintz）等人的报告显示，现在有更多人选择忽视财务问题而非予以应对。在美国展开的一项调查研究发现，36%的受访者会回避考虑自己的财务困境。调查也发现，36%的受访者全面回避财务现实，17%的受访者通过拒绝查看财务报表来回避考虑金钱问题，16%的受访者以不看财经新闻的方式回避财务问题。

伯切尔在英国进行的一项有关财务厌恶的研究表明，51%的受访者对至少一个财务厌恶量表题项的评分为非常正确，而84%的受访者在五个陈述中至少有一个的回答是非常正确或比较正确。根据这些标准，至少一半的人表现出一定程度的财务否认症状。伯切尔的研究也把财务否认或称"财务厌恶"的人根据类别进行划分，发现社会阶层较高的人中也存在较高比例的财务厌恶者。这表明财务否认是由心理或社会因素导致的，在各社会阶层中没有差别。研究也发现，随着年龄的增长，财务回避者的比例下降。这个现象可以归因于生命周期规律，或者标志着代际转变，即目前的年轻一代具有更高水平的财务恐惧。

伯切尔也深度访谈了对个人财务具有高情绪厌恶水平的人。针对财务厌恶的起因，伯切尔提出了三个观点。第一个观点是令人挫败的审慎（frustrated prudence）。一部分财务厌恶者被反复提醒其财务责任，一部分财务厌恶者面临贫困。许多人有意愿并且有能力保持财务稳定，但是因为外部原因，他们因受骗或其他原因而失去自己辛苦积攒的存款。这令他们感到愤怒和受伤，于是他们选择财务回避来处理其心理的不协调。第二个观点是拖延。部分受访者声称了解自己的财务状况，但是一旦让他们说说近期财务状况，他们就选择回避，因为近期财务状况会增加他们的内疚感和焦虑感。在费时费力、令人挫败和回报率低的情况下，拖延形式的回避行为就很典型。第三个观点是处理财务问题的信心不足。以上观点都是尝试性的，需要更多实证性的纵向研究来验证。

干预 克朗茨等人在体验性财务治疗中发现，经过治疗后，来访者的金钱焦虑水平显著降低并保持稳定，包括回避考虑金钱倾向在内的财务健康状况有所改善（参考第 7 章有关体验性财务治疗的讨论）。除此之外，尚无其他有关缓解财务否认的治疗研究。目前只有理财规划行业关注这个问题。例如，在伯切尔的研究中，部分参与者沮丧地发现，他们终其一生购置一处房产，而背负的巨额房屋净值贷款却长期削弱了他们满足自身保健需要的能力。此时，恰当的理财规划可以避免这种情况，还能适度缓解部分回避行为。理财规划行业还可以做更多的事情来保护消费者免受不当销售金融产品的影响，因为这种不当出售行为往往会恐吓公众，这增加了他们对财务处理的厌恶。理财规划行业要特别注意风险容忍能力，确保人们的投资不会超过他们的风险容忍能力，这样市场波动就不会导致其过分焦虑。

↘ 财务利他

克朗茨等人将财务利他定义为没有能力对他人频繁的钱财索要行为说不。财务利他对财务利他者和财务依赖者都具有显著的影响。财务利他者（enabler）在试图支付自己和他人的费用时能够觉察到自身财务状况，如正面临破产。一个典型的例子就是父母照顾已经成年的、本应自己养活自己的子女。财务利他者和财务依赖者都认为金钱的影响无处不在，而且双方出于羞耻或内疚都倾向于隐藏自己的财务状况。

诊断标准 克朗茨等人认为，即便在自身无法承担的情况下，财务利他者也还会给他人钱财，他们很难拒绝来自亲朋好友的对钱财的请求。克朗茨等人设计的财务利他量表包括以下题项：我给予他人钱财，即使我无法承担；面对来自亲朋好友的对钱财的请求，我很难说"不"；我会为了他人的利益而不顾自己的财务状况；人们在钱财方面利用我；我借钱出去，但并没有明确的偿还约定；给他钱财以后，我常常感到愤恨或愤怒。财务利他主要是利他者在面对他人持续的索要金钱的状况时没有能力说不。财务利他是理财规划师在日常工作中最常见的问题，是一种慢性问题。

心理症状 克朗茨等人注意到，财务利他常常是为了让家庭成员的关系更加紧密，却在事实上引发了愤怒和愤恨，并且破坏了家庭关系。即使自己无力承担，财务利他者也常常会给予他人钱财，这导致了其自身严重的财务问题。普利切（Price）等人发现，财务紧张加剧了个体的抑郁症，并导致其失控感。而这种失控感会损害个体的角色功能、情绪功能和健康。

财务症状 财务利他具有消极的财务后果。研究发现，它与更低的资产净值和更高的信用卡负债有关。经济不景气的时候，财务利他的情况更为常见。因为经济困难，越来越多的成年人依赖他们的父母获得财务支持。不幸的是，这给亲子关系带来了严重的影响，对双方财务健康状况也造成了严重影响。财务利他者把人际关系与金钱搅和在一起，把金钱和情感混为一谈。

病理学和患病率 研究认为，金钱问题源自童年时期的经历，也受到文化因素和早期教育的影响。财务利他是一种满足心理和情绪需要而非实际财务需要的行为模式。这种行为模式源自"金钱是爱的同义词"这一信念。这可能是因为财务利他者从小在贫困中长大，所以不想让自己的孩子们经历同样的境遇；或者是因为从小一直受到宠爱，所以习惯于用金钱来表达爱。克朗茨等人发现，部分经验资料是支持这一假设的，财务利他与利他者童年时期较低的社会经济地位有关。福布斯杰出女性评选委员会和国家金融教育基金会（the National Endowment for Financial Education，NEFE）的一项在线调查显示，有大约60%的父母为已经毕业的成年子女提供财务支持，有37%的父母提到自己曾经艰苦奋斗的经历，并表示不想让其子女也经历这些艰辛。虽然无法获得财务利他患病率的具体信息，但是克朗茨等人认为，财务利他显然是理财规划师最常遇到的慢性问题之一。

财务利他者把金钱作为一种对于内疚的补偿方式，以便亲近某人并获得自尊。这是一种利他者与依赖者保持亲密关系并对依赖者进行控制的方式。虽然意图往往是良好的，但是结果常常比较糟糕。克朗茨等人指出，依赖者在财务上得到的支持越久，就越难在财务上自立。这就导致了依赖者在情绪上和财务上的发展受阻。财务利他不仅出现在亲子关系中，也出现在伴侣、夫妻、朋友等关系中。财务利他者相信，为他人花钱赋予了他们生命的意义，并为他们赢得了爱与尊重。

干预 目前没有专门的针对财务利他的治疗方式，但是可以采用治疗其他财务障碍和其他利他问题的方式。克朗茨等人建议，如果有人意识到自己是财务利他者，他们首先应该做的事情就是承认利他行为弊大于利。有时平静地说"不"是打破依赖循环的唯一方式。利他者也应该提醒自己，这不是小气或冷漠；实际上，这对依赖者来说是最好的帮助。克朗茨等人还建议，父母学会如何回应频繁索要钱财的孩子是在早期解决财务利他问题的关键，这样，孩子就不会在财务上依赖成人。由于财务利他的本质是关系性的，尤其是亲子关系，所以系统理论也许对财务利他的治疗有效。

↘ 财务依赖

> 财务依赖的定义是依靠他人获得非工作性收入，因其有可能被切断而使个体感到害怕或焦虑，且个体因认为自己的积极性、热情、能动性受到了扼制，从而产生愤怒或愤恨情绪。

财务依赖的定义是依靠他人获得非工作性收入，因其有可能被切断而使个体感到害怕或焦虑，且个体因认为自己的积极性、热情、能动性受到了扼制，从而产生愤怒或愤恨情绪。受教育水平低、收入水平低及未婚者具有财务依赖的可能性更大。财务依赖被认为与依赖型人格障碍有关（Dependent Personality

Disorder，DPD）。博恩斯泰因（Bornstein）把依赖行为称为人际依赖，指个体即便自己有能力做某事，也还是倾向于依赖他人获得滋养、指导、保护和支持。人类刚出生的时候依赖他人而生存，年纪越长，越有可能在日常生活中再次依赖他人。作为一种人格特征，人际依赖在过去几十年里得到了广泛的研究。有人将依赖分为功能性依赖（在身心方面依赖他人）和经济性依赖（依靠他人获得财务支持）。依赖的不同类别可以预测社会行为的不同方面，还会显示健康状况、心理障碍和衰老情况。尽管依赖型人格障碍并不特指财务依赖，但是两者具有许多相同的特性。

诊断标准 克朗茨等人设计的财务依赖量表的题项包括：我觉得我获得的钱财带有附加条件；我常常因我收到的钱财感到愤恨或愤怒；我的收入的绝大部分是非工作性收入（如信托基金、补偿金等）；切断我的非工作性收入将令我感到恐惧或焦虑；我的非工作性收入扼制了我的积极性、热情、创造性以及能动性。DSM-5™所列的依赖型人格障碍包括8项诊断标准：没有他人的建议和保证，自己便难以做出决定；需要他人为自己生活中的多数事情负责；因为害怕失去支持或赞同而难以表达自己的不同意见；难以独自开始一些项目或做一些事情；为了获得他人的培养或支持而过度努力；因为过于害怕不能照顾自己而在独处时感到不舒服或无助；在一段亲密的人际关系结束时，迫切寻求另一段能够支撑和照顾自己的亲密关系；因为只剩自己照顾自己这种不切实际的观念而感到害怕。

除了上面提到的KMBI财务依赖量表，还有自陈式依赖量表，包括人际依赖问卷（Interpersonal Dependency Inventory，IDI）和社会性–自主性量表（Sociotropy-Autonomy Scale，SAS），它们都可以用来评估依赖障碍。罗夏依赖口试（Rorschach Oral Dependency，ROD）可以测量患者内隐的依赖冲突，结果表明患者很少或者根本没有意识到自己内隐的依赖冲突。自陈式依赖测试的评分揭示了依赖者如何看待自己，在多大程度上认同依赖冲突源于气质性原因，以及偏见如何影响其自我表现。

心理症状　米勒把依赖型人格描述为一种顺从和缠人的行为模式，源于对他人照顾的过度需要。他指出，依赖者极度需要他人，并且极其害怕失去他人的支持。他还提出，依赖者指望他人给予引导和指示，而把自己定义为勤恳忠实的追随者。依赖者能够察觉自己的不成熟、缺乏自信、缠人、不安和脆弱。具有高度依赖性的大学生表现为想家、拒绝社交以及和室友发生冲突。这些问题在其今后的生活中持续存在会引发工作冲突并且破坏职业关系。

在克朗茨等人看来，受困于财务依赖的人活在儿童世界中，那里没有财务问题。他们对现实世界中金钱如何运作没有真实的感受，并认为自己不需要知道这些。研究表明，财务依赖常导致亲子冲突。在部分案例中，财务依赖还会危及生命。例如，一项研究显示，46%的家庭暴力受害者声称，缺钱是迫使他们回到虐待性关系中的重要因素。

财务症状　财务依赖可能破坏家庭的幸福关系，持续为依赖者提供财务上的支持可能导致某个家庭成员的长期痛苦。因为依赖关系导致其经济上难以为继，所以财务依赖会加剧家庭的紧张气氛。财务依赖与个体较低的受教育程度和较低的收入水平有关，也可能与其童年时期较高的社会经济地位有关。

病因学和患病率　过度保护型养育方式和专制型养育方式都会导致依赖型人格倾向。博恩斯泰因认为，如果个体在儿童时期形成自我无力或自我脆弱的概念，更容易导致其具有依赖性。过度保护型养育方式让孩子们认为自己是脆弱和无用的，没有一个强大的照顾者自己就无法在这个危险的世界中生存。专制养育型养育方式潜移默化地灌输这样一个信念，即想要成功就要遵从他人的需要和期望。另一个导致依赖型人格障碍的因素是文化。以群体为中心（重视人际间关系）的文化通过容纳成人间的依赖关系而培养出依赖性。性别角色社会化也对依赖性的形成产生影响。男性更少公开他们的依赖需要，在青少年时期，男性在自陈式依赖性方面与女性相比就已经表现出了显著差异。研究揭示，女性被诊断为依赖型人格障碍的比率高于男性。容易受到惊吓且难以安抚的婴儿更有可能发展出依赖型人格。这可能是由于易受惊吓的婴儿更容易显示出依赖倾向，没有外在的帮助，他们无法自我安抚，或者是因为难以安抚的婴儿更可能导致过度保护型养育方式，这就在孩子那里潜移默化地灌输了一种信念，即其自身是脆弱无力的。早期发病的分离焦虑很有可能发展为依赖型人格。依赖型青少年对同伴群体的依赖性更高，这使他们更容易受到同伴的不良影响。与依赖型儿童类似，依赖型青少年更易体验到孤独和同伴的拒绝，这也增加了他们出现物质滥用问题和抑郁问题的概率。年轻的依赖者更容易依赖替代养育者或其他权威人物，如教授、上司或朋友等。年长的依赖者有时会直接表达依赖需要，或者因认知功能受损而迫使他人承担照顾自己的责任。

干预 在许多案例中，有依赖问题的来访者寻求治疗是因为他们的依赖行为对人际关系带来了不良影响，这些不良影响涉及友情、爱情、亲情及工作关系。伯恩斯坦（Bornstein）介绍了多个提高依赖的适应性特征的策略。一个策略是在来访者获得肯定和加强亲密关系的同时帮助来访者表达依赖需要。另一个策略是帮助来访者区分哪些是不健康的依赖（如回避责任等）、哪些是健康的依赖（如为了掌握一项新技能而寻求帮助）。还有一个策略是治疗师的表率作用，治疗师可以示范健康的依赖行为，包括自我暴露。治疗师可以向患者表露，他们是如何与更有技能与经验的指导者合作来获得技能和自信的。

对依赖问题的治疗，需要在依赖型和被动型之间做出区分。被动型患者并不必然是依赖的，依赖型患者也不一定是被动的。当支持性的关系受到威胁，依赖型患者会变得相当积极。他们也可能会表现出毁灭性行为，如自杀意念、家庭暴力和孩童虐待。有效的治疗策略需要识别依赖者在不同关系和场景中的自我表现，以及当其他人不能被依赖时他们偏好的自我表现方式。

有些来访者表现出多重依赖，如功能性和财务性依赖。在一些案例中，除了功能性或财务性依赖之外，个体还出现了其他心理障碍，这表明他们需要财务治疗师与精神健康临床工作者一起进行综合治疗。依赖者善于捕捉人际线索，并会尽量满足他人的需要。因此，他们比较容易得到身边人对其病态依赖行为的支持与包容。系统取向的疗法对于治疗依赖性障碍之所以有效，是因为它能识别出这种不恰当的支持与包容。

↘ 财务卷入

> 父母利用金钱操纵子女，以满足父母自身的需要，这就是财务卷入。

财务卷入型父母过度纠缠在子女的生活中，致使子女不能主导自己的家庭。卷入型父母往往缺乏边界感，而且一旦涉及财务卷入，他们就会越界参与成年子女的财务问题，并替他们做决定。父母和未成年的子女不恰当地分享财务信息引发子女的焦虑和压力可以被视为财务卷入。财务卷入最初被称为财务乱伦，后者由克朗茨等人提出，用以描述父母利用金钱操纵子女或满足父母自身的需要。尽管没有实施身体上的虐待，但它是心理上的虐待，会对子女造成伤害。父母和子女讨论经济困境就是一个典型的例子，父母这样做是为了缓解自己的财务焦虑和财务压力，而未顾及子女的感受。

诊断标准 克朗茨等人在 KMBI 中设计了一张财务卷入量表。量表题项包括亲子关系中金钱边界的不当交叉：和子女（18 岁以下）谈论财务压力以后，我感觉好多了；和子女（18 岁以下）谈论我的财务压力；请子女（18 岁以后）向其他成年人转达我的财务状况。

心理症状 卷入型父母往往看起来很有爱，其子女看起来也适应良好，这提示了全面评估其子女脆弱性的需要。临床检查和心理测试揭示亲子关系的某些方面需要引起注意。财务卷入也可能导致亲子关系的紧张。财务卷入与金钱地位型金钱脚本和许多其他金钱障碍有关，包括强迫性购物障碍、赌博障碍、囤积障碍、财务依赖、财务利他和财务否认。这表明，患有其他金钱障碍的父母也有可能与未成年的子女分享不恰当的财务信息。

财务症状　拥有财务卷入型父母的未成年子女被迫在财务事务方面扮演成年人的角色，这会给他们造成长期的痛苦。因为未成年的子女要承担起照顾者的角色，所以在财务上就会表现为苛待自己，并且终其一生都要承担家庭的财务责任。此外，他们会有不完美感，因为他们最终会意识到，不论自己怎么做都不足够，而且永远都不足够。有过财务卷入经历的成年人更有可能向自己的子女灌输同样的行为方式。研究表明，拥有更高资产净值的男性更有可能采取财务卷入行为。

病因学和患病率　目前并没有与财务卷入患病率有关的数据。在财务卷入的情况下，父母和子女之间往往缺乏清晰明确的心理边界，在子女身上常常出现难以与父母分离的问题。子女可能黏着父母，上学困难，难以做出与年龄相称的行为。子女常常能觉察到财务卷入型父母的需要，并承担起保护者的角色。在某些情况下，还承担起照顾父母的角色。父母与子女通常都没有意识到他们的关系在本质上是有问题的，而是相信他们的关系非常好。遗传易感性和早期环境影响共同造成了这种思维模式，导致了个体的不良适应行为和情绪功能紊乱。如果父母不能区分自己的需要和子女的需要，财务卷入就会发生。如果父母有未完成的议题，如当他们与自己父母的边界模糊不清时或者与伴侣之间缺乏令人满意的联结时，则在其无意识层面比较容易触发财务卷入。

干预　因为卷入并不只涉及金钱，所以治疗时应该首先处理卷入的心理根源，即需要和依赖。心理治疗式的治疗通常会面临挑战，并需要花费大量时间。这些治疗常辅以策略性指导和相关教育，并将父母的需要引导到其他更适当的方面。针对子女的治疗，应该保护子女并帮助他们在情感上与卷入型父母相分离。同时还应解决与父母分离、感到需要对父母负责任的问题。此外，个体治疗要结合家庭治疗，家庭治疗中的联合会谈可以处理父母和子女之间与卷入有关的问题。父母需要认识到，他们不应让子女一直依赖他们，也要让子女摆脱照顾者的角色。通常，缺乏足够的支持系统是导致卷入行为的原因之一。

克朗茨等人建议，治疗师需要处理父母的挫折、焦虑、担忧和财务压力，以避免其让子女卷入这些未解决的议题。如果可以，父母应该和子女沟通自己正在改变这些行为，并告诉子女如果自己再出现这些行为，就请子女及时告知。此外，同样重要的是父母能对某个人坦诚，他们正在改变自己的行为，可以让这个人对自己进行监督。

与治疗其他关系性财务障碍（如财务利他和财务依赖）一样，系统治疗方法对财务卷入也是有效的。特别是鲍恩家庭治疗（Bowen Family Therapy），它提出了一些具体的干预方法来减少焦虑，并在所思与所感之间做出区分，从而形成自我的分化或者使自我独立于他人。鲍恩认为，如果一个人能够在想法和感受之间做出区分，那么这个人就能够改变系统的功能运作或系统内的关系。因此，子女和父母就能够脱离卷入型关系，形成高效运作的正常关系。鲍恩家庭治疗是领悟导向式的治疗，需要了解整个家庭的情况，使用家谱图或者家庭图谱来标明家庭成员及其之间的关系模式。其他的干预方法还有去三角关系方法（detriangulation），这种方法要求让自己离开三角关系，或者通过加入第三人，稳定原伴侣之间的关系，从而绕开两人之间的冲突。

↳ 财务不忠

> 财务不忠就是怀有金钱秘密且不诚实。

财务不忠就是怀有金钱秘密且不诚实。当伴侣中的一方故意向另一方隐瞒财务状况或费用时，就会出现财务不忠问题。这种行为会侵蚀任何一段关系的基石。当伴侣中的一方在金钱上撒谎，另一方就会怀疑他们在其他方面也有所隐瞒。由福布斯杰出女性评选委员会和美国国家金融教育基金会共同资助的一项调查表明，每三个美国人中就有一个人承认在金钱上对其伴侣撒过谎。信用卡网站的民意调查结果表明，大约有六百万美国人向重要他人隐瞒过财务账户。夫妻之间宁愿讨论性或出轨，也不愿讨论如何管理家庭财务。许多人所成长的原生家庭中从没有人讨论过金钱，所以也就没有机会接受金钱在家庭中所起的作用方面的任何教育。由于金钱话题是家庭的禁忌，人们很容易在成年之后拥有不合理的金钱观、金钱焦虑以及不知道该如何处理金钱。随着人们进入婚姻关系，有关金钱的焦虑就开始浮现出来。

诊断标准　财务不忠是两人或多人之间有目的的财务欺骗，言下之意是相互之间需要诚实地沟通财务事宜。就其本身而言，财务不忠包括在开销、费用、赠予、借贷、投资、接受馈赠、银行账户、佣金、退休金账户、信用卡收支、信用历史以及信用评分方面予以隐瞒或撒谎。

心理症状　有些人不断地获取金钱和物质是为了补偿童年时期金钱的匮乏、修复破碎的自我形象，以及证明自己。性别和金钱观念方面存在的差异是导致财务不忠的一个因素。男性倾向于认为，世界是绝对的，成者为王败者寇。而女性更倾向于认为，世界是合作的、民主的。观念上的分歧会导致双方金钱上的问题。这些差异可能导致财务不忠，以回避因观念不同导致的不适或冲突。在阿特伍德看来，在两性关系中，男性想要将双方的金钱合二为一并掌握主导权，而女性想要保留部分金钱的自主权。金钱常常被认为是爱的代名词，礼物也往往象征着感情。判断财务不忠的直接方式是受访者对"我向我的伴侣隐瞒了我的开销"这个问题做出肯定的回答。克朗茨和布里特发现，财务不忠可以预测强迫性购物障碍和财务利他行为。

财务症状　隐瞒信用卡账户、支票账户或储蓄存款这些行为就像婚外恋一样会给两性关系带来麻烦。金钱上的不忠不仅会破坏彼此的信任，而且会破坏伴侣的名声和信用记录。福布斯杰出女性评选委员会和美国国家金融教育基金会的民意调查结果显示，在有过财务不忠行为的夫妻中，67%的夫妻表示财务不忠导致了争吵，42%的夫妻表示财务不忠导致了信任危机。最糟糕的结果是分居或离婚，11%的受访者表示财务不忠导致了分居，16%的受访者表示财务不忠导致了离婚。而无论是否引起财务问题，财务不忠都与低收入水平有关。

病因学和患病率　创建秘密账户并向伴侣进行隐瞒的原因有多个，包括但不限于以下几种：有婚外情，秘密账户方便支付秘密给情人买礼物、和情人住酒店、邀请情人共进晚餐等方面的费用；不满伴侣的消费习惯，希望保护自己的财产安全；无须征得同意就可以购物，以回避情侣间的购物冲突；对两人关系的持久性持怀疑态度，所以为自己留条后路；不安全感，害怕伴侣会离开。克朗茨等人还指出，夫妻双方中如果有一方是财务囤积者、消费过低者或者在财务上压制另一方，就很有可能出现财务不忠。

如果一个人不愿意与其伴侣共用金钱，可能是因为当其还是个孩子的时候，曾有过必需品被剥夺或者必需品短缺的经历。在夫妻关系中，如果认为金钱或消费代表着爱或情感，那么当一方不愿意共用金钱时，另一方就会感到被拒绝或不被爱。福沃德（Forward）指出，如果伴侣或重要他人拒绝为你花钱，有可能他们也正在经历负性的情绪。因为缺乏情感，金钱可以被当成惩罚重要他人的工具。而这类金钱虐待可能是来源于父母用金钱操控彼此的行为。

财务不忠可能源于儿童时期发生的各种信任问题。在部分案例中，糟糕的沟通技巧导致了财务不忠，伴侣中一方撒谎是为了回避来自另一方的愤怒、反对或谴责。财务不忠也可能源于成人的背叛行为或者出于回避冲突的目的。

《金钱》（Money）杂志在全美范围内进行的一项调查结果表明，71%的受访者承认拥有金钱秘密，44%的受访者称在某些情况下可能会向伴侣隐瞒财务，40%的受访者承认在某些具体的支出上撒过谎，16%的受访者承认他们购买了某物但是不希望伴侣知道，43%的受访者指出欺骗伴侣的原因是为了回避冲突，45%的受访者表示撒谎是因为他们不想面对伴侣的愤怒、失望或谴责。奥本海默基金有限责任公司（OppenheimerFunds, Inc.）进行的一项调查显示了类似的结果，26%的女性受访者和24%的男性受访者声称会向伴侣隐瞒财务信息。而最常见的是信用卡账户的隐瞒，大约2/3的受访者隐瞒的是信用卡账户，大约45%的受访者隐瞒了储蓄账户，38%的受访者隐瞒了支票账户，72%的女性受访者承认有秘密账户，而只有26%的男性受访者有秘密账户。

干预 克朗茨等人提出了改变财务不忠的四个步骤，它们的首字母缩拼词是SAFE。SAFE是指：说出真相（speak）——在双方关系中建立财务安全感，并坦诚沟通金钱状况；同意计划（agree）——就开销策略、存款策略和个人可独立支出的金额数量，双方达成一致意见；遵循协议（follow）——在一段时间内执行上述计划，然后双方当面讨论这个计划是否有效；应急响应计划（emergency）——当发生无法解决的财务困境时双方一起应对。以上四个步骤，可以为财务治疗师、精神健康临床工作者、理财规划师提供帮助。

伦理考量

本章列出的这些障碍由谁来诊断？由谁来治疗？需要对从业者进行专门的培训吗？目前来看，已经接受了必要培训并获得相应证书的精神健康临床工作者是唯一能够诊断并治疗DSM-5™确认的精神健康障碍的专业人员。本章描述的部分金钱障碍与DSM-5™认定的障碍直接相关，部分金钱障碍与DSM-5™认定的障碍没有直接关系，这就导致了部分金钱障碍的诊断成为灰色区域。例如，接受过财务治疗培训的理财规划师必然可以识别财务利他并且能够帮助构建针对个体或家庭的干预方式。但是，理财规划师毕竟不是受过专业训练的精神健康工作者，所以不该去诊断或治疗囤积障碍、赌博障碍或强迫性购物障碍。目前，精神健康工作者在治疗DSM-5™相关金钱障碍（如囤积障碍、赌博障碍或强迫性购物障碍）的同时，还管理来访者的资产、销售金融产品、收取佣金或介绍费，或者管理其他类型的商业事务，或者与来访者有私人关系，这也是不符合职业伦理规范的，因为这构成多重关系，严重违背了精神健康领域的专业伦理。

任何一个受过金钱障碍培训的专业人员都能够识别金钱障碍的相关症状。但是，症状筛查与障碍诊断是两种不同的工作，它们对专业程度的要求有很大差异。为了不让事情变得复杂，金钱障碍的正式诊断最好交由受过专业培训的、有资质诊断精神疾患的临床工作者来完成。然而，实践中的最佳治疗过程也应该包括以下方面：财务专业人员筛查潜在的金钱障碍并进行恰当的转介；由具备个人理财规划专业知识的精神健康临床工作者提供治疗（不存在多重关系）；精神健康临床工作者与财务专业人员紧密合作，确认症状，展开治疗并评估进展。

未来方向

财务治疗师需要清楚地了解本章概述的金钱障碍的各种心理、情绪、关系和财务症状。目前，主流的心理健康协会已经把包括囤积障碍和赌博障碍等在内的金钱障碍确认为心理疾患，而且正在考虑将其他的障碍（如强迫性购物障碍等）也纳入其中。这促进了研究和治疗工作，希望这种趋势能够继续下去。理财规划师会经常接触各种金钱障碍患者，他们被要求使用标准的理财规划方法进行干预和治疗。在这类治疗中，作为第一响应者，理财规划师是一个关键的角色，能够识别各类金钱障碍有助于他们随后进行恰当的转介和治疗。关于本章描述的金钱障碍的相关文献和研究虽然很有限，但是这些问题的负性影响却很广泛，不仅涉及个人，也涉及家庭、亲友和社会。因此，我们期望关于金钱障碍问题的研究能够持续下去。

第 5 章

财务治疗评估

罗纳德·A. 赛奇；蒂莫西·S. 格里斯多恩；克林顿·G. 古德芒森；克里斯蒂·L. 阿丘利塔

引言

作为一门学科，财务治疗尚处于发展阶段，它力图整合诸多独立领域（如婚姻家庭治疗、心理学、个人财务等领域）的最佳实践和理论。财务工作者早就观察到，来访者有问题的财务观念和行为并不仅仅是因为缺乏财务敏锐性导致的；但是，他们不知道该如何为受困扰的来访者提供有意义的指导。而精神健康临床工作者也早已在与个体、伴侣和家庭工作的过程中观察到很多问题与财务紧密相关；但是，他们缺乏合适的技能或工具，无法与来访者就此开展有效的工作。财务治疗这一新兴领域结合理论，注重实践，为财务工作者和精神健康临床工作者提供了有意义的解决方案。

> 在一门学科逐渐发展的过程中，评估的重要性越来越显著。例如，财务治疗的评估既是为了评估来访者治疗的效果，也是为了把财务治疗发展为一个独立的专业领域。

在社会科学研究领域，为了来访者的利益，需要评估干预和测量技术的有效性，以便推动该领域的发展，并完善其方法。在一门学科逐渐发展的过程中，评估的重要性越来越显著。例如，财务治疗的评估既是为了评估来访者治疗的效果，也是为了把财务治疗发展为一个独立的专业领域。葛兰宝（Grable）等人所著的《理财规划和咨询量表》（*Financial Planning and Counseling Scales*）是理财规划界、财务咨询界、财务治疗界的第一本专注量表的图书，研究者、从业者和学生可以从本书中获得量表资源。本章将延续葛兰宝等人的工作，补充有助于财务治疗的全新的测评工具。本章会给出现有的并不断演化发展的六个评估测评工具，以帮助临床工作者收集来访者的重要信息，确认其优势领域和劣势领域，评估并跟踪来访者的治疗进展。本章涉及的量表涉及财务状况、财务信念和行为评估三个方面。一些量表已经成功应用于相关领域，另一些量表还在随着财务治疗实践的发展持续优化发展。有鉴于此，在使用目标评估量表之前，社会科学研究者需要确保它们对于预期使用情境有可靠的记录可循。

评估实践

从建立来访者-临床工作者这样的关系开始，临床工作者就会按惯例启动评估过程，以获得对来访者的主客观信息。例如，当来访者开始心理治疗，治疗师要花很多时间来了解来访者。治疗师通常在初始会谈的过程中利用某种评估方式，努力明确那些导致来访者的情绪痛苦及破坏性行为的需要、信念及思维过程。借助于评估工具，治疗师可以明确有助于减轻痛苦和减少有害信念的治疗方法和策略，确保干预契合来访者的需要。对于理财规划师也是如此；但是，评估通常仅限于收集涉及资产、负债、收入和支出的个人财务信息。对使用整合方法工作的财务治疗师而言，收集财务、情绪、行为方面的信息是十分重要的。

除了来访者最初描述的各种现有问题之外，评估技术也能帮助治疗师发现其他被现有问题所遮蔽的问题。例如，生命早期形成的金钱脚本也许在潜意识层面抑制了财务幸福感。诸如此类的问题，来访者甚至无法意识到，更没有能力深刻理解其金钱信念。评估工具（如克朗茨金钱脚本调查问卷）有助于识别来访者的有害信念和行为模式，而这些对于治疗师或来访者而言并非一目了然。

心理咨询中的财务议题

因接受治疗的来访者不同，临床工作者可能需要更加多样的评估技术。例如，通常来说，大学生的财务焦虑大多和助学贷款有关。而临近退休的人可能发现，由于自己保守的投资风格，存款或投资回报可能不足以支撑一个舒适的退休生活。此外，研究表明，性别和文化差异会极大地影响财务管理方法。因此，评估技术需要反映具体的财务需要和人口学特征，财务治疗师可以借此理解来访者行为的病因学。

> 为了建立可靠的评估工具，需要考虑三个测量属性，即信度、效度和敏感度。

在整个治疗过程中，定期评估也很有帮助。兰伯特（Lambert）指出，要最小化来访者的情况恶化并最大化其利益，就要在整个治疗过程中使用标准量表进行例行测量、定期检测并跟踪来访者的治疗反应，以便向临床工作者（和来访者）提供这个信息。这是评估的实质，而且来访者的治疗最终取得多大成功取决于财务治疗师用以测量、监测并跟踪治疗结果的工具。正如兰伯特所言，精神健康治疗师对来访者治疗的乐观主义态度将阻碍其对来访者的客观评估。当来访者未能取得积极结果时，治疗师因为笃信治疗有效而未能意识到当前状况会导致来访者情况恶化。这些发现适用于财务治疗师，因为治疗师的偏见和态度会对治疗成功产生不利影响。

在治疗过程中，评估一般用于了解来访者需要、监督来访者进展，而作为缩小理论研究和实践之间差距的一种手段，评估在财务治疗师的培训和教育方面也发挥着积极的作用。就后者而言，为数不多的开展财务治疗师教育与培训的院校在培训中使用的理论取向各有不同。财务治疗协会由理财规划师、财务顾问、精神健康临床工作者、研究者和学生组成，其主要目标是促进研究者和临床工作者的合作。合作的一个方面是邀请学者以当前的专业实践为基础进行研究，研究什么是有效的、什么是无效的，从而优化理论方法，并将其教授给新一代的财务治疗师。学术机构,如佐治亚大学和堪萨斯州立大学,则专注于财务治疗研究模型的多学科研究。此外,这些机构与来自各州的临床工作者一起研究各种疗法和模型。佐治亚大学和堪萨斯州立大学提供了许多财务治疗相关议题的课程,其中堪萨斯州立大学是第一个设置专门的财务治疗课程的大学,并能够授予财务治疗研究生学位。

↘ 评估的信度、效度和敏感度

如前所述,评估很重要。为了准确有效地建立基线与基准,帮助来访者识别潜藏的问题并确认目标达成情况,使用可靠的评估工具就变得至关重要。为了建立可靠的评估工具,需要考虑三个测量属性,即信度、效度和敏感度。信度是用来表明结果一致性的测量属性,需要反复使用测量工具以确保它测量的是同一类事物。在财务治疗领域,测量指标的信度尤其重要,因为对来访者的评估大多包括心理因素的评估。准确诊断来访者的现有问题,能够帮助财务治疗师设计恰当的治疗程序。因此,曾在以往的研究中使用过并且有经过证实的跟踪记录,这种评估技术才最可信。

虽然测量效度的定义简单明确,但获得测量效度却极具挑战性。测量技术的效度通常指测量实际上在多大程度上反映待证概念的真正含义。在社会科学研究中进行评估时,有效的测量技术的关键在于成员和研究者都认可某个测量指标能代表某个概念。

评估的敏感度是指测量能够检测到治疗带来的显著差异。但是,测量结果有时会受到治疗过程中无关因素的影响,这会模糊测量的真实效果和有效性。另外,某些评估量表的用途可能比较有限,例如,它们适用于诊断,但可能并不适用于更加严格的检测。许多心理测量和人格测量工具就存在这种情况,所以其使用场景非常受限。在这些情况下,社会科学研究者在研究时会进行治疗前后的对比测验,用以确定测量的敏感度。

本章概述的评估工具多是最近设计定型的,而财务治疗临床工作者和社会科学研究者大多习惯于查询已有文献，以进一步了解测量使用场景及其结果。本章将尽量明确每个工具的测量属性。对于信度这个属性，如果克朗巴哈 α 系数（Cronbach's alpha）达到 0.7～0.8 或以上则说明信度很好，达到 0.9 以上则说明信度非常好。通常而言，社会科学研究者首先设计评估量表并进行解释，然后评估量表得到临床工作者们的广泛使用和接受。尽管如此，临床工作者也常常和研究者进行合作，并且需要研究者协助解释财务治疗来访者完成的评估。关于量表的实践应用及合理理解的深度讨论，可以参阅韦伯（Webb）、罗斯科夫斯基（Roszkowski）和斯普瑞特（Spreat）的相关论著。

资产和负债

↘ 与财务治疗师有关

通过详查财务资产和负债，理财顾问和治疗师可以了解来访者正面临的潜在财务压力。除此以外，这个信息还能很好地标示出来访者的社会经济地位、财务资源及限制，并表明需要采取的具体行动方案。例如，有大额负资产净值的来访者需要考虑破产计划。

资产负债表		
项目	定义	示例
资产		
流动资产（金融资产）	可以快速存取并变现的资产	活期账户资产、储蓄账户资产、货币市场资产、现金、定期存款等
投资资产	预期未来增值而持有的资产	累积退休金、证券、租赁财产、共同基金、529 大学储蓄计划[①]、养老金等

[①] 529 储蓄计划是美国常见的一种基金形式，投资者赞助大学生的学习费用，可以指定任何一个大学生（包括投资者本人）作为被赞助者。这项计划的名字源自美国国内税收法规第 26 条的 529 节。这项计划可以给纳税人一些税务优惠。——译者注

（续表）

资产负债表		
项目	定义	示例
实物资产	可使用资产。放置在家中或定期使用的有价值的物品	房屋、汽车、房车、衣物、电子设备、家具、珠宝、收藏品等
总资产	所有物的总价值	流动资产＋投资资产＋实物资产
负债		
流动负债	一年内偿还的债务	信用卡还款、欠款、逾期款项、医生的账单、水电费、高利贷等
长期负债	长于一年、定期偿还的债务	汽车消费贷款、抵押贷款、学生贷款、房屋净值贷款、其他消费贷款
总负债	应偿还他人的总额	流动资产＋长期负债
资本净值	资产总额与负债总额相抵后的余额	总资产－总负债

出处：Altfest 2007；Grable et al. 2013

收入与支出

↳ 与财务治疗师有关

对收入与支出进行恰当的分类可以帮助理财顾问和治疗师进行财务估价、确定财务行为模式。收入与支出表也能够帮助收集数据来完成来访者的财务比率分析，然后将之与相关基准进行比较，以此确定来访者的财务健康水平和财务实践规划。

收入与支出表（月度和年度）		
项目	定义	示例
收入		
总收入（名义收入，税前收入）	税前家庭总收入	周薪、月薪、利息、红利、租金、奖金、稿酬、津贴、礼物、社会保险、养老金、年金
净收入（可支配收入、税后收入、实得工资）	税后及扣除之后的收入总额	薪水、直接入账收入等

心理咨询中的财务议题

（续表）

项目	定义	示例
收入与支出表（月度和年度）		
支出		
存款	预留资金以备未来之需	退休储蓄、突发事件备用金、大学学费、预付定金等
净支出（消费支出）		
住房消费	居住房产的支出款项	贷款、利息、财产税、房屋保险、抵押贷款、协会费（PITI）等
公共事业费	支付公用设施服务的款项	燃气费、电费、污水处理费、水费、垃圾处理费、电缆费、电话费、互联网上网费等
交通费	与交通相关的支出款项	汽车贷款、保险费、油费、停车费、注册费、维修费等
餐饮	与餐饮相关的支出款项	食物购买费、外出就餐费、学校午餐费、快餐费等
儿童保育	监管孩子的支出款项	儿童保育/日托费、保姆费、子女抚养费等
医疗/卫生保健	医疗和牙科护理成本	保险费、就医费、牙医费、眼科保健费、处方费、住院费等
债务偿还	消费者偿还债务	学生贷款、信用卡还款、其他短期贷款等
捐款和送礼	慈善捐款，送礼物给他人	教会捐赠、生日礼物、周年纪念日礼物、节日礼物等
着装等个人消费和其他消费	着装支出和个人开销	着装费、尿布费、鞋子费、干洗费、头发护理费、化妆品费、娱乐费用、度假费用、个人开销、捐赠、银行费用、人寿保险费、其他支出等

注：以下是常用支出项目的百分率，作为分类检查支出的参考值。以下每个支出项目占比有一定变化范围，但是加总后的百分率不应该超过100%。如果一个人在某一个项目类别上的支出超过上限，就需要削减在其他类别上的支出，以使支出项目总额低于净收入。
住房（包括公用设施）：30%～35%
餐饮：18%～25%
交通：11%～15%
医疗：6%～8%
负债偿还：10%～15%
捐款和送礼：2%～10%
着装等个人消费和其他消费：11%～15%
来源：Altfest 2007; Grable et al. 2013

财务比率

↳ 与财务治疗师相关

在获得准确的财务资产/负债报告和收入/支出报告以后,临床工作者就可以进行财务比率分析,这是客观评估来访者财务状况的有效方式。财务规划师、理财顾问和财务教育者通常利用财务比率分析财务信息,以便进行财务决策。分析财务比率的目的是为了处理具体的财务问题,例如,"如果仅靠现有存款生活,来访者可以维持多长时间?"或者"来访者有多少收入可以用来偿还债务?"比率由两个数字组成,一个是代表财务资源,另一个是财务需求。尽管单一的财务比率仅反映一段时间(定期再评估)的情况,但是财务比率可以用作客观评估财务进展的指标。

个人/家庭财务指标			
比率	计算方式	基准	用途
财务总体状况			
1. 偿债能力比率	$\dfrac{总资产}{总负债}$	>100%	表明家庭是否能够偿付所有债务
2. 费用率	$\dfrac{净支出}{净收入}$	<100%	表明实得收入中每月支出的百分比
流动状况			
3. 流动比率	$\dfrac{流动资产}{年度支出/12}$	>300%	表明资产变现的"应急基金"能力,100%的数量代表一个月的范围 备注:如果无法获得准确的收入和支出清单,分母可以使用净收入
储蓄与投资			
4. 储蓄率	$\dfrac{储蓄}{毛收入}$	≥10%	收入中以备将来之需的储蓄占比

心理咨询中的财务议题

（续表）

	个人/家庭财务指标		
比率	计算方式	基准	用途
资产配置			
5. 资本积累率	投资资产／资产净值	≥ 25 %	标志着是否能够轻松妥善地退休以及家庭的财务健康状况的基准
6. 债务偿付比率	总债务偿付额／净收入	≤ 36 %	传统贷款的后端测试基准，联邦住房管理局（FHA）、美国退伍军人事务部（VA）和美国农业部（USDA）的抵押贷款的上限偏高
7. 消费债务偿付比率	消费债务偿付额／净收入	≤ 10 %，安全 ≤ 15 %，灵活性降低 ≥ 20 %，警报点	消费债务偿付占实得工资的比率，表明家庭使用信用卡的程度
8. 住房费用率	住房费用及公共措施／净收入	≤ 30% ~ 35 %	某些人更喜欢用净收入作为分母。对承租人而言，这个基准更低

注：1. 偿债能力比率基于资产负债表的数据。偿债能力低于100%就表明资不抵债，意味着个人的总资产目前无法偿付所有债务。低偿债能力比率在成年早期的资本积累阶段很常见，尤其是当具有较高的学生贷款负债时。偿债能力比率应该随着年龄增长而降低，因为长期债务降低，资产净值增加。这个比率是预测破产的强预测指标之一。

2. 费用率基于每月的收入与支出表。费用率高于100%表明支出超过固定收入，威胁财务的长期稳定性。理想的费用率应低于100%，表明个体具有储蓄能力。净支出是指储蓄前的总支出。净支出不应包括储蓄或投资，除非是"强制"缴款计划，如退休基金，这种情况下就应纳入净支出来产生一个更趋保守的比率估计。

3. 流动比率的计算是基于资产负债表和收入与支出表。这个比率通常被称为"应急基金"，表明有能力响应突发事件引起的短期财务危机，如疾病、失业或者重大意外支出，并且不会导致债务产生。标准储备是储备3至6个月的生活费用，因此最低比率是300%。但是当工作稳定度或就业保障低，常年生病、日常收入基本只能支撑必需品或者社会或家庭状况在困难难时期很难依靠他人，比率应该接近600%。对于许多家庭来说，需要合全家之力建立起这样的准备金，在某些情况下，一旦比率达到300%，需要偿付高息债务。这个比率是破产的一个强指标。有着高流动比率的人更能够承受财务危机，如短期失业。

4. 储蓄率表明一个家庭为将来的支出需要和目标留存了多少钱。许多规划者建议，在刚步入职业阶段时该值为10%，逐渐增长为15%，或者在赚钱的顶峰时期达到更多。如果预计收入在不久的将来会大幅提升，家庭在最初的时候的储蓄率很低，然后储蓄率随着收入的增加而增加，这样也是合理的。

5. 资本累积率是投资资产占资产净值的比重。这对于准备退休的人尤其重要，因为投资资产可用来补充社会保险和养老金。房屋净值是许多家庭的资产净值的重要来源，从这里开始然后增加投资资产作为以备将来（持续）目标的储蓄方式。因此，这个比率能够随着年纪增长而增加，并且就来访者所在的生命周期中仔细地理解这个比率。年轻的家庭在决定他们是否在自用资产的其他领域之外存钱的时候，这个比率就很有用，是将来可以妥善退休的预测指标。

6. 债务偿付比率表明家庭中收入中用于偿还债务的比例。即使金融贷款机构设定有资格贷款的最大债务支付是 36% 或稍低一些，但是更高的比率会制造巨大的经济压力。"有房的穷人"是一个常用术语，指的就是人们把绝大部分净收入用于偿付住房贷款，可随意支配的收入所剩无几。在低收入高居住成本的区域，这个比率就要谨慎使用。所有待偿付的债务都要包含在比率中，包括房屋抵押贷款、信用卡欠款、汽车贷款和学生贷款。某些规划者建议，对于那些没有房屋抵押贷款的家庭，就在这个比率中计入租赁或租金付款，以便更好地估量租户的经济压力。

7. 消费债务偿付比率从家庭债务中去除了住房贷款的影响。这个比率是住房贷款之外的其他金融债务的良好指针。高消费债务偿付比率表明更大程度的经济压力、更有可能产生金钱方面的争执。因为消费债务实际上常常是随意而为，因此可用以测量经济自治情况。临床工作者建议消费贷款尽可能限于 10% 的净收入或更低，超过 20% 就表明有财务危机。

8. 住房消费比率是净收入中住房付款和公用设施成本的比例。在高居住成本的区域，这个比率变动较大，需要谨慎使用。总体而言，公共设施和住房费用低于实得工资的 30%，家庭的经济压力更低。这些费用倾向于占据收入的最大比例的家庭支出，因而如何管理这些费用很有可能对家庭的总体经济健康产生很大影响。

来源：（DeVaney）1994;（Greninger et al.）1996; 格里菲斯 1985;（Harness et al.）2008;（Lytton et al.）1991;（Prather）1990

克朗茨金钱脚本调查问卷

↘ 与财务治疗师有关

在心理治疗领域，脚本是一个人面对问题时的态度性立场，一般表现为一种特别的行为方式。因而，金钱脚本是一个人面对金钱问题时的态度性立场，以及它们如何体现在其金钱使用及其与金钱或其他有形资产相关的活动方面。克朗茨等人提出，金钱脚本形成于童年时期，常常在家庭系统中代际传递，且通常是无意识的、与情境紧密相关的，也是驱动大多数财务行为的一个因素。在财务治疗过程中，一个重要的任务就是识别出不健康的、自我毁灭性的、有害的金钱脚本，并通过社会心理干预和财务咨询处理这些负向的金钱脚本。

克朗茨等人设计了一种最常见的、与财务治疗来访者的人口统计学特征联系在一起的金钱脚本分类法。克朗茨和布里特（Britt）进一步指出了这些金钱脚本如何能够预测有障碍的金钱行为。如果熟悉金钱脚本并了解相关的财务关联性和行为，财务治疗师可以使用克朗茨金钱脚本调查问卷（KMSI）评估和干预功能失调性的财务信念。

↘ 测量

KMSI 来自于治疗师和来访者的工作实践，也来自于对诸多金钱态度量表的重新审视，它们包括权力–声望、保留时间、不信任、焦虑、强迫、权力、保留、安全、不胜任和努力/能力。唐的金钱伦理观中提到的"金钱是好的、金钱是罪恶的、金钱代表成就、金钱象征着尊重、预算很重要、金钱就是权力"等也被考虑在内。这些相互交叠的信念和态度被浓缩为 72 个测量项，并对 422 位来访者进行了测试。分析探究性因素之后得到四类金钱脚本模式，如下表所示。这些测量项使用 6 分评分法，从 1（非常不同意）到 6（非常同意）。每个子量表的信度评级使用克隆巴赫系数（Cronbach's alpha，α）。

克朗茨金钱脚本调查问卷（KMSI）
1. 金钱回避（α = 0.84）
当他人的金钱比我少时，我觉得自己不配拥有更多金钱
富人贪婪
金钱不能超出所需
富人利用他人获得财富
我不配拥有金钱
好人不应该在乎钱
一旦富有就很难成为一个好人
大多数富人的金钱来路不明
少花钱是一种美德
钱越少，生活越好
金钱腐蚀人
变得富有，意味着你不再能和老朋友、家庭友好相处
富人视钱为理所当然
你不能富有，不能确信人们想从你这里得到什么
很难从其他人那里接受财务上的礼物

（续表）

克朗茨金钱脚本调查问卷（KMSI）

2. 金钱崇拜（$\alpha = 0.80$）

如果我有更多的钱，事情就能好起来

钱越多，我就越快乐

钱永远都不够

贫穷时还能保持快乐是不可能的

你的钱永远都不够

金钱就是权力

我永远负担不起我这一生真正想要的东西

我认为金钱是所有问题的解决之道

金钱可以买来自由

如果你有钱，有人会竭力从你身边拿走它

在金钱方面，你不能信任他人

3. 金钱地位（$\alpha = 0.77$）

大部分穷人不配有钱

爱与金钱，不可兼得

我什么也不买，除非是我没有的（如车子、房子）

穷人懒惰

金钱才能让生活有意义

你的自我价值等同于你的净资产

除非"最好"，否则不值得买

人们成功与否的判断依据就是他们赚多少钱

向合作伙伴保守金钱相关的秘密是件顺理成章的事

如果你想过得好，意味着你将总是拥有足够的钱

富人没有理由不高兴

只要你是好的，你的财务需要就会得到关注

如果有人询问我的收入，我说出的金额可能比我的实际收入更高

4. 金钱警觉（$\alpha = 0.70$）

你不应该告诉他人你有多少钱、收入多少

（续表）

克朗茨金钱脚本调查问卷（KMSI）
询问他人有多少钱或收入多少是错误的行为
钱应该存起来，不应该花掉
存钱以备不时之需很重要
人们应该工作挣钱，不应该不劳而获
如果有人询问我的收入，我说的金额可能比我的实际收入更少
购物时你应该总是争取最优的价格，即使需要为此花费更多时间
如果你不能现金支付，你就不应该购买
谈钱是不礼貌的
如果我没有足够的钱应急，我就会精神极度紧张
在自己身上花太多钱是浪费
告诉他人我的收入会令我很尴尬

来源：Klontz and Britt 2012；Klontz et al. 2011；Klontz and Klontz 2009

克朗茨金钱行为调查问卷

↳ 与财务治疗师有关

金钱障碍意味着与金钱和客体有关的病理性的、强迫性的和严重的关系问题。克朗茨等人研究了八类金钱行为障碍，包括强迫性购物、病理性赌博、强迫性囤积、工作成瘾、财务利他、财务依赖、财务否认以及财务卷入，涉及422例样本。通常而言，当金钱行为表现得极端并达到让人精疲力竭的程度时，它才会被认为是一种障碍。金钱行为紊乱的来访者会在很大程度上隐瞒其这类行为。隐瞒的策略之一是把这些行为限制在一个低调的私人场所，如在自己家里囤积、到另一个城市赌博、线上购物或者通过与可以交心的人共谋等。因而，财务治疗师可能难以直接从来访者那里发现其存在的金钱障碍，而是从其家庭成员或朋友那里了解到其这类行为。具有家庭治疗培训背景的财务治疗师，能够使用这些系统的人际联结，来了解那些有金钱障碍行为的个人。

↳ 测量

克朗茨等人确认了八类紊乱的金钱行为模式。他们运用的量表包括 11 个条目的强迫性购物量表，7 个条目的病理性赌博量表，8 个条目的强迫性囤积量表，10 个条目的工作成瘾量表，5 个条目的财务依赖量表，6 个条目的财务利他量表，3 个条目的财务否认量表，3 个条目的财务卷入量表。这些量表都表现出高因子负荷和良好的条目信度。下表给出每个子量表的信度。

克朗茨金钱行为调查问卷（KMBI）
1. 强迫性购物（$\alpha = 0.92$）
我的支出看起来失控了
我沉迷于购物
我买的东西超过我所需要的或者我能够承担的
我感受到难以抵制的购物冲动
购物能让我忘记自己的问题，让自己感觉更好
购物以后我有罪恶感或羞耻感
我经常因为感到懊悔而退货
我已经试图减少支出，但是很难做到
我向我的合作伙伴、家人隐瞒我的支出情况
如果我不能购物，我会感到焦虑或恐慌
购物干扰了我的工作或人际关系
2. 病理性赌博（$\alpha = 0.95$）
我很难控制自己的赌博行为
我赌博是为了缓解压力或者让自己感觉好一点
为了维持兴奋感，我的赌资越来越大
为了赌博，我从事非法行为来获取钱财
我借钱赌博或者刷信用卡赌博

（续表）

克朗茨金钱行为调查问卷（KMBI）

赌博妨碍了我生活的其他方面（如工作、学业、关系等）。我向亲近的人隐瞒我的赌博行为

3. 强迫性囤积（$\alpha = 0.91$）

我很难丢弃物品，即使它们没有什么价值

我的生活空间凌乱地堆积着我不用的东西

丢弃物品会让我觉得自己的一部分也被丢弃了

我对我的物品有情感上的依附

我的物品带给我一种安全感

我很难利用我的生活空间，因为它很杂乱

如果丢弃了一个物品，我会感到缺乏责任感

我向他人隐瞒自己紧紧抓住物品的心理需要

4. 工作成瘾（$\alpha = 0.87$）

我常常感到不可抗拒的工作动力

我的家人抱怨我工作太多

不工作的时间，我感到内疚

我感到需要时时处于忙碌中

因为我总是忙于工作，所以我经常忘记重要的家庭事件

因为我总是考虑工作上的事情，所以我很难入睡或者很难保持睡眠

我向他人或自己承诺减少工作量，但是我很难维持这种状态

我很难请假去度假

亲近的人抱怨我太专注于"待办事项"列表而忽视了他们或者对他们的需要或关注置之不理

当被要求工作更长的时间或者承担额外的项目时，我很难说"不"

5. 财务依赖（$\alpha = 0.79$）

我感到自己得到的金钱是有附加条件的

我常常因自己得到的金钱而感到怨恨或愤怒

收入中的很大一部分并不需要我付出劳动（如信托基金、补偿金等）

失去非工作性收入会令我感到很害怕或焦虑

非工作性收入看起来扼杀了我的动机、热情、创造性和成功的动力

（续表）

克朗茨金钱行为调查问卷（KMBI）
6. 财务利他
即使我负担不起，我也会把钱给别人
对于家庭或朋友借钱的要求，我很难说"不"
我为他人牺牲自己的财务健康
人们在金钱上利用我
在如何还款尚未清楚的情况下，我就把钱借出去了
借钱给他人后，我常常有怨恨或愤怒的情绪
7. 财务否认（$\alpha = 0.84$）
我回避思考钱
我尽力否认我的财务状况
我回避打开或查看我的银行对账单
8. 财务卷入（$\alpha = 0.81$）
和我的孩子（18岁以下）谈了我的财务压力之后，我感觉好多了
我会和我的孩子（18岁以下）谈论我的财务压力
我让我的孩子（18岁以下）向其他成人传递财务信息

来源：Klontz et al. 2012

财务焦虑量表

↳ 与财务治疗师相关

焦虑被认为是一种心理综合征，在这种心理状况下，个体对有效管理自身的财务持不健康的态度。夏皮罗（Shapiro）和伯切尔（Burchell）注意到，财务焦虑与金融知识匮乏且没有能力管理金钱有关。当没有能力处理金钱时，人们就会表现出焦虑。在财务健康的心理层面，高财务焦虑使个体没有能力做出良好的财务决策，从而导致糟糕的财务结果，甚至更高程度的财务焦虑。虽然研究只局限在财务焦虑领域，但是财务焦虑有可能严重导致身心失调综合征，也就是身体症状,如恶心、心悸等,或者心理痛苦导致的头疼。财务治疗师应该意识到来访者财务焦虑的严重性,当症状达到极端程度时就应该转介给治疗焦虑的专家。

↘ 测量

阿丘利塔设计了财务焦虑量表(Financial Anxiety Scale,FAS),用以测量个体的财务焦虑程度。量表包括 7 个条目,使用李克特 7 分量表法,从 1(从不)到 7(一直)。总分值从 7 到 49,分值越高表明焦虑程度越高。FAS 的信度很高($\alpha = 0.94$)。目前 FAS 不能用作临床诊断,因为它没有提供评定一个人财务焦虑严重程度的划界分数。

财务焦虑量表
1. 我对自己的财务状况感到焦虑
2. 我的财务状况令我睡眠困难
3. 因为我的财务状况,我难以专注于我的学业或工作
4. 我的财务状况令我易激惹
5. 我难以控制对财务状况的担忧
6. 对财务状况的担忧导致我的肌肉紧张
7. 对财务状况的担忧导致我很疲倦

注:条目设计改写自广泛性焦虑障碍,后者编入美国精神病协会的《精神障碍诊断和统计手册(DSM-IV-TR)》(2000),该量表适用于个人财务状况。
来源:Archuleta et al. 2013

第 6 章

财务治疗的文化性回应七步骤

帕梅拉·海斯；布兰德利·T. 克朗茨；兰迪·凯姆尼茨

引言

在美国，财务规划似乎一直是白种人的专利。美国总共约有 37.8 万名个人理财规划师，其中 80% 是白种人，而且 80% 接受综合理财服务的家庭是白种人家庭。与服务对象的同质性形成鲜明对比的是，美国人口的 1/3 由亚裔、拉美裔、非裔和印第安原住民后裔组成。这种差异表明，在美国，理财行业为非白色人种提供的服务远远不够，理财规划师往往会忽视少数族裔的理财需求。美国人口统计局预测，到 2024 年，美国白种人的人口将达到最高峰并开始下滑，而少数族裔的人口会持续增长，到 2043 年，美国将首次成为少数族裔人口占主导的国家。

以上这些关于人口变化和文化变迁的趋势要求理财规划师具备跨文化素养。有鉴于此，理财规划协会（Financial Planning Association，FPA）于 2007 年成立了文化多样性工作小组（Diversity Task Force），以帮助理财规划师获取有关文化多样性与多元化的知识。工作小组随后起草了一份多样化声明（Diversity Statement），这份声明强调，理财规划师应向多元文化群体提供合乎专业胜任力和伦理的建议，并且建议设立"理财规划日"（Financial Planning Days），便于为那些难以获得理财服务的个人提供理财规划服务。

理财服务受到不同的文化信仰、价值理念、文化传统、文化准则的影响，基于不同文化提供有针对性的多元化服务，对理财服务来说是一个巨大的挑战。依据美国心理协会、美国咨询协会、美国国家社会工作协会这三个机构对于文化的定义，广义上来说，文化与民族、种族、性别、年龄、国籍、语言、宗教、性取向、社会经济地位（SES）和是否身有残疾密切相关。

文化的定义是如此宽泛，以致任何一个理财规划师都不可能完全理解现有的每一种文化及其影响。但是，在具体案例中，理财规划师还是要对文化及其影响有一个大致的了解，这对于理解来访者的文化心理很有帮助。但是这种能力的获得不是一蹴而就的，这需要持续的学习和积累。接下来要介绍的是由海斯和克朗茨提出的七步骤法，以及其他行之有效的建议。

> 我们越了解文化对自身的影响，就越能意识到偏见无时无刻不在影响自己的工作。

步骤1：了解影响自身的文化

要想理解文化对来访者的影响，我们需要先从理解文化对自身的影响开始。因为我们越了解文化对自身的影响，就越能意识到偏见无时无刻不在影响自己的工作。

偏见被视为一种特定的思维、行动和感觉的倾向性。它来自于个体的独特经历，受到家庭文化和社会文化的影响，又因为人类本身具有分类和一般化的倾向，这些反过来又对个体世界观的形成产生影响。我们都持有各种偏见，但是属于主流群体的个体难以认识到自身的偏见，因为其价值观和信念被广泛支持并持续强化；这种困难类似于让一条鱼去描述它从未离开过的水。相反，如果个体属于少数文化群体，他就能持续地意识到自己与周围主流群体的差异。

文化偏见对理财的影响表现在不同的人具有不同的价值取向。举例而言，成长于美国中西部小型社区的欧裔美国女性会十分重视节俭和储蓄，以备不时之需；而其成长于南美地区（那里存在着持续性通货膨胀）的丈夫则认为，管理金钱最明智的方式是立即买入商品，这样至少还以金钱换回了物品。如果身为白种人的理财规划师并不了解该丈夫的文化背景，也没有意识到是文化差异导致了夫妻之间的意见不一，便会认为丈夫的观点不可理喻而不予理会。结果就很可能导致丈夫感到自己不被尊重而拒绝参与治疗。

在多元文化中，优先级的差异可能与不同的价值观有关。例如，美国主流文化高度重视个人的独立性，而许多拉美裔家庭更重视相互依存性，并且倾向于家庭成员共同承担财务责任。再如，在人际沟通和交往方面，美国主流文化非常重视果断自信、口头表达和逻辑理性，而印第安文化和阿拉斯加土著文化更看重微妙的沟通、倾听技巧、对生活挑战的接纳。

> 识别主流文化对白种人的影响是一件困难的事情，识别白种人的特权意识则是一件更加困难的事情。

想要了解文化对自身的影响，可以利用ADDRESSING这一缩略词包含的9个关键性文化影响来加以判断，它们分别是：年龄和代际（Age and generation）、发育性残疾和后天残疾（Developmental and acquired disabilities）、宗教与精神价值取向（Religion and spiritual orientation）、民族和种族（Ethnic and racial identity）、社会经济地位（Socioeconomic status）、性取向（Sexual orientation）、固有传统（Indigenous heritage）、国籍（National origin）和性别（Gender）。利用ADDRESSING这个缩略词可以确认自己属于主流群体还是少数群体。具体步骤可以从以下问题开始："我的年龄、代际经验、宗教或世俗教育、种族等如何影响了我关于金钱、工作、娱乐、家庭责任、未来计划的观点？我是否有身体残疾，它如何影响我对来访者能力的预判？我自身的性别对我与男性来访者和女性来访者的互动方式有怎样的影响？我现在的金钱观和理财观是如何受到童年时期社会经济状况和当前状况的影响的？"若想了解更多，请参考海斯的相关图书。

步骤2：认识自己的特权

识别主流文化对白种人的影响是一件困难的事情，识别白种人的特权意识则是一件更加困难的事情。有人曾经说过，特权就如氧气一般——直到缺氧才会意识到它的存在。在研究自己的白种人特权意识的时候，女性主义者佩吉·麦金托什（Peggy McIntosh）曾经列出了她和其他白种人认为的理所当然的46项特权。如今，这些特权中的绝大部分依旧存在，它们包括：

- 使用支票、信用卡，还是现金，可以由我是白种人决定，而无须核验我的财务可靠性；
- 我很容易就能买到具有白种人特色的海报、明信片、图画书、贺年卡、玩偶、玩具和儿童杂志；
- 身为白种人让我不必为忽视其他肤色人种的观点和权力而担心；
- 我可以安排我的各种活动，所以我从没有过被拒绝的体验；
- 绝大部分时间，我可以在白种人所属公司工作；
- 打开电视，我看到白种人广泛出现在电视里；
- 我会保护我的孩子们，让他们大部分时间远离其他肤色的人种；
- 我忽视其他肤色人种的语言和习惯，且并未觉得有什么大不了的；
- 我毫不怀疑，如果我要求和"负责人"谈谈，和我见面的将是白种人。

> ……主流群体成员很有可能会低估以下影响：少数群体地位导致其生活受到诸多挑战。

麦金托什指出，主流群体的特权既是不劳而获的，也是不公平的，却是真实存在的。其观点适用于上述 ADDRESSING 所涉及的各个方面，每个方面都有一个主流群体以及与之相连的一个及以上少数群体。在美国，在年龄和代际方面，主流群体是年轻人和中年人（相较而言，孩子和老人则是少数群体）；在发育性残疾和后天残疾方面，主流群体是体格健全的人群；在宗教与精神价值取向方面，主流群体是基督徒或信奉基督教世俗传统的人；在种族和民族方面，主流群体是欧裔美国人；在社会经济地位方面，主流群体是中产及以上阶级；在性取向方面，主流群体是异性恋者；在固有传统方面，主流群体是欧裔美国人；在国籍方面，主流群体是在美国出生和成长的美国人；在性别方面，主流群体是男性和非变性人群。在所有这些方面，主流群体拥有特权，而少数群体处于劣势地位，这被个人和社会所承认。

主流群体成员普遍认为世界是相对安全的，创造性、辛勤工作、付出的努力都能得到相应的回报，这让他们更容易忽视或者根本意识不到自己的特权。因此，主流群体成员更难发现在诸如上大学、找工作、购买房产或者找到一所接收孩子的学校方面可能遇到的问题。由于没有意识到自己的主流群体特权，白种人理财规划师很难察觉来访者可能在生活中面临的以上问题。

可以尝试以下练习来辨识自己的主流群体特权，最后形成一张特权卡片。在一页纸的左侧纵向写下 ADDRESSING 所列的 9 个影响因素，然后每个影响因素的右侧简短描述你的情况，接着在那些因你是主流群体成员而获得特权的影响因素前标记 * 号。如下是杰西卡（Jessica）[①]的特权卡片，她是一位人到中年、体格健全的中产阶级白种人理财规划师，是女同性恋者，也是基督徒。

* 年龄和代际：中年
* 发育性残疾和后天残疾：体格健全
* 宗教与精神价值取向：基督徒

---

① 带有人名的所有案例糅合了多个案例的信息，并不代表任何一个具体的个人。

* 民族和种族身份：白种人
* 社会经济地位：中产阶层

  性取向：女同性恋
* 固有传统：无
* 国籍：美国

  性别：女性

杰西卡的特权卡片（仅在性取向和性别方面不拥有主流特权）对她来说是唯一的，每个人的特权卡片对其自身来说都是唯一的。不要在意自己特权卡片的结果，这个练习的关键是将自己的注意力放在自己的主流特权上，因为这些方面就是一个人最有可能缺乏的关于少数群体特殊信息的方面。缺乏这些信息不利于临床工作者理解来访者的情况，也不利于其建立与来访者的关系，而标记*号的特权方面就是有待其去了解的其他文化的方面。

步骤3：了解来访者的文化

如果你希望与来自不同民族、种族、宗教或文化的来访者一起工作，很重要的一点就是理解他们的文化信念、风俗和准则——尤其是关于金钱和财务方面。虽然研究财务和文化差异的文献很少，但是研究性别和文化差异的文献已有很多。例如，纽科姆（Newcomb）和拉博（Rabow）的研究发现，金钱观念与被抚养孩子的性别有关。特别是，与女孩们的父母相比，男孩们的父母更加重视孩子的阶层、工作、存款和金钱。此外，男孩们更早负担家庭支出，更少获得财务上的支持。类似的研究发现，成年男性对赚取更多的金钱具有更强的欲望，会尽力避免财务上的依赖，并且具备更多的财务知识，花费更长的时间工作。相反，成年女性对金钱的看法多持负性态度，而且更不愿意面对财务问题。与社会经济地位更低的女性相比，社会经济地位更高的女性指出，其父母对自己的阶层、工作和存款方面的期望更低；这些女性更少相信性别平等；更渴望财务依赖而非财务独立。考虑到这些研究结果，女性更少为退休做计划、更不愿意参与重要的财务决策、在信用卡消费方面表现得更为消极就不足为奇了。

但是（请注意这个"但是"），当考虑到文化上的差异后，研究结果就相当不同了。例如，在一个对兄弟姐妹的财务观念和行为的研究中，拉博和罗德里格斯（Rodriguez）发现，拉丁美洲的男孩和女孩在长大后持有相似的财务信念和行为。研究者指出，在这方面体现的性别平等和参与度跟贫困有关，拉丁美洲的父母一视同仁地对待男孩和女孩是为了从贫困中解脱出来。

法利科夫（Falicov）指出，拉丁美洲家庭通常嵌在一个更加复杂广泛的家庭和朋友网络内，因而常常需要在家庭内外承担财务责任。她描述了财务支持和财务责任是怎样影响每个家庭成员的：

> 金钱是一个基本的"黏合剂"，将拉丁美洲家庭成员"黏合"在一起并终其一生都维持着这种关系纽带。这种被加强了的关系纽带让老人、成人、孩子或其他亲戚更加依赖家庭或家族。礼物、人情和借贷被认为是生活的一部分，而不会被认为是缺点。交换礼物、人情往来或借贷适用于所有被这种关系网联结的家庭和家族成员，并显示出了团结一致性。人们之间的沟通特点也显示出了大团体的和谐和联结，他们之间关于金钱的沟通也具有这种特点。

这种社会网络除了提供财务支持以外，还要承担相应的财务责任，如照顾家庭成员中的老人。在对 3 622 对双亲健在的夫妇样本进行研究后，舒伊（Shuey）和哈迪（Hardy）发现，拉美裔美国人比白种人更有可能向双亲提供财务帮助，并花费更多时间照顾他们年迈的双亲。即使考虑到子女收入较高、双亲确实需要帮助、与双亲感情很好、存在其他照顾者等因素后，这个差异依旧十分明显。

国家退休安全研究所（National Institute on Retirement Security）发现，在

处于工作年龄的家庭成员中，69%的拉美裔美国人和62%的非裔美国人在退休账户上没有资产，而这个比例在白种人家庭中只占37%。与白种人和非裔美国人相比，拉美裔美国人承担投资风险的意愿更低，并且非裔美国人比白种人在投资风险的承受力上显然更弱。

在财务方面，与ADDRESSING影响因素（除了民族和种族之外）有关的少数群体文化与主流文化可能存在显著差异。例如，一般来说，男性比女性收入更高，相较而言，大家更赞同男同性恋，而反对女同性恋。在遗产继承、健康保险和其他以婚姻为基础的主流特权方面，男同性恋和女同性恋并不能像异性恋夫妇那样享受同等权利。残疾人在身体上受到限制，或者在他们从事的工作上受到歧视，并且常常被迫在必需的服务方面（如外出就餐、住房费用或酒店费用、保姆或护工的费用、宠物食品费用和兽医费用等）支付更高的价格。某些宗教团体信奉什一税，限制了信徒收入的增长。例如，某些信仰禁止成员在宗教节日期间外出工作，反对女性外出工作，或者有其他特别的规定。以上这些仅仅是很少的一部分涉及文化差异影响财务的例子。

步骤4：尊重来访者文化上的某些优势

尊重是被包括阿拉斯加土著文化、印第安土著文化、亚洲文化、非洲文化、拉美文化、中东文化等在内的诸多文化高度重视的价值观。然而，不同文化表达尊重的方式各异。例如，在许多文化中，握手是一种礼节，但是在有些文化中，没有血缘关系的男性和女性会面时通常不握手。在许多印第安土著人，乃至某些年迈的欧裔美国人眼中，反复提问被认为是有攻击性的、不礼貌的。许多拉美人高度重视人与人之间的亲密关系，关系亲密意味着频繁的闲聊，而且某种程度上的自我表露对于建立高效的工作关系必不可少。

> 表达尊重的一个重要方面就是认可来访者在文化上的相关优势并给予肯定。

因为不同文化之间以及文化内部存在巨大的差别，临床工作者对不同文化了解得越多，越能在与来访者关系紧张时知道哪里出了问题。记住 ADDRESSING 的影响因素，并不断自问："我与来访者关系的紧张，是否是因为我在 ADDRESSING 影响因素的某一方面无意间表现出的不尊重行为导致的（例如，用姓氏称呼一位年迈的非裔美国人，而没有征询他们的意愿；在一间普通办公室而非无障碍办公室会见一位残疾来访者；没有考虑来访者的移民身份而提出了不实用的建议）？"

表达尊重的一个重要方面就是认可来访者文化上的相关优势并给予肯定。因为主流文化通常认为非主流文化处于劣势或者具有缺陷，所以要认可来访者文化上的相关优势并给予肯定。这些优势涉及来访者的宗教信仰、音乐等艺术表达和鉴赏能力、语言能力、文化相关的理论性和实践性生活技能、特定的文化信念、关于大家庭重要性的看法、传统节日的庆祝方式、特定文化的社团活动、文化相关的政治和社会团体，等等。某些文化的成员对家庭抱有强烈的责任感就是这样一种与财务相关的优势。例如，如果来访者突然有了一笔"飞来横财"，如获得遗产、中奖或资产暴涨，可能就会想将其中绝大部分资金赠予家庭或朋友。在为这类来访者制定理财规划时，把这个想法融入计划之中是非常重要的；忽视或反对来访者的这一想法是缺乏尊敬和常识的表现。而最佳的策略是在帮来访者制定财务规划时既能够体现这一想法，又能够维护其财务安全。

步骤 5：区分问题的内外因

导致问题的原因既有内部促因（如来访者长期的错误信念等），也有外部促因（如环境或他人的行为等），在这两者之间做出区分很重要。导致财务问题的内部促因包括认知歪曲（"我永远都在欠债，所以何苦费力储蓄？"）、金钱脚本障碍（"如果再努力工作一点，我就能成功。穷人之所以穷，是因为他们工作不够努力。"），以及缺乏财务知识；外部促因包括与文化无关的行为方式（如强迫性购物导致的个人债务等），也包括文化因素，如种族歧视、性别歧视、同性恋歧视、阶级歧视、年龄歧视和其他歧视性的想法和行为等。以上因素都会对少数群体产生负性影响。

区分导致问题的内外因是十分必要的，因为它指出了找到最有效解决办法的方向。对于外部促因，最直接的解决办法通常是采取行动，改变行为。对于内部促因，最佳方式通常是改变思维。当环境因素无法改变或者期望的行为方式太难做到时，改变思维是一个不错的方式。

例如，莫娜（Mona）等人研究指出，对于残疾人士，要承认外部环境中的现实障碍，但更重要的是要识别出内在的自我挫败感。前者包括来自身体健全的他人的轻视、躲避和敌意，如无障碍的建筑物、休息室、交通设施、工作场所和沟通系统的缺乏等现实障碍。要肯定这些环境障碍超出了个人可改变的能力范围。当某样东西可以通过行动进行改变时，就帮助他采取行动；此外，还要帮助他建立更加现实的积极的思维方式来实现他的目标。

更加现实的积极的思维方式包括提供更加全面的信息、纠正面对压力时的消极思维和想法。例如，要想纠正"规划毫无意义，因为我没有那么多钱，而且永远也不会有"这个信念，需要倾听来访者的担忧，分析他们的优势并给予支持，探索可能的选择方案，给出现实的建议，并进行积极引导。理财规划师和来访者可以参考克朗茨等人和海斯编撰的自助手册来改变自我挫败的想法。

此外，还需要留意以下问题，那就是只聚焦在或者太快聚焦在财务问题的认知促因上，会忽视与少数群体地位相关的现实障碍，这会限制理财规划师对来访者状况的理解和干预方式的制定。

步骤 6：不要否认来访者经历的让人难以忍受的体验

少数群体成员经常会遭遇难以忍受的经历。休（Sue）等人把这些几乎每天都发生的轻蔑描述为"微攻击"（microaggressions）。有时，一个主流群体成员试图在一个少数群体成员面前维护自己的立场，这时的微攻击是故意的；但是大多数情况下，他们并非故意为之。并非故意为之的例子包括：出租车司机经过其他人种的乘客、停在白种人乘客面前；一个白种人弄错了服务人员的肤色，并做出如下解释："世上只有一个民族，那就是人类。""你为你的民族增了光。""当我看到你时，我没有注意肤色。"

许多微攻击的例子不自觉地嵌在主流文化中。例如，美国的节日起源于基督教（不是伊斯兰教、犹太教或佛教）；楼梯和其他建筑优先考虑的不是无障碍，而是身体健全的人的需要（尽管实际上健全的人也可以像使用楼梯一样轻松地使用坡道，但是作为无障碍的坡道却是附属品）；孩子拿到的教科书强调欧裔美国人的成就、活动和人物；电影和电视中会安排一个其他肤色的角色，以便呈现出"文化上的多样性"。

一个典型的微攻击的例子是主流群体成员意识不到说的某件事或者用的某个词冒犯了对方，致使少数群体成员面临着进退两难的困境，要么什么也不说但感到不舒服，要么说些什么却被指责过度敏感或偏执。无论哪一种情况，少数群体成员都会感到难堪、愤怒或受伤，而主流群体成员对此却浑然不觉。

> 少数群体成员经常会遭遇难以忍受的经历。

当一个少数群体成员注意到或询问一个微攻击时，主流群体成员常常质疑、否认或压制少数群体成员的感受或反应，部分原因是主流群体成员没有经历过种族歧视、同性恋歧视、年龄歧视和其他形式的被歧视或被压迫。但是，质疑、否认或压制一个人的感受或反应会导致当事人之间的失和，就像下面这个例子所呈现的一样。

约翰（John，白种人）和乔（Joe，菲律宾裔/非裔美国人）是一对同性恋，刚搬到一个小镇，向当地的理财规划师凯伦（Karen）（异性恋白种人女性）寻求财务咨询。在起初的谈话中，约翰和乔告知凯伦，他们在这里多次感到"被羞辱"，只因为他们是男同性恋。凯伦面露尴尬，回应道："噢，没有，不会这样的——这里的人真的很友好。你们可能只是误解了人们的话。你们确定他们的评论是针对你们的吗？"下一周，凯伦接到了约翰的电话，她很惊讶，因为他们决定换一个理财规划师，虽然也向她表示了感谢，但并没有做进一步说明。

虽然凯伦是出于善意，但是她的回应否认了异性恋者对同性恋者的歧视。她的回应也暗示了在她的镇上确实存在着某种形式的歧视或压迫。其实更为有效的回应是若有所思地暂停一会儿，然后做类似这样的表述："我对发生在你们身上的事情感到很抱歉。我知道仍然有一些人持有那种看法，但是你们会发现这里大部分人并没有那样的想法。"

在这个案例中，微攻击最终导致约翰和乔更换了理财规划师，但在大多数情况下，少数群体成员会选择忍气吞声，即便他们感到受伤或被激怒。因为微攻击是如此普遍，少数群体成员常常比主流群体成员能更快地从中恢复过来或者对这些负性体验释怀。一个非白色人种者曾经写道："你必须做出选择；如果每次诸如此类的事情都让自己烦恼不安，那你将一直处于不安之中。"

步骤7：不要挑战来访者的核心文化

对于部分来访者而言，理财规划师的主要工作是帮助他们改变自我挫败的金钱观，建立积极健康的金钱观。但是，如果自我挫败的金钱观是来访者核心文化的一部分，那这种转变往往适得其反，除非来访者想要做出改变。如果承担起照顾年迈父母的责任是来访者核心文化的一部分，那么想要改变这个信念，就相当于让来访者背离社会规范，是不太可能的。更好的方式则是接受这类信念，并着眼于来访者的诉求。

> ……试图改变来访者的核心文化信念……就相当于让来访者背离社会规范，是不太可能的。更好的方式则是接受这类信念，并着眼于来访者的诉求。

宗教信仰就是这样一个核心文化信念，它对理财规划有着显著的影响。沃尔特（Walter）和埃马努埃莱（Emanuele）发现，与那些没有宗教信仰的人相比，有宗教信仰的人在宗教方面会多付出50%的时间和8.5%的金钱。对宗教的捐赠可能是出于责任感，希望表达感恩和喜悦；或者是为了促进社会公正和慈善；或者是因为坚定的信念。无论出于哪个原因，如果理财规划师不能接受这一价值观将导致其来访者的流失。

例如，克朗茨讲述了一个27岁的白种人理财规划师的故事。一位50岁出头的女性来访者前来咨询，她是新教徒、非裔美国人。在初次面谈中，来访者表示她将收入的10%捐赠给教堂。理财规划师建议她推迟捐赠并用这笔钱进行投资，因为这样做能更好地为她的退休账户提供资金，收益能达到投资金额的四倍。来访者礼貌地拒绝了他的建议，而坚持自己的宗教信念，即将收入的10%首先捐赠给教堂。结果可想而知，由于该理财规划师缺乏对这个来访者的宗教信仰的理解且未就此做工作，所以来访者决定停止咨询。

> 当今世界是一个多元文化的世界，要想成为成功的财务治疗师，需要对来访者，尤其是主流文化之外的拥有其他文化背景的来访者，保持敏锐的反应。

未来方向

当今世界是一个多元文化的世界，要想成为成功的财务治疗师，需要对来访者，尤其是主流文化之外的拥有其他文化背景的来访者，保持敏锐的反应。拥有主流文化身份的财务治疗师需要付出更多的努力，以识别自己所属的主流文化和主流特权在哪些方面让他们忽视了少数文化群体特有的信息。只有这样做，才能对治疗策略更有信心，提供更有针对性的服务，帮助更多的来访者。

第二部分
基于研究的财务治疗模型

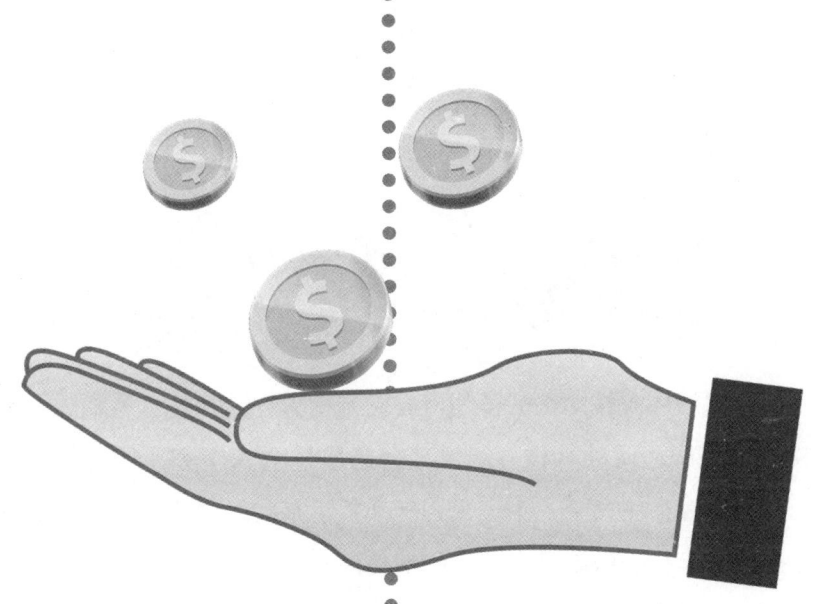

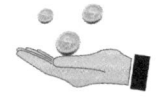

第 7 章

体验性财务治疗——体验性疗法视角下的财务治疗

布兰德利·T. 克朗茨；保罗·T. 克朗茨；德里克·撒普

引言

与认知行为疗法等其他治疗方法相比，对体验性疗法及其有效性的研究比较少。即便如此，已有的研究表明，体验性疗法能够有效地处理许多情境下的各种问题。但是，目前的体验性疗法研究存在一定局限，即缺乏详细的可操作性方面的探讨。此外，许多类型的治疗方法都可以归纳为体验性疗法。从某种程度上看，它们都与人本主义 – 存在主义的人性理论有关，并且采用直接体验作为心理改变的主要途径。

> 体验性财务治疗（Experiential Financial Therapy，EFT）具有强烈的情绪因素，使来访者有机会提高对感知的觉察。

本章介绍的体验性疗法的模型以心理剧相关理论和技术为基础，主要采用角色扮演的方法。此外其核心组成部分还包括艺术疗法、音乐疗法、家庭雕塑、与整合了存在主义 – 人本主义心理学哲学基础的格式塔技术、发展性理论和家庭疗法的模型。EFT 具有强烈的情绪因素，使来访者有机会提高对感知的觉察。正念练习是体验性财务治疗的方法之一，具体包括正念就餐、正念腹式呼吸、行走冥想，等等。体验性疗法的目的是重演原生家庭的情绪冲突或个体生命中过去经历和现在存在的重要关系。个体再次体验这些就能够缓解被阻滞和潜抑的情感。其主要目标包括解决未完成的情结；修通个体在过去关系和事件中未能表达的情绪，让其能够充分地活在当下。使用心理剧这种形式的体验性疗法已经有超过 40 年的历史，它最早开始于位于田纳西州坎伯兰弗尼斯的知名治疗中心 Onsite Workshop。已有研究表明，在参加了 Onsite 为时一周的密集的体验性疗法工作坊之后，参与者表示自己的一系列心理症状得以缓解，心理健康程度得以提高，问题行为得以减少，且起效迅速，效果显著而持久。

在治疗金钱障碍方面，EFT 把理财规划与体验性疗法的理论和技术结合在一起。Onsite 金钱问题治疗项目第一次应用这个体验性疗法的模型治疗紊乱的金钱行为。该项目始于 2003 年，由特德·克朗茨（Ted Klontz）、理查德·卡勒（Richard Kahler）和布拉德·克朗茨（Brad Klontz）共同主持。项目持续 6 天，将体验性疗法和个人财务结合在一起，利用财务教育和体验性疗法来治疗金钱障碍，引起了全美的关注。在临床试验中，克朗茨等人对 33 名参与过 Onsite 金钱问题治疗项目的成员进行评估。参与者表示，在接受 EFT 之后，与财务有关的心理痛苦、焦虑和担忧均显著降低，财务健康水平得以提高。以上情形在接下来的 3 个月中得以保持。本章将详细介绍 EFT 模型，包括它的理论基础、治疗技术和伦理考虑。本章涉及的案例研究用以说明该模型的应用及结果。

理论思考

本章讨论的 EFT 方法以心理剧理论和技术为基础。它认为个体有问题的金钱行为是由其根深蒂固的金钱脚本所导致的，这些金钱脚本往往是其对过去的创伤性体验的反应。接下来我们将探讨 EFT 的理论思考，包括财务爆发点、未完成事件和记忆的可塑性、EFT 的发展性和重建特征。

↳ 财务爆发点

克朗茨等人把财务爆发点定义为早年发生的、个体有强烈情绪体验的单个或系列与金钱有关的事件留下的印记,该印记一直持续到成年。他们指出,潜藏在紊乱的金钱行为之下的是与早年事件关联在一起的未解决的创伤。这些创伤可能是个体的直接经历,目睹的另一个人的经历,父母、祖父母或文化性团体的经历,或者是被严重忽视的经历。在本质上它们是财务方面的创伤,例如,在贫困中长大成人,长时间处于被剥夺状态,类似于经济大萧条期间数百万人的经历,或者有过重大财务损失的个人经历。可观的经济收益,但伴随着巨大的社会压力乃至家庭破裂,也可能成为一种创伤性体验。创伤也可以是非财务性的,但创伤后的症状对一个人与金钱的关系产生了负性影响。在试图避免可能的创伤或者在应对与创伤有关的心理痛苦的过程中,个体会形成适应性的认知行为模式。在创伤后应激的情况下,这些适应性的认知行为将失去其有效性,干扰个体当下的功能运作。创伤后应激症状的出现可能会持续、潜在地对人们的投资行为产生负性影响。这种现象在某种程度上得到了2008年经济危机期间理财规划师的确认。

除了病理性赌博和强迫性囤积之外,关于紊乱的金钱行为的病因学研究少之又少。研究表明,病理性赌博患者大多遭遇过童年期乃至持续一生的创伤,如儿童时期被虐待、儿童时期被忽视、遭受身体攻击、目睹他人严重受伤或被杀害,这些都和病理性赌博显著相关。创伤事件的严重程度与赌博发病时间早晚、赌博问题严重程度有关。总而言之,病理性赌博被认为是一种应对创伤与虐待经历的方式。研究结果表明,23%~82%的病理性赌博患者承认有过性创伤或身体创伤经历。

研究者也探究了创伤性生活事件和强迫性囤积行为之间的关系。强迫性囤积涉及无法丢弃大量物品,从而导致有问题的杂乱状况、情绪痛苦和功能损伤。在已有研究的基础上,哈特尔(Hartl)等人发现,过去的创伤经历与强迫性囤积会共同出现,尽管他们的调查研究没有探索创伤性事件是否先于囤积。另一项研究表明,囤积患者与非患者之间在创伤经历上没有差异;但是,该研究因在创伤评估方面和将创伤事件限定在童年期方面使用有歧义的方法而饱受争议。与其他小规模研究类似，克罗默（Cromer）等人发现，囤积患者很有可能至少报告一次创伤生活经历。此外，他们还发现，与没有创伤经历的囤积患者相比，有创伤生活经历的囤积患者具有更加严重的囤积症状。另外，克罗默等人发现，即使关键变量发生了变化，创伤和囤积之间的关系仍然很稳定，这意味着两者的关系是持久存在的。随后，即使在对诸如年龄、受教育程度、抑郁和强迫性症状等变量进行控制之后，兰道（Landau）等人的研究仍然发现，囤积患者经历了许多创伤事件。

在依据强迫性囤积的发病年龄来确定创伤经历发生时间方面，有很多不同研究。发病年龄更晚的个体，更有可能在症状出现之前就有过创伤经历。此外，早发病比晚发病的情况更常见，患者的平均发病年龄在11岁到15岁之间，40岁以后发病的患者占比不足4%。创伤事件的具体类型也会对囤积行为产生影响。一项研究发现，诸如爱人的死亡、遭受身体或性虐待、遭受伤害或疾病这类创伤事件，很少在囤积行为之前发生，而与物品有关的事件更常与囤积发病关联在一起，如财务损失、被淘汰的威胁或家庭成员的囤积行为。没有确凿的证据表明物质匮乏（如较低的社会经济地位）与囤积行为有关联。与克朗茨等人提出的观点一致的是，病理性赌博和强迫性囤积两者都表明创伤在这些紊乱的金钱行为中起着重要作用。在治疗金钱障碍的过程中，虽然EFT的目标是解决与财务和非财务创伤事件相关联的未完成事件，但是在紊乱的金钱行为的病因学和症状维持方面，需要开展更多的研究来探索创伤的作用。

↘ 未完成事件与记忆的可塑性

EFT为来访者提供了修通未完成事件的契机，这些事件联结着过去的关系和事件，并以此帮助来访者更加充分地体验他们当下的生活。科里（Corey）这样定义未完成事件：未表达的情感关联着独特的记忆和幻想。他认为，在意识层面未被充分体验的情感一直在背景中萦绕徘徊并被带入当下的生活中，阻碍个体与自己、他人建立有效的联结。未完成事件会一直存在，直到个体面对并处理未表达的情感为止。很多理论也都认为，未解决的情感，如愤怒、悲伤等，常常导致焦虑、抑郁和人际困难。个体没有能力成功地将自身从过去解脱出来，导致了一系列症状和并发症——妄想性思维、情感抑郁、强迫性行为、慢性低自尊、人际关系困难，而且如果不加治疗还会引发躯体疾病。在帮助来访者解决未完成事件的有效性方面，体验性疗法的技术已经得到了一些验证。

> EFT 为来访者提供了通过修通未完成事件的契机，这些事件联结着过去的关系和事件。

当过去的某种情绪、某一事件未能得到解决，来访者往往无法在各种关系之间、在过去与当下之间做出区分。因此，他们不能自由地体验当下的关系，不能面对当下的财务现实，也无法真正地活在当下。EFT 能够帮助来访者发展一套更丰富的描述方式，让其在各种关系之间、在过去与当下之间做出区分。这样，来访者在一定程度上就能够把他们当下的财务生活与当下的体验关联起来，免受与过去相关联的未完成事件的负性影响。

利用心理剧的角色扮演方法，EFT 能够帮助来访者修通未完成的事件。它能帮助来访者分析症状起因及症状表现的重要方面。来访者有机会充分表达与核心关系和事件有关的情感和想法，而这些未曾得到表达的情感和想法导致了过去和现在的功能性损伤。已经有研究表明，通过体验性疗法的技术解决未完成事件能显著降低来访者的病理性痛苦，帮助改善来访者的主诉问题。体验性疗法的主要目标之一是向来访者提供修通特定的未完成事件的机会，而这些未完成事件是各种并发症的诱因。

> 通过体验性疗法的技术解决未完成事件能显著降低来访者的病理性痛苦，帮助改善来访者的主诉问题。

洛夫特斯（Loftus）通过临床实验发现，人类的记忆具有可塑性。在对目击证人相关证词的研究中，洛夫特斯发现，在一个事件发生之后，新的信息可以被植入该事件的最初记忆中。这样，新的信息就成为最初记忆的一部分，从而改变了个体对事件的整体记忆。极端的情况是，在没有真实发生的记忆细节可供对比的情况下，甚至难以置信的信息都能够成为个体对事件记忆的一部分。

洛夫特斯及其同事关于错误信息效应和暗示效应的研究发现具有重要意义，提示临床工作者需要谨慎地以非指导性方式对来访者进行提问。临床工作者必须注意不要提出自己的主观建议，因为这种新信息会导致虚假记忆的形成。但另一方面，这一发现对于如何解决未完成事件具有启发性。EFT 的目标之一是改变记忆对个体认知和情绪上的影响，在罗西（Rosi）看来，记忆通常具有建构性的过程，每次当我们回忆起过去的某件事，实际上我们都加入了新的主观体验。在 EFT 中，治疗师帮助来访者通过充分表达与事件有关的情绪，并在合适的时候增加新的信息和理解来推动个体对事件的知觉的转变并形成新的主观体验。获得新信息的方法可以是以他人视角（可以通过角色互换法）带来新的理解，或者重新构建影响个人发展进程或方向的事件的意义。

通过上述方式，体验性疗法提供了一套行之有效的技术来修通未完成事件。在经过了准备阶段之后，EFT 治疗开始处理痛苦的记忆。在行动阶段，来访者对与记忆关联在一起的未曾解决的情感进行充分表达，而在表达的当下，其记忆体验中便引入了新的情感和想法。在整合阶段，来访者可以获得关于事件的新视角，其记忆也能够以一种不同的形式进行存储。虽然事件的关键细节是不可能被改变的，但是来访者可以降低关联情感的强度，改变原初体验导致的适应不良的思维模式。

↳ 发展性理论与 EFT 的重构性

EFT 的焦点是解决与过去的关系和事件相关的未完成事件。它在一种发展性框架内来考虑心理问题的起因及其解决方法。埃里克森（Erikson）认为，人的发展有八个发展阶段，每个阶段需要处理特定的发展任务。每个阶段中的关键步骤是人的发展阶段的关键节点，是在发展与退行、整合与迟滞之间进行抉择的时刻。在这一模型中，每个关键要素都系统性地与所有其他因素相关联并依赖于前一个阶段的恰当发展。因此，当个体的发展受到紊乱的原生家庭的影响或者个体经历重大创伤时，该阶段特定的社会心理发展就会被遏止。在此基础上，金德提出了一个有助于解释财务行为的发展性模型。他假设要达到金钱上的成熟，就需要经历七个发展阶段，包括儿童阶段的无知和痛苦，成人阶段的知识、理解和活力，觉醒阶段的远见和爱（aloha）。

依据埃里克森的观点来看，如果一个人没能成功地应对某一发展阶段的挑战，那么体验性疗法可以有效地帮助他回到该阶段并完成挑战。从这个角度上来说，对于没有顺利渡过某一发展阶段的成年人，EFT可以在该受阻阶段开展工作，从而实现再养育。通过退行性的、重构的方式，EFT可以帮助患者重新构建有问题的发展阶段。治疗过程使来访者有机会回到早期的发展阶段，从中获得具有生命确定感的信息，从而改善他们当下的生活。例如，来访者的愤怒或悲伤等情绪与身心都无法接近的父母相关联，那么在EFT团体治疗的角色扮演中，治疗师可能给出的方案是"重新建构体验"。接着，来访者可能有机会得到来自双亲角色扮演者的象征性养育，如果来访者同意，这些象征性养育可以借助肢体接触、语言表达或书写等方式展现出来，从而使来访者获得适合某一发展阶段的回应和确认，而在过去来访者从未得到过这些。按照代顿（Dayton）的观点，通过体验性疗法和心理剧，来访者能够在安全的治疗环境中体验和练习特定阶段的心理动力，重新修补、重新整合并完成该发展阶段的挑战。EFT也利用这些技术降低羞耻感，帮助来访者改变与金钱有关的有问题的思维和行为。

> EFT的核心方法是心理剧，而心理剧通常是在团体治疗环境中展开的。

EFT：原则与策略

EFT 可以在团体治疗中开展，也可以在个体治疗中进行。其核心方法是心理剧，而心理剧通常是在团体治疗环境中展开的。接下来的几个小节将回顾 EFT 的原则和策略，包括团体治疗、经典心理剧，并着重于识别和改变有问题的或限制性的金钱脚本。

团体治疗

EFT 的主要干预模式就是团体治疗。虽然 EFT 也能够在个体治疗环境中进行，但是在团体治疗环境中效果更佳，因为它提供了团体成员这个强有力的媒介。团体能够有效地促进成员在情绪和认知上发生改变。它能够削减回避和否认的影响，而这两者常与痛苦事件的情绪压抑有关。个体在情绪上对其他团体成员进行回应能够破除对这类事件的认知阻塞，并使其发生改变。来访者在接受团体治疗的过程中，还能接触到团体疗效因子，而这些疗效因子在个体治疗中是非常难以获得的。亚隆（Yalom）确认了团体治疗具有的 11 项疗效因子，包括希望重塑、普遍性、传递信息、利他主义、原生家庭的矫正性重塑、提高社交技巧、行为模仿、人际学习、团体凝聚力、宣泄和存在性要素。

心理剧

EFT 采用心理剧的理论和技术。心理剧是一种行为取向的团体治疗，最初由 J.L. 莫雷诺（J. L. Moreno）于 1921 年创立。心理剧提供了一个理解成长和促成改变的框架，同时其技术提供了促进成长与改变的过程。经典的心理剧由 5 个基本要素和 3 个发展阶段组成。基本要素包括：主角——心理剧的焦点人物；导演——心理剧的推动者；辅助性自我——扮演主角生命历程中某个重要个体的团体成员；观众——不直接参与心理剧，但是会积极地参与这个过程的团体成员；舞台——心理剧发生的物理空间。

心理剧包括以下三个阶段：暖身阶段——激发团体成员的创造性和自发

性，增进互信，使成员专注于自己所要扮演的角色及其脚本；活现阶段——主角在暖身阶段专注的议题被提出来；分享阶段——最后一个阶段，团体成员与主角分享想法和感受，辅助性自我去角色化，团体成员和主角分享彼此的共性及其扮演的角色的特性。EFT 使用心理剧的 5 个基本要素和 3 个发展阶段作为其核心治疗组件。

心理剧被认为是第一个利用角色扮演进行心理治疗的系统性方法，现在角色扮演已经成为各种心理治疗理论中常见的技术。在心理剧中，角色扮演者或辅助自我是为了展现在过去、现在或未来的某一时刻对主角来说重要的个人或事件。例如，在 EFT 中，角色扮演者可能代表一个人的父亲或母亲，也可以代表无生命物体，如一个人的房子或钱等，或者代表更加抽象的概念，如一个人的工作或退休情况等，或者来访者心理上被否认的"部分"，如他们的悲伤或愤怒等。在导演的协助下，主角与辅助性自我进行互动。这常常发生在与来访者的治疗目标相关的重构性场景中，如家庭聚餐等场景。这个过程帮助来访者处理与该场景中人和事有关的未解决情绪和认知，在这个过程中，情绪得以宣泄，未解决事件得以解决。

↘ 金钱脚本

治疗师帮助来访者确认并改变有问题的金钱脚本是 EFT 的一个组成部分。金钱脚本是每个人已经发展起来的有关金钱和生命的无意识信念。在第 3 章中已经深度分析了四类金钱脚本，接下来我们简要描述一下与 EFT 有关的金钱脚本。总体而言，金钱脚本形成于童年期，有关金钱的直接或间接信息来自于双亲、生活中的重要他人、生活环境或整个社会。部分金钱脚本甚至会成为个体的世界观或思维模式的组成部分。金钱脚本之所以被称为脚本，是因为人们和出色的演员一样，对自身脚本的熟练程度已经达到无须有意识地思考即能挥洒自如的地步。人们在生活中只是对金钱脚本做出本能反应，常常不会对这些金钱脚本进行深入思考。不幸的是，金钱脚本往往是高度情绪负荷性的，这使其难以发生改变。由于金钱脚本处于无意识层面，个体必须投入时间精力来识别自己的金钱脚本才可能对其予以纠正。

金钱脚本常常是部分正确的。个体内化的金钱脚本往往基于特定的情境脉络，在这个情境脉络中，金钱脚本是正确的。例如，想象一个年幼的孩子，如果他看到父母每天都受到富有房东的侵扰，那他可能发展出"富人都是坏的"或者"富人只关心金钱"的金钱脚本。在发展出这个金钱脚本的上述情境脉络中，这可能是完全正确的。如果一个孩子看到一个富人在房租上对待父母的态度非常苛刻，他们可能发展出的信念就是"富人只关心金钱"。但是，这种思维方式的问题在于，这一观点并不是在所有的情境中都成立。孩子因为目睹富有的房东对父母的欺凌，他走在街上，任何一个看似富有的人都可能令他感到愤怒或厌恶，但是仅仅是看似富有的那个人，并不一定真是个糟糕的人或者他只关心金钱。这种部分正确的金钱脚本可能对一个人的社会生活、职业生涯或其他许多领域带来负性影响。他们可能在无意识中认定他们无法累积财富，因为这样做就让他们变成一个富人，也就是坏人，所以他们竭尽全力地花光自己所有的钱，成为长期低收入者或者极度慷慨者。

金钱脚本也可能源于创伤。在这种情况下，早期与金钱有关的经历是痛苦的，乃至是创伤性的。所以，当谈到改变这些脚本的时候，除非有改变的动机，否则大部分人没有能力改变。新信息有助于摆脱金钱脚本，但是黏附在金钱脚本上的情感往往比基于逻辑的理性更强有力。如果个体因过去事件引发了创伤后应激，就更加难以改变。人们倾向于以两种方式来回应创伤后应激：一种方式是对与创伤有关的话题和感受保持高度警觉；另一种方式是观点发生180度大转弯，或者完全推翻原有想法。后者常常是一个有害的行动，因为正如最初的金钱脚本很有可能是不准确的一样，反其道而行之也可能是不准确的。

金钱脚本也可以是代际性的。一个人成长的年代和地点在形成其关乎生命和金钱的无意识信念中起着重要作用。一个在大萧条时期长大的人也许在保障食品储备和住房供给的重要性上拥有独特的看法。这个看法对于更加年轻的一代人而言可能毫无意义，因为他们从未在曾经真正发生过短缺的世界中生活过。对于以上两类人，没有办法判断孰对孰错。两者在不同的场景下都可对可错，因为金钱脚本依赖于情境。

金钱脚本也能被改变。当然这并不意味着改变金钱脚本是一个容易的过程。改变的过程既需要专业治疗师长时间的集中治疗，也需要来访者长时间的个人反思，但是个体愿意改变并能识别与金钱有关的错误想法是帮助来访者走上更加健康的财务之路的前提。在暖身阶段，EFT利用不同的方法帮助来访者识别他们的金钱脚本。这些方法包括金钱脚本头脑风暴、金钱原子（Money Atom）、**金钱蛋**（Money Egg）、家庭财务树以及用"你相信……"（What Do You Believe）句式填空，或者是克朗茨–金钱脚本调查问卷（KMSI）。上述部分干预方式在第3章中已进行了完整的描述。

案例研究

↘ 背景与信息

戴安（Diane）是一位离异女性，高加索人，原生家庭极为富有。她是文学艺术博士，正在一所著名大学担任无薪教授。戴安已逝的父亲是一位娱乐业大亨，也是一名慈善家，还是一位外交官。戴安的母亲是其父亲的第二任妻子。戴安是家里12个孩子中最小的那个，家里所有的孩子都由保姆抚养，直到8岁以后才能和父母一起就餐。他们都进入私立学校学习并取得了高等学历。但是，没有人进入父亲的公司工作，所有的孩子目前都是依靠父亲设立的信托基金生活。戴安的父亲创立了拥有数百万美元的家庭基金。他们每年聚会一次，一起待上几天。在父亲去世前，孩子们没在一起生活过，但在这几天里他们不得不待在一起。戴安具有很强的理解力，富有同情心，体谅他人并且很慷慨。她想摆脱酒精和毒品成瘾,目前正在接受药物治疗抑郁。戴安是自己主动前来寻求财务治疗的。虽然她已经接受过多位治疗师的治疗,但是其与金钱的关系从未成为治疗的一部分。

↘ 当前问题

戴安的家庭事务代表人告知戴安,她需要减少大约 50% 的支出,以规避金钱耗尽的风险。她接受了这个建议,开始寻求削减支出方面的帮助。当她前来治疗时,戴安正感到极度焦虑,害怕把钱用光,并感到在社会上被孤立了。她的收入与支出明细显示,她的支出是收入的两倍。她的花费每年超过 850 万美元,而她的收入在过去几年内一直稳定在每年 420 万美元。

↘ 个案概念化

财务治疗师仔细核查戴安的支出,发现几乎一半的支出用于资助她的孩子、朋友、员工、熟人。如此,她的真正问题在于财务利他和过度支出。她将金钱资助作为和有财务困难的他人保持联结的方式,因而成为他们生活中的重要他人。她资助业已成年的子女,是为了尽力弥补他们,因为她认为自己没有在孩子们年幼的时候给予他们合适的照顾,并且与孩子们之间有着非常强的情感卷入。

↘ 干预

最初的干预方式是戴安和一位独立理财规划师一起逐项仔细检查她花了多少钱,后者将她的支出按月平均。在整个过程中,戴安不断地重复:"我不相信这些数字。"等核查结束进行分析时,她承认说:"好吧,我想是这样吧。"她请对方建议,自己可以在哪些方面削减支出,然后对方建议她在每一项上削减 50% 的支出,随后治疗师倾听她是否可以削减各项支出的理由。当仔细考虑每一项支出时,戴安表现出很强烈的情绪。

每一项支出都列在另外一张索引卡上，戴安按优先级对其进行排序。当讨论部分条目时，她再次陷入强烈的情绪中。显然，为了帮助戴安正视她的现状并做出持续改变，她需要更加密集的治疗。因此，治疗师推荐戴安参加为期五天半的体验性财务治疗工作坊，处理导致她陷入自我毁灭性消费模式的情绪。在工作坊中，戴安参加了大量的练习，部分练习是帮她回顾其与金钱关系（**金钱蛋**）的历史，以及从那些经验中生成的金钱脚本。例如，这些金钱脚本包括她的金钱如何运作、那些与她是如何联系在一起的、她与金钱的关系、她的责任、她对自己的认知、她与家人朋友在金钱方面的交集，等等。戴安回忆起来的最强烈的情感记忆，是她的父亲告诉她："女性不应该为赚钱担忧，但务必要用钱行善。" EFT 团体治疗体验使戴安有机会仔细审视其与金钱有关的印象最深的记忆，诉说那些她没有机会诉说的事情，处理她作为孩子时没有机会处理的感觉。

在角色扮演练习中，她能够弥补自己对孩子们的忽视，她确信由保姆带大的孩子会同她一样感受到被忽视。戴安离开项目时说，她感到非常欣慰，因为她有了一个补偿孩子的计划，并打算告诉他们，她将逐步减少对他们的资助。她还将致力于成为一个更好的倾听者，成为倾听孩子们心声的好母亲。最后，她再次承诺量入为出。

在参加为期五天半的 EFT 工作坊之前，戴安的治疗经历了为期 3 天的初始干预，紧接着是为期 16 周的电话交流。在参加工作坊之后是每周一次的电话沟通，和治疗师一起审核预算中的每个排列项，汇报她做过什么或者她准备（或没有准备）提上日程的事项。会面沟通每 3 个月一次，持续一整天，她本人亲自到场。

↳ 结果

戴安每个月的支出已经减少了大约 30 万美元。同时，她也在考虑其他方法，例如，出售她的私人飞行服务份额，出售她的主要住宅（她最初提到的她刚好正在考虑做的两件事），等等。她开始选择普通舱出行（之前从未如此），并从多家非营利的委员会中退出，因为这些委员会要求自行支付旅行及相关费用，并且期望成员能够进行大额捐款。她告知孩子们她会继续资助他们，但是资助的金额将逐渐减少，直到他们能够完全自食其力。她削减了多项私人支出，如上门的健身服务、外出就餐、购买定制衣柜、收藏艺术品（需要花费大笔收藏费用）等，她同时也减少了其他多项大额支出。

如果戴安能够保持初始治疗时支出减半的愿望，她将实现财务上的收支平衡，并且不会耗尽金钱。但这里存在一个复杂的干扰因素，就是她的家庭事务代表人会不定时地告诉她一些信息，如她上个月的投资赚了 80 万美元等。这时，她就会突然取消财务治疗的预约，因为没有削减支出的压力了。除非她能真正停止"养育"她的孩子们，仿佛他们还只有 8 岁，否则，她将继续情绪卷入，不能分清彼此的财务边界，并且不能信守帮助孩子们实现财务独立的承诺。

伦理考量

虽然研究结果表明体验性疗法对各种紊乱极具应用潜力，但因其本身所具有的特性，仍需对其进行伦理考量。在团体治疗中采用 EFT 尤其要注重伦理考量。几个关键的考量内容包括团体治疗和个体治疗之间的差异、采用体验性治疗技术的治疗师的胜任力、治疗师的领导力议题、团体成员的恢复期等。促使团体治疗成为有力干预工具的诸多因素也使团体治疗面临较高的伦理风险。团体治疗中存在的部分重要差异包括：治疗师对会谈内容和方向的控制更少；增加了来访者获得不良经验的可能性；增加了来访者感受到压力（压力来自于其他团体成员的质疑或批评）的可能性；来访者有可能越来越依赖团体。

考虑到在团体治疗中治疗师的控制力减少，治疗师必须在团体会谈中持续对团体利益和个人利益进行评估和权衡。在这种情况下，治疗师需要调节会谈的节奏和强度，但在充满情绪张力的会谈中要做到这点会很困难。保密是治疗师需要和团体成员一起面对的另一个问题。因为在团体治疗中，作为非临床工作者，团体成员需遵循的保密标准更低。美国心理协会的伦理标准（10.03版）建议治疗师从治疗开始就明确告知所有团体成员其角色定位及其在团体中的责任，也需要清楚描述团体在保密方面所具有的限制性。团体专业工作者协会（Association for Specialists in Group Work，ASGW）的最佳实践指南（A.7.d版）也建议临床工作者向来访者说明，除非特定的国家有不同的法律规定，否则法律特权不适用于团体讨论。拉金（Lakin）也指出，团体治疗中的社交压力能够鼓励个体遵从并接受某些结果，而这些结果在团体之外是被拒绝接受的。虽然团体治疗中的这种社交压力是有益的，但是它也可能造成伤害，治疗师应该密切注意这一点。

治疗师必须清楚地知道他们是否具有使用体验性方法的资质。APA伦理准则2.01版和2.06版要求治疗师只能在他们拥有资质的领域提供服务。ASGW建议治疗师在独立开展团体治疗前，除了接受20小时的核心培训之外，至少还得接受60小时的受督专业培训。一些研究者建议，在治疗紊乱严重的来访者时采用心理剧应该非常小心。在判断特定的治疗方法是否恰当时，治疗师的胜任力至关重要。

治疗师的权力议题是另一个需要治疗师关注的部分。在治疗过程中，当来访者感到不舒服时，他们应该从未感到被强迫或被胁迫参与治疗。格林伯格等人认为，来自治疗师的侵入性或者压力是降低体验性疗法有效性的最大因素之一。治疗师不应该使用心理剧来满足其自私的需要，也不应因失去耐心而催促来访者结束会谈。临床工作者应该尊重来访者自然而然的发展：走向成长或背离成长。治疗师也应该鼓励整个团体秉持同样的态度。治疗师帮助来访者远离非故意的胁迫的一种方式，是在设定一项练习时，给予团体成员尽可能多的自由，与此同时提供适当的指导。治疗师也非常有必要清晰理解自己的心理议题，以便能够在自己对体验式练习行动化的时候不敦促团体成员。APA 伦理准则 2.06（a）中提到，心理治疗师知道或者应该知道，当他们的个人议题很有可能会干扰他们以具有胜任力的态度开展某个治疗时，他们要克制自己，避免进行干预。

恢复期是另一个应该关注的伦理领域。来访者暴露了大量的个人信息，体验到了强烈的情感宣泄。这会让他们感到敞开心扉，同时也感受到自己的脆弱。如果团体治疗的环境是支持性的、善意的，这有利于治疗师帮助团体成员在心理上准备好回到团体治疗之外的生活环境，比较推荐的做法是，治疗师建议来访者可以在多大程度上坦诚与团体治疗成员之外的人讨论其团体体验。科里（Corey）建议，应该鼓励来访者在角色扮演的过程中适当克制自己，而不是向另一个人说出一切。团体可以协助其成员表达需要被说出的话，而且是以最可能被听到和理解的方式。除此之外，还有一个有益的做法是，对于那些喜欢被支持、被关心的团队成员，治疗师可以提供一些方法，让他们在团体治疗之外的日常生活中可以获得这种被支持、被关心的感受。

糟糕的做法是，财务治疗师没有接受过专业的精神健康培训，却去治疗金钱障碍，试图帮助来访者解决与过去的关系和事件有关的未解决情绪问题。不过，理财规划师在与其来访者工作时可以使用体验性教导方法以及前述金钱脚本练习方法。

未来方向

EFT 是为数不多的有效性获得了实证支持的治疗方法之一。即便如此，还是需要进一步对其进行研究。比较理想的状况是，未来的研究包括随机临床治疗试验和控制团体的研究。此外，为了核查 EFT 特定技术的有效性，进行分解性研究是十分必要的，以便检验这些技术的实用性。例如，长期的每周 1 小时的会谈与短期的密集的会谈相比，其 EFT 的结果是否有所不同，或者检验

心理咨询中的财务议题

特定干预方式（如金钱脚本练习等）的治疗效用。以上研究都很有必要。也可以调整团体治疗干预方式，以适用于个体治疗应用，这也是 EFT 的研究方向。此外，有必要研究本章概述的个体治疗方法的有效性，以便指导财务治疗师的 EFT 工作。如果读者能够利用本章描述的方法来影响来访者，那就表明该方法对来访者的心理和财务将产生积极且持续的影响。

> EFT 是为数不多的有效性获得了实证支持的治疗方法之一。

第 8 章

焦点解决财务治疗
——焦点解决疗法视角下的财务治疗

克里斯蒂·L. 阿丘利塔；约翰·E. 格拉布尔；艾米丽·A. 伯尔

引言

一般来说，财务治疗师是从关注来访者过去的行为开始的。这就需要深入探究来访者以往的负向行为，这些行为导致了来访者当前正在面临的议题、问题和担忧。因为接受的训练或个人的偏好，财务治疗师倾向于重点关注来访者的个人历史，关注来访者是如何发展出财务问题和负向行为的，而不是以来访者的正向特征为基础来探究财务议题的解决方案。最近，研究者开始质疑，帮助在财务方面深受困扰的来访者的核心机制是否必须从回顾过去的负向行为开始。作为一种循证治疗方法，焦点解决疗法（Solution-Focused Therapy，SFT）可作为一种可选的规划和咨询方法论，它能够应用于个人财务领域，也是我们本章讨论的重点。

> 焦点解决疗法帮助来访者聚焦于未来的目标。

SFT 是精神健康临床工作者常用的治疗方法，它聚焦于未来的目标和任务，帮助来访者认识并利用其个人、人际和环境的技能、优势和资源。SFT 的最终目标是帮助来访者以不同方式思考或者以不同方式行事，以提升其生活满意度。SFT 技术被认为适用于传统心理治疗领域的各种议题和情境。考虑到

SFT 的应用历程及其有效性的临床证据，我们有理由相信，在帮助来访者修通金钱困扰、克服金钱困难、抓住相应机会方面，SFT 可以成为临床工作者行之有效的方法。焦点解决财务治疗模型对 SFT 的原则、技术以及通用财务咨询实践（如费用跟踪、制定预算等）进行了整合。本章将描述 SFT 的发展历程，与 SFT 有关的核心原则、假设和技术，SFT 的模型是如何被建立起来的，以及 SFT 如何应用于财务治疗案例情境。

> SFT 是精神健康临床工作者常用的治疗方法，它聚焦未来的目标和任务，帮助来访者认识并利用其个人、人际和环境的技能、优势和资源。

SFT：综述

↳ 历史背景

SFT 以来访者的优势和资源为基础，帮助来访者走向他们的理想未来。它是一个短期的、朝向未来的治疗方法，聚焦于坦诚、合作、目标、优势、积极性和解决方法。SFT 发展于 20 世纪 80 年代中期的威斯康星州密尔沃基的短程家庭治疗中心（Brief Family Therapy Center），中心的创办人包括因索·金·柏格（Insoo Kim Berg）、史蒂夫·德·沙泽尔（Steve de Shazer）及其同事。德·沙泽尔的观点建立在贝特森（Bateson）关于交流的研究和米尔顿·埃里克森（Milton Erickson）"如何影响改变的实用思想"这两个基础之上。埃里克森相信每个人都有能力和勇气做出改变，但是他们需要被引导才能注意到这一点。SFT 是作为家庭系统理论方法被提出来的，它考虑的不仅仅是个人（即更大系统的子系统），而是更大的系统，如家庭、朋友、社区和环境等。简而言之，家庭系统理论假设总体大于部分。从家庭系统的角度来看，重要的是受系统影响的各个方面，而不是单个的系统。

随着 SFT 的发展，它已经被应用于诸多领域，如商业、社会工作、政策评估、教育、健康卫生、刑事司法、儿童福利、家庭暴力、医药和物质滥用等领域。默里（Murray）等人认为，使用解决方案导向的一个重要好处是该理论适用于各类人群。例如，焦点解决疗法婚前咨询帮助伴侣成为他们自身生活的专家。这一方法要求治疗师创造一个空间和一个框架，将伴侣的背景和文化置于婚前讨论的焦点。

> 研究已经表明，与其他治疗方法相比，SFT 可以在更短的时期内产生正向结果，并且帮助来访者获得自主能力。

研究已经表明，与其他治疗方法相比，SFT 可以在更短的时期内产生正向结果，并且帮助来访者获得自主能力。金格里奇（Gingerich）和艾森加滕（Eisengart）撰写了一份有关 SFT 研究的综述，鼎力支持 SFT 的使用。最近，科科伦（Corcoran）和皮莱（Pillai）针对现有多个议题（如亲子冲突、婚姻问题、危机热线拨入者以及有校园问题的青少年等）的试验研究和准试验研究，对 SFT 疗法与其他疗法或者不给予治疗进行了比较。在金格里奇和艾森加滕的综述当中，50% 的研究发现，与接受其他疗法的试验性或不给予治疗的对照组相比，接受 SFT 的试验组显示出改善效果。另外，金格里奇和艾森加滕认为，SFT 既经济又有效，因为它在短时间框架里提供这些服务。他们的结论是，尽管 SFT 的效果有待商榷，但是我们仍然需要进行进一步的研究，以了解它在不同群体中的有效性。

↳ 假设与原则

SFT 有一套实用的假设和原则，适用于不同的情境。德·沙泽尔等清晰定义了如下的 SFT 假设：

a. 没有问题，就不必处理；

b. 如果有效，就再接再厉；

c. 如果无效，就做点不同的；

d. 日积跬步，以至千里；

e. 总是存在没有问题的时刻，总是有可资利用的例外时刻。

> SFT 关注来访者的优势，假设来访者拥有改变的愿望和能力。

SFT 关注来访者的优势，假设来访者拥有改变的愿望和能力。SFT 不关注某个具体"问题"是如何形成的，它感兴趣的是找到有效解决方案，以处理某个问题导致的结果。焦点解决疗法的治疗师帮助来访者发现有效解决方案的一个方式是帮助来访者寻找并探究过去对于类似问题的有效解决办法。这是典型的财务咨询和规划方法之间的根本不同。从本质上来看，SFT 方法要求来访者探究他们的个人历史并非为了寻找问题实例，而是为了寻找过去解决问题的实例。成功的模式一旦被发现，这些"解决办法"将得到更加详细的探究。当来访者做得不错时，SFT 就假设来访者已做的或者正在做的将会一直持续下去。治疗建议就是让来访者继续做更多同样的事情。换言之，若来访者能以一种有成效且积极的方式行事或思考，那么通过更多地做那些行之有效的事情，来访者将获得与这些态度和行为相关的优势。

改变是困难的。正是因为改变的艰难，所以 EFT 鼓励来访者慢慢来，从微小的改变开始。来访者得到鼓励并做出微小的改变，就能为那些将要实施的改变增加可能性。让来访者看到自己正在做出的改变也是有帮助的，SFT 的设想就是鼓励来访者做出更多微小的改变，日积月累，它们将逐渐汇集成更大和更多的改变。另外，当来访者看到微小的改变有效时，他们可能也会倾向于接下来做出更进一步的改变。

有时，来访者无法取得有意义的进展，以实现他们的目标。来访者没有进

第 8 章
焦点解决财务治疗——焦点解决疗法视角下的财务治疗

步可能是由徒劳无功的想法、行为或情绪导致的。有时，没有进步是囿于资源的可用性。SFT 的一个关键假设是，如果来访者不能改变他们的行为，他们将维持现状。例如，只增加来访者可获得或可使用的资源，来访者的状况只能得到暂时改变。SFT 把行为的长期改变作为目标，达成这一目标的决定因素，与获得新资源没有必然联系。SFT 治疗师花费大量的时间帮助来访者进行自我反思，并且评估其阻碍自己行为改变和目标达成的各种行为方式。SFT 治疗师要求来访者持续寻找当前行为的替代性方法并鼓励他们运用有助于实现目标的技术。来访者常常一成不变地面对某个问题。实际上，这种思维方式会经由传统的财务咨询、理财规划数据收集和分析技术进一步巩固。结果就是许多来访者很难意识到还有其他替代性方法。SFT 假设一定存在没有问题的时刻。每个来访者都有满意和平静的时刻。在 SFT 的情境脉络下，SFT 治疗师鼓励来访者找到在他们的生活中某个具体问题没有出现的时刻。来访者一旦确认了没有问题发生的时刻，就能够识别出那个时刻他做的有什么不同，识别出他周围的环境有怎样的不同。一旦识别出这些差异，来访者就可能尝试重新创造体验。

这个概念看似简单，但来访者很容易就想起过去面对问题的时刻。一个经典的管理技术是请来访者列出他们的优势、劣势、机会和威胁，即 SWOT 分析法。通常做 SWOT 分析时，大家会列出一长串的劣势和威胁，让其回想过去的正向行为和状况以及未来的机会则相对困难。SFT 鼓励来访者专注在过去发生的好事情上，然后通过记忆和讨论，确定那时发生了什么从而让情况变得积极。例如，来访者正在经历食品短缺，可能回忆起 5 年或 10 年前发生过类似的状况。这个记忆的正向意义是来访者曾经渡过难关。来访者那时可能在一家食品供应站做志愿者，并且了解到自己的状况没有社区其他人面临的状况那么糟糕。另外，他们可能获得了额外的资源，帮助他们解决了自己的短缺问题。反思过去，来访者能够确定他们可能再次使用的策略，从而应对当前的挑战。SFT 帮助来访者明白一个基本事实，即他们的确拥有才能、能力和天赋，而这些在过去帮助他们克服了很多困难。关注复制正向面，而非一味地考虑消极面，能够帮助来访者朝向目标前进。

技术与干预

SFT 的关键技术包括：识别并认可会谈前的改变，讨论过去的努力，奇迹问句，建立目标，刻度化询问，赞许来访者，治疗师的好奇、谦逊，建立合作性治疗关系。通常而言，只是预约首次咨询就能帮助来访者做出改变，这被称为会谈前改变。初始咨询阶段一开始，SFT 治疗师就询问来访者是否有任何改变，包括预约后发生的小的改变。在初始咨询阶段识别咨询前改变（即使改变微不足道），也能够使来访者更相信改变可以发生。早期治疗也会讨论来访者过去解决问题或者改变问题的努力。重要的是，治疗师要了解来访者尝试过什么，以及什么是有效的、什么是无效的。如此，小的行之有效的事情就可以被扩大，这有助于其找到解决方法。这是由来访者驱动的合作过程。换言之，治疗师的任务是鼓励来访者做更多有效的事情；但是，如何界定有效性，通常由来访者决定。

> 来访者对奇迹问句的回答能够帮助他们发展短期、中期和长期的目标。

奇迹问句 采用 SFT 技术的治疗师应避免使用指导性或解释性的沟通方式，而是主要采用提问的方式。SFT 治疗师很少会罗列待做事项清单或者描述具体的行动步骤。取而代之的是，治疗师聚焦于询问、诠释、鼓励来访者和提供来访者没有看到的资源信息上。影响 SFT 过程的关键步骤是"奇迹问句"。其目的是帮助来访者描绘出，如果"奇迹"发生、一夜之间所有问题都解决了，那他们的未来生活图景会是怎样的。奇迹问句之后的提问是帮助来访者理解奇迹会令来访者的生活有何不同。另外，对奇迹问句的回答提示了来访者，生活中的重要他人（如父母、朋友、重要他人、孩子等）会如何注意到来访者的改变。

来访者对奇迹问句的回答能够帮助他们发展短期、中期和长期目标。在SFT中，目标对来访者而言必须是重要的。重要目标指的是来访者必须在当下和未来都会持续关注其想要为之做出的改变。来访者的目标应该是具体、可实现和可测量的。通过持续反复地聚焦于来访者的目标，而非过去或当前的问题，来访者能够维持更高程度的改变动机。简单而言，与聚焦于看起来不可逾越的问题相比，在使用SFT原则时，来访者将表现出目标实现的高动机水平。

刻度化询问　　刻度化询问是SFT最常用的技术之一，因为它的使用方式可以很多样。刻度化询问是用来建立目标相关性，并且通过来访者的视角或从来访者的角度衡量目标实现程度。例如，治疗师询问来访者："如果对你的金钱管理给一个从0到10的分数，0表示你完全不能管理你的金钱，10表示你能很好地管理你的金钱，你觉得自己当前的资金管理状况可以打几分？"当使用这些问题的时候，刻度指标从0到10，分值越高表示来访者在这个领域越成功。部分治疗师更喜欢使用从1到10的刻度指标，这取决于治疗师的个人偏好。

刻度化提问有利于追踪目标实现程度。如果分值提升，则应该对之加以强调，并且研究是什么带来了提升；如果分值变低，也应该研究退步的原因。最重要的是，治疗师始终要抓住来访者的积极特征。例如，治疗师询问来访者其对制定预算的进展情况打几分，分值从0到10，0表示来访者没有制定预算，10表示来访者已经制定预算并在现实中成功运用。在之前的会谈中，来访者的评分为5，但是在接下来的会谈中，评分为3。这给了治疗师一个机会去帮助来访者发现退步的原因。治疗师可以通过以下方式提问："为什么你给了更低的评分？"或者"是什么阻碍了你这周的评分有所上升？"治疗师在探究退步原因时候的措辞要谨慎。以上两个询问示例可能会强调过去负向行为和态度，这与焦点解决疗法所用的方法背道而驰。临床研究表明，兼具有效性和朝向解决的提问方式是："如果你的评分是 3，那么是什么让你没有评分为 1 或 2 呢？"如果来访者说出的分值更低，如 0 或 1，那就转而询问来访者可以为分值提升做些什么？询问示例可以是："如果让评分提升 0.5，你可以做些什么吗？"而不是让来访者去关注负向事件。这些提问可能让来访者承认意识到他们的状况原本可能更糟，或者他们利用自己的优势实现了一些小进步。另外，根据定义，来访者的回答也会包括行为的积极方面。正是这些行为让来访者找到"解决方案"成为可能。

赞许来访者 在强调来访者进步的时候，治疗师可以而且应该运用赞许的方式。当来访者面临艰难的任务或安排的时候，治疗师也可以给予赞许，从而为来访者提供支持。赞许应该有意义、贴合情境并且真诚，可以在治疗的任何一个阶段使用。重要的是，要在 SFT 框架内概念化赞许。治疗师不必说："你穿的鞋子很漂亮。"而是可以说："哇！真不可思议，你能够完成一项庞大的工作任务，即使在这个过程中你一直感到很焦虑。"这就让治疗师有机会和来访者进一步探索，来访者在感到焦虑的同时是如何完成任务的，更确切地说，是来访者做了什么不同的事情帮助自己完成了这个任务。

> 赞许应该有意义、贴合情境并且真诚，可以在治疗的任何一个阶段使用。

在来访者出现退步的时候，治疗师依旧应该给予赞许。如果来访者的评分是 3 而不是 5，治疗师可以询问来访者是如何做到让分值不落入 1 或 2 的。也就是说，治疗师应该把一个失败的结果重构为一个积极行动。这种方式的目的是赞许来访者即便面对逆境，也一直在坚持。一旦来访者注意到他们一直在避免落入 1 分，治疗师则赞许来访者的技能和能力使他们没有落入更低的分值。赞许应该总是有助于强化来访者行之有效的行为。

好奇　SFT 的一个重要特征就是治疗师在面对来访者时保持好奇、谦逊和合作的立场。治疗师的好奇表明他们期望更加了解来访者。谦逊的治疗师既不评判也不试图假设来访者的根本问题或者来访者正在面临的问题是什么。这个立场有助于治疗师创造一个对来访者保持真诚兴趣的氛围，也有利于在赞许和鼓励中给予来访者真诚的肯定和支持。让人们进行积极的谈论将有助于他们积极地思考并最终采取积极的行动。这个信念呈现的就是咨询师在与来访者工作时扮演的部分角色。

值得注意的是，对于许多财务治疗师而言，真诚的好奇是 SFT 最难的部分。几乎所有的理财从业者接受的培训都是收集来访者的资料、分析资料并给出可行的建议。这个方法论假设，财务顾问知道或者通常知道某个特定问题或询问的答案。持有 SFT 理念的人否认这一假设，即否认财务顾问总是（或者几乎总是）知道来访者问题的正确解决之道。当然，财务顾问心里也许有些想法或解决方案，但是在 SFT 框架内，这些是提议而非正式建议。正是咨询师的好奇允许来访者形成独特且对其而言行之有效的解决方案。来访者和治疗师往往有相似的解决方案；但是，因为解决方案几乎总是由来访者制定的，所以来访者实施的可能性更大。当一个解决方案是来访者自己的想法时，这个想法更有可能得到实施。

> 当一个解决方案是来访者自己的想法时，这个想法更有可能得到实施。

合作　焦点解决疗法财务治疗师必须具备合作性并且利用来访者 – 中心的方法，避免自诩为专家。这就要求财务治疗师信任来访者是自己生活、态度和行为的专家。财务治疗师的作用是指引，而非告知来访者应该做什么。虽然焦点解决疗法认为来访者是自己问题的专家，但在必要时，有益于来访者的心理教育和工具也会被合理运用。来访者 – 中心的方法帮助财务治疗师适应来访者的个体情况、愿望和需求，而非使用"一刀切"的计划或方法。调频到来访者的需求或愿望让财务治疗师可以倾听并理解来访者的问题，然后与其共同制定解决方案。能够让治疗师与来访者"调频一致"的部分技术包括积极倾听和理解来访者独特的观点，这可以促进建立稳固的咨访关系。SFT 的这一方面在精神健康工作领域常被称为连接。

SFT 在财务治疗中应用

堪萨斯州立大学（Kansas State University，KSU）的一组研究人员已经检测了 SFT 在财务治疗情境中的适用性。这个团队创立了被称之为焦点解决财务治疗（Solution Focused Financial Therapy，SFFT）的疗法，这种疗法整合了 SFT 的原则和方法与财务咨询技术。《焦点解决财务治疗培训手册》（*Solution Focused Financial Therapy Training Manual*）是一本培训临床工作者如何使用该疗法的手册，以确保 SFFT 技术运用的一致性。这本手册以《个体焦点解决疗法手册》（*Solution Focused Therapy Treatment Manual for Working with Individuals*）为基础。手册的目的是指导临床工作者如何实施三个阶段，完整的过程包括 3～5 节会谈，会谈次数取决于来访者的状况。手册概述的方法允许依据每个来访者的需要决定治疗时长和次数。

> 总体而言，来访者认为他们的财务健康、财务行为得以改善，财务知识得到提升，与此同时他们的临床痛苦和抑郁症状也有所缓解。

8 位年龄为 18～34 岁的大学生志愿作为来访者来参与临床研究。来访者参与 3～5 节会谈，具体取决于来访者的需要。临床研究的问题是从缺乏关于投资的方法到想要了解更多，以便有足够的钱支付账单。来访者经历前测、最后一节会谈结束时的后测以及 3 个月后的跟踪测评。总体而言，来访者认为他们的财务健康、财务行为得以改善，财务知识得到提升，与此同时他们的临床痛苦和抑郁症状也有所缓解。因为初步研究采用小样本，所以不能确定其具备统计学意义，我们还需要进行更多的研究来证明 SFFT 对多样性样本的有效性。接下来我们讨论 SFFT 方法的要点。

阶段一

SFFT 的第一个阶段包括来访者初始会谈（第一节会谈），目标是与来访者建立融洽的关系、确定目标、识别可能的解决方案并鼓励来访者识别其个人优势。这个阶段的 SFT 技术包括：连接；讨论问题的历史历程；咨询前改变；奇迹问句；刻度化提问；目标设定；赞许。连接，也就是与来访者建立信任关系。它有多重形式，但通常是从临床工作者了解来访者，尤其是从了解来访者前来咨询的动机开始的。临床工作者通常在会谈之初这样介绍自己："感谢你的到来。你在不了解我的情况下选择了我，所以我很感激你今天来见我。"在这里，临床工作者常常会向来访者介绍他的观察（如果可行）。其他促进连接的问题包括但不限于以下句型："是什么促使你来到这里的？""你期望今天的会谈达成些什么？""我应该了解些什么，对我们一起工作会比较有帮助？"另一个有用的询问是："那，我们怎么样才能知道，我们今天的会谈是成功的？"连接，是一个持续的过程，贯穿整个会谈过程，如前所述，临床工作者需要一直保持好奇的立场，并且使用反思性倾听技巧。

一旦连接开始，临床工作者就可以进入评估历史问题解决方式，回顾来访者过去解决类似状况的各种努力。临床工作者可能询问："你觉得自己过去曾经做过的什么事情可能会对当下的情况有所帮助？"其他可使用的问题包括："过去你经历过类似的问题吗？""麻烦跟我说说，在过去解决问题的过程中，你得到了哪些帮助？"这些问题帮助来访者反思他们可以如何使用过去的解决方案来解决当下的问题或议题，而不是过度聚焦于问题本身。

会谈前改变是指首次约谈之后，来访者常常会体验到行为改变或认知改变。会谈前改变包括在财务治疗开始前，来访者在管理或感知环境上有微小改变。临床工作者会询问："从你首次电话预约之后，你注意到自己的情况有什么变化吗？"SFFT 手册建议，在这个问题之后进行刻度化询问，例如，"如果 0 代表你在首次约谈时的位置，10 代表我们的工作圆满结束，你认为你现在在哪个位置上？"接下来的刻度化询问可以是："分值达到多少的时候就表示你已经实现了自己的目标？"或者"为什么你给的是这个分值（来访者的评分），而不是另外一个分值（一个比来访者评分低的分值）？"通过进一步鼓励来访者继续做出更多类似的改变，临床工作者的角色就是推动来访者思考他们曾经做过什么带来了改变，并以此作为实现来访者目标的一种方式。

奇迹问句是 SFT 技术的标志。奇迹问句是帮助来访者确定目标的一种方式。通过一个特定的问题或一组问题，奇迹问句帮助来访者避免纠缠于问题之中，而是想象没有挑战时其生活会是怎样的。刚开始接触焦点解决疗法的治疗师在使用奇迹问句的时候会遇到困难或者感到棘手。斯蒂斯（Stith）等人给出了奇迹问句的最佳实践方法。在 SFFT 中，临床实践者通过如下的描述或类似的表达来使用奇迹问句，以下是德·沙泽尔等使用过的方法：

> 让我们想象一下，今天我们在这里谈话，之后你离开并和平常一样度过一天。在这一天里，你继续以往的生活，和平常没什么两样。从我这里离开后，你回到家，也许看电视，也许做任何你一般在晚上做的其他事情。之后，夜色越来越浓，你感到累了，就上床休息了。你感到舒适自在，然后慢慢睡着了。可能你无法觉察，但是你越睡越沉，睡得很香。你既不觉得太热，也不觉得太冷。夜色入半，你平静安定。由于某种未知的原因，你内在深处的有些东西发生了一点变化。我不确定那是什么，或是智慧或是自信，或是别的什么，但是有些东西变化了。奇迹发生了。这个奇迹不是别的，就是今天让你来到这里的财务行为或态度消失了……但是因为奇迹发生的时候你正在睡觉，你不知道奇迹发生了。【停顿】所以，第二天清晨你和往常一样醒来时发现，奇迹在一夜

第 8 章
焦点解决财务治疗——焦点解决疗法视角下的财务治疗

之间发生了,让你来到这里的问题消失了。你醒了过来,而且焕然一新。你起床并如常地开始新的一天。

一旦描述完奇迹场景,临床工作者接着问:"你是怎么知道奇迹发生了的?"对这个奇迹问句的回答应该限定在与财务议题有关的过程或心理动力(如情绪、思考、关系,譬如"在购物之前我会仔细考虑这件事情了"或者"我感到轻松了")上,而不是内容(如我没有需要支付的账单了)上。临床工作者的角色是鼓励来访者尽可能详细地描述,所以可以继续询问下去:"在购物之前,如果你仔细考虑这件事情,你感觉如何?"或者"这样做之后,你的感受与之前有什么不同?"对奇迹问句的回答常常指向来访者能够实施的具体且有意义的解决方案,有助于迅速解决财务问题。后续可能的询问包括:

- 醒来之后,你首先会注意到什么?
- 你打算用钱做点什么样不同的事情?
- 你怎么知道事情变好了呢?
- 你如何发现事情有所不同了呢?
- 你的家人会注意到你有什么不同吗?
- 你生活中的其他人会注意到你有什么变化吗?
- 还有没有其他事情变得不一样?

对于 SFFT 新手而言,奇迹问句会比较困难。这个困难源于临床工作者必须相信来访者"愿意跟随"这个练习。另外,为了更有效,临床工作者必须相信练习有用。好在大部分临床工作显示,无论来访者的人口统计学背景或问题表现是怎样的,他们都能坦诚地以这种方式探究解决方案。有时候也会遇到其他困难,因为奇迹问句的设定必须恰当,这样来访者才能够想象其生活中实际上发生奇迹的情景。询问的方式也不应太过突然。没有一个恰当的会谈性的过渡,就要求来访者回答奇迹问题,来访者可能会觉得讨论这样一个议题相当

心理咨询中的财务议题

古怪。

询问问题的时机很关键。恰当的节奏是提出奇迹问句而不让会谈显得贸然草率。关于如何恰到好处地提出奇迹问句，斯蒂斯等人总结了几个要点。除了在恰当的时机引入询问问题之外，他们还给出以下建议：临床工作者提出奇迹问句的方式是没有预期或者指定奇迹可以被确认或应该被确认；以一种缓慢、从容和生动的方式询问；询问后续的问题；如果来访者在奇迹问句的过程中提出一个问题，不要试图解决问题而是做个标记，等奇迹问句完成后再行处理；交互性进行奇迹问句。最后一个建议指的是让伴侣或者家庭一起形成共同一致的奇迹情景，而不是关注个人的奇迹情景。

在阶段一中，临床工作者会为来访者布置财务家庭作业。布置财务家庭作业要基于每个来访者的具体情况，其内容包括获取信用报告、追踪消费记录和记录购物时的感受。SFFT手册建议来访者从第一节会谈开始对其消费进行记录，并持续4周。手册也建议，来访者从评估信用报告开始收集财务信息。记录持续的周数取决于每次会谈所布置的家庭作业的多少、某个练习或作业的要求遍数。例如，如果来访者的会谈是2周一次，那么可以布置在第1次和第2次会谈之间追踪消费记录这个作业，并持续4周。财务家庭作业应该是合理而且可执行的。布置过量的家庭作业会令来访者厌烦，如果家庭作业太多，那么来访者很有可能放弃。重要的是，临床工作者要明白，家庭作业是一个工具，而不是什么分级作业。

大多数SFT治疗师常常使用的一个方法是观察，第三个人（观察者）通过实时视频和单面镜观看临床工作者和来访者正在进行的工作。在会谈快要结束的时候，临床工作者会稍事休息，和观察者碰面。当然，来访者完全知晓此事。观察者帮助临床工作者发现来访者自身的优势，以便找出赞许来访者的方式。观察者的角色非常重要，因为观察者能注意到临床工作者不易识别的模式和动力。这不是说临床工作者缺乏技能，而是因为观察者不会受到来访者 – 临床工作者关系之间人际动力的影响。SFFT 鼓励设立观察者，观察者接受的培训与临床工作者大致相当，这使专业人员能以更加整体性的方式进行合作。但现实情况是，设立观察者的做法往往不太可行。这种情况下，可以使用其他的合作方式。例如，两个不同领域的专业人员和来访者一起会谈。另一个可能的方式是，和来访者工作的专业人员以讨论案例的方式向该领域的另一个专业人员咨询。无论使用何种方式，都应该遵从伦理标准。

阶段二

第 2 节至第 4 节会谈的形式类似，咨询师通过提问引出来访者的优势，并增加其责任感。这些会谈的目的是帮助来访者为生活的改变承担起责任，即使改变极其微小。会谈期间可以询问的问题示例如下。

- 跟上周相比，这周有什么不同吗？
- 你做了什么不同的事情吗？
- 你这周是如何尽力做到这个的？
- 有什么迹象可以表明，你做了更多对自己有益的事情呢？

关于改变的承诺、自信、动机，临床工作者可以并且也应该用刻度化询问来进行评估。例如，手册鼓励临床工作者询问："如果从 0 到 10 进行评分，0 代表你不愿意做任何改变来解决这个状况，10 代表你愿意做任何事情来解决问题，那你认为自己现在的分值是多少？"在类似的刻度化询问之后，可以接着询问以下问题。

- 从 0 到 10 的哪个分值会让你觉得自己愿意努力做出改变？
- 你如何知道自己愿意努力做出改变？
- 为了表示你在努力做出改变，你将做些什么？

接下来，财务治疗师根据这些问题，回顾之前布置的家庭作业。第 2 次会谈布置的家庭作业是建立自有资产负债表。这可以帮助来访者确定自己的资产并确认他们的财务负债。第 3 节会谈的家庭作业是确认收入来源，评估所有的负债。第 4 节会谈的家庭作业是制定预算。这些家庭作业在本质上是为纠正现有问题而设计的。对于面临传统的理财规划问题和担忧的来访者，治疗师应该给他们布置不同的家庭作业。例如，来访者担心他们的储蓄不足以应对退休后生活，家庭作业可以是要求来访者从当前和过去的雇主那里获得退休计划。

阶段三

第三个阶段的目标是结束治疗。第 5 节会谈可能是最后一节会谈（由来访者和临床工作者共同决定），包括以下几点：回顾来访者之前的家庭作业；评估来访者之前确立的目标，除了赞许来访者的成效之外，还需进行刻度化询问；聚焦来访者正在取得的进步，记录其从这个过程中学习到的内容。另外，手册提倡，临床工作者询问的目的是帮助来访者制订、维持计划，识别未来可能的退步，并用头脑风暴的方式应对那些退步。

采用 SFFT 方法的临床工作者应该具备丰富的从业知识，包括擅长的财务治疗领域及与之相关的工具、技术和 SFT。临床工作者所接受的财务培训类型决定了他更适用 SFFT 治疗哪种财务状况类型。例如，具有财务咨询背景的临床工作者更擅长处理破产、预算和债务偿还等问题。具有理财规划背景的临床工作者能够应对更加复杂的情形，如组合投资管理、退休与房地产规划和家庭资产转移。如果精神健康临床工作者具备个人财务方面的基本理论背景，那他们可以处理更多的财务议题，如资金管理、金钱脚本或金钱冲突治疗。由于不同领域的从业者拥有截然不同的技能，临床工作者可能发现与不同领域的专业人员合作更有帮助。换言之，财务专业人员可能发现与熟稔 SFT 的精神健康临床工作者合作会很有帮助；精神健康临床工作者可能发现与在财务议题上拥有深厚专业知识的财务临床工作者合作很有帮助。

案例研究

本小节将介绍 SFFT 手册在传统理财规划问题上的基本应用。SFFT 方法也适用于诸多财务议题，无论是传统的财务咨询、心理治疗，还是财务教练。

↘ 背景

特伦斯（Terrance）是一位 44 岁的已婚男性，有两个十多岁的孩子。与许多来访者不同的是，他面临的并非财务危机，而是财务机遇。特伦斯最近被提升为公司的副总。随着职位的提升，他的薪水大幅度增加。这就意味着他的妻子现在可以辞掉她的兼职工作，以便能有更多时间和孩子们在一起，这意味着长期以来的家庭目标得以实现。

↘ 主要问题

人生中第一次，特伦斯决定寻求财务专业人员的帮助。他对传统的理财顾问持怀疑态度，所以开始在网上寻找其他类型的财务协助。他搜索到财务治疗协会的网站并找到当地可提供财务治疗的机构，随后进行了预约。而该临床工作者使用的就是 SFFT。

↘ 案例概念化

特伦斯多年来一直加班工作，他的付出终于收获了职位的晋升。特伦斯增加的薪资足以弥补妻子辞职带来的损失。但是，家庭的支出也增加了，而且特伦斯发现自己很难为退休储蓄。除了退休储蓄之外，他还想要有足够的储蓄，以便即使他失业，仍然可以应付至少 6 个月的家庭支出。他为家庭的财务前景担忧却不知道自己该怎么办。下面的讨论突出了财务治疗师和特伦斯是如何使用 SFFT 来解决退休储蓄问题的。

↳ 干预

下面的内容是发生在 SFFT 临床工作者和特伦斯之间的对话，选自他们的第一次会谈，展现了 SFFT 的部分干预方式。临床工作者以下简称"临"，特伦斯以下简称"特"。

临：幸会，特伦斯！我们开始吧。今天我们的会谈时间会很短，我会尽可能让会谈高效而愉悦。请告诉我，在结束今天的会谈时，我怎么能知道今天的会谈对你是有效的呢？

特：很简单。我最近升职了，我向福利管理部门了解了一下对我来说可行的退休选择。你知道，我就是希望有足够的钱开始计划退休后的生活。如果你能就如何启动退休计划给我一些建议，我认为今天的会谈就很有效了。

临：恭喜升职！你的公司领导一定很欣赏你。

特：是的，我想他们确实如此。

临：好的，所以你就是想制订一份退休计划，是吗？

特：是的。我爱我的公司。但是，有一个问题。我现在年薪 20 多万美元，但是在福利管理人员看来，我的存款还不足以让我考虑退休计划。

临：稍等，先让我确认一下。升职让你能赚到更多的钱，然而你发现自己仍然很难为退休做好储蓄准备，对吗？

特：是的。更糟糕的是，我之前的收入仅是我当前收入的一小部分。

临：那个时候是多少？

特：有点惨，5 年前我的年薪是 45 000 美元。

临：这没什么惨的啊。你的收入在 5 年内增加了四倍以上，说明你有才华、能力和意志，而且你一直在努力进取，这让自己梦想成真。

特：我从没这样想过。但即便真的像你说的这样，我也还是没有足够的收入来启动退休计划。实话告诉你,我对这个问题感到越来越沮丧。我不知道我还能努力工作多久、能赚多少钱。如果20万美元还不足以让我开始制订退休计划,我不知道我还能做什么。也许我应该放弃规划未来,只顾眼前。

临:让我对这个问题多一些了解。我可以问你一个看似有些奇怪的问题吗?

特:当然。

临:好的!假如用0~10为你的退休计划打分,0分代表制订退休计划一点不重要,10分代表它极为重要。那你为制订退休计划的重要性打多少分呢?

特:8分。

临:8分。看来,制订退休计划对你来说非常重要。我接下来要问的是,为什么不是7分?

特:我和妻子还有20年才退休。如果我们现在不为退休储蓄,我们将来只能依靠社保金,说实话这让我们难以接受。如果我把分值降低,就意味着我在否认现实。是的,8分,就是我现在的状况。

临:嗯,了解了。你是否愿意回答另一个奇怪的问题呢?

特:没问题。

这时候,临床工作者描述了一个奇迹问句的场景,请特伦斯描绘一夜之间发生的奇迹。这时,特伦斯回答道:"奇迹,那当然是,我的退休计划奇迹般地资金充足了,我再也不焦虑了。"

来访者的回答往往是非现实性的,他们常常做出类似于特伦斯的回应,或者来访者说他们中彩了,临床工作者可以保持沉默,等待着来访者给出一个更加现实的回答或陈述。然后指出:"这个问题很难,所以请再花些时间想想。"

心理咨询中的财务议题

或者"我们只能处理可能的事情。"用这些方法帮助来访者聚焦过程而非内容。在这种情况下，临床工作者可以进行如下的提问。

临：我们只能处理可能的事情。虽然人们每天都要应对财务问题，但是我可以说的是，很少有人会中彩，而醒过来后发现他们的退休金充足就更难实现了。

特：我知道啊，但你问的不是一个奇迹吗？

临：嗯，是的。你说到自己将不再担忧，那你周围的人怎么知道你的担忧消失了？你做事的方式会有不同吗？

特：我不确定除了我妻子以外，其他人是怎么知道我不再担忧的。

临：你的妻子怎么知道你的担忧消失了？

特：嗯，可能我晚上睡得更安稳了，人也不再那么紧张了。

临：好的！还有什么能让你的妻子知道你的担忧消失了？

特：我可能不会对她那么暴躁或不客气了。

临：好的。如果我的理解没错，那时你会睡得更好、不再那么紧张，并且不会再向你的妻子发脾气？（特伦斯点点头，认为临床工作者的理解是正确的）我可以询问另一个刻度化的问题吗？

特：当然。

临：如果用0到10分来打分，0分是奇迹根本就没有发生，10分是奇迹彻底实现，当前你对奇迹发生的评分是多少？

特：很难回答。我猜，大概是1分吧。

临：1分啊，真的吗？怎么不是0分呢？

特：嗯，我已经开始考虑退休储蓄计划，并且我会从你这里获得帮助。

临：是的。的确如此。那些都有助于你实现制订退休计划的目标。现在,你需要做些什么事情,可以让你的评分在这个基础上提高0.5分或1分?

特:嗯……让我想想。(停顿了一会儿)我想我们可以存些钱,哪怕只是一点点。我想要有足够的储蓄,这样我和妻子就能够开始退休计划,同时也不用牺牲当下的生活。

临:好的,为了提升0.5分或1分,还有什么是你可以做的吗?

特:我可以开一个应急资金的储蓄账户。如果有这样一个储蓄账户作为缓冲,我们就能够一步步推进退休计划了。

临:所有这些事都有助于你的评分提升0.5分或1分。你觉得,在我们下周会谈前,你是否可以完成其中的一件事呢?

特:嗯,我想有一件事是我确定可以完成的,就是开储蓄账户,这个我可以轻松地做到。

临:太好了!就是说,在下次会谈前你会开好储蓄账户。现在,让我们再次回到分值上来。多少分意味着局面是你可掌控的?

特:我觉得是8分。

临:好的!那,当这个分值是8分时,你觉得会是什么样的?

特:我很想走到福利管理人员旁边,轻松自在地坐在那里,说我能够为退休存上一笔数目客观的钱了。

这时,第一节会谈接近尾声,临床工作者给特伦斯布置了家庭作业。家庭作业之一就是开设应急资金储蓄账户,这是特伦斯承诺在第一节会谈和第二节会谈之间完成的事情。此外,也可以布置其他家庭作业。例如,临床工作者可以要求特伦斯在第二节会谈之前梳理一些财务情况的具体细节,包括家庭的现金流,从福利管理人员那里了解并评估退休储蓄要求。接下来的对话截取自第二节会谈。

临：我想知道，你和你的家庭以前也总在储蓄问题上遇到困难吗？

特：不是的。你还记得我们上次的会谈吗？当时，我告诉你，以前我每年的收入是 45 000 美元。当会谈结束，我开车回家的时候，我开始思考，我们以前是如何做到收支平衡的。

临：我也有一样的疑问。以前，你当时赚 45 000 美元的时候，你们反倒能够存一些钱？

特：听起来有点奇怪，但事实是，我们那时实际上存的钱比现在多。但这更让人沮丧，现在的钱都跑哪儿去了？

这时，临床工作者和特伦斯开始一起检查现金流量表。临床工作者利用其专业技能指出，税单和其他代缴税额上涨了，其他费用也增加了，包括与新的职责相关的那些费用。这个探索练习打开了 SFFT 特有的机会。下面我将对此进行说明。

临：让我们回到 5 年前。你说，你们那时一直在存钱，即使你赚得比现在少。那么，那时你们是怎么做的，让你们能够一直存钱呢？

特：这或许是个很容易回答的问题。因为那时我们的钱不多，所以我们花得也不多。

临：可以对这个花费情况说得更具体些吗？

特：比如，那时我们的有线电视费仅按照基本收费标准缴纳。

临：现在呢？

特：升职以后，我就把电视换成 54 寸的了，而且我把所有房间的电视都升级了收费标准，这样我们就可以收看更多的电视节目。

临：听起来很不错啊！那每个月需要缴多少钱呢？

特：嗯，大约 200 美元。

第 8 章
焦点解决财务治疗——焦点解决疗法视角下的财务治疗

临：接下来我会问一下不太好问也不太好答的问题，所以你可以想想再回答。如果把 5 年前和现在你看电视的体验做个对比，现在你的体验是一定程度上比以前更好了吗？

特：毫无疑问，现在好太多了。

临：如果每个月的费用是 150 美元，每年就是 1 800 美元，考虑到这一点你觉得自己的快乐体验跟前面表达的一样吗？

特：如果你这样说的话，那我还真不是很确定。

临：那 5 年前，还有什么不同的呢？

特：嗯，我们很少出去吃。

临：还有吗？

特：升职以后，我参加了俱乐部。这笔开销以前我们是没有的。

临：是你的工作需要你成为一家俱乐部的成员吗？

特：不是的。只是我觉得我应该小小地奢侈一下，既然我的确赚了些钱。

临：还记得我们的首次会谈吗？

特：记得啊！

临：在那次会谈中，我曾经问你，我们怎么能够知道我们的会谈是成功的。你还记得自己说的吗？

特：我想我说的是，就如何开始我的退休计划给一些建议，诸如此类的话。是这样吧？

临：是的。实际上，你已经解决了你的问题。

特：解决了？不明白你的意思。

临：在上一次会谈中，因为没有足够的现金为退休计划储蓄，你感到压力很大。在今天的会谈中，我听了你说的话之后，我觉得你有好几种方法可以把每个月的储蓄从 200 美元增加到 500 美元。

特：或许你是对的。

临：我真的很感慨。

特：感慨？感慨什么？

临：你在 5 年前赚得更少，但那时你是快乐的。现在，你赚得更多，却更有压力了。如果你继续做那些过去你快乐的时候做的事，你觉得如何？

特：你的意思是，像 5 年前一样消费吗？

临：也许可以试试呢！如果你能睡得更好，能不再那么紧张，并且对你的财务状况更能掌控，那你是否愿意削减一些消费呢？当然，你赚的钱够多，偶尔挥霍一下也没有问题。你只是需要放松放松。

> 精神健康和财务临床工作者可以共同合作使用该方法。

↳ 结果

根据练习的类型，特伦斯和他的咨询师可能继续会谈，以找到削减支出、存钱并为退休储蓄的具体方法。他们之间的咨询关系也可能发展为处理其他财务问题。也有可能，特伦斯一旦确定解决方案，他们之间的关系就结束了。但无论哪种情况，应用 SFFT 手册中的方法都让他们取得了一定的成效：缓解了特伦斯的财务压力；确认了削减支出的具体方式；实施了目标导向的行为。

伦理考量

精神健康和财务临床工作者可以共同合作使用该方法，但也可以由一名专业人员使用。需要注意的是，财务临床工作者和心理健康专家遵循的伦理准则不同；但是，在使用 SFFT 方法时，信托标准是双方的基准标准。这就意味着，保密头等重要。医疗隐私法规定，精神健康临床工作者必须遵守严苛的保密规则。在大多数情况下，如果要公开讨论与来访者有关的治疗信息，需要得到来访者的签字认可。

未来方向

在财务治疗这个新兴领域，SFFT 很独特。它是首批从临床实践发展而来并得到了验证的财务治疗技术，并且对大多数的财务议题和问题的治疗都有效。SFFT 提供了一个循序渐进的过程，几乎可以嵌入任何一种财务治疗工作中，财务治疗师、心理治疗师、理财规划师和财务咨询师都可以使用该方法。

未来的临床方向需要确认 SFFT 的基本策略。美国中西部已经在个体和家庭治疗中开展 SFFT 的相关应用性工作。我们建议对财务治疗感兴趣的研究者可以针对现有问题使用不同的临床样本对 SFFT 进行临床评估并通过发表相关临床研究结果，让更多的研究者和临床工作者了解该方法的研究现状。

第 9 章

认知行为财务治疗
——认知行为疗法视角下的财务治疗

乔治·锅岛；布兰德利·T. 克朗茨

引言

认知指人处理信息时的心理运作，心理运作的结果是形成信念。在认知行为疗法（Cognitive-Behavioral Therapy，CBT）领域，治疗的目的是纠正个体负性有害、导致自我挫败行为的信念。考虑到财务信念是影响财务行为结果的核心要素，而 CBT 能够通过改变信念来消除负性行为，因此它可以为财务治疗实践及其研究提供有益的借鉴。本章探讨 CBT 技术在财务治疗领域中的应用，主要包括三个部分：首先，从 CBT 视角检视信念影响行为的相关概念；其次，梳理 CBT 方法，这些方法改变了导致自我挫败行为的负性信念；最后，探究如何使用 CBT 来治疗金钱障碍。

信念和行为的关系

CBT 的核心观点是，负性信念导致了自我挫败的行为。阿尔伯特·埃利斯（Albert Ellis）提出了 ABC 理论，对信念的发展做出了假设。本章将回顾埃利斯的理论，探究信念和行为的关系，并将其与财务规划的一般心理学理论进行比较。

> 财务规划研究发现，信念在影响个体行为方面扮演着重要的角色。

ABC 模型包括三部分，分别用大写字母 A、B、C 表示。首先，由字母 A 代表激发事件（activating event）。激发事件是个体的一次经历。其次，由字母 B 代表信念（belief）。信念是个体对激发事件的体验。最后，由字母 C 代表结果（consequence），指的是个体由此发展出来的信念在认知、情绪和行为上导致的后果。

值得注意的是，人们会经历相似的激发事件，但由此发展出的信念却多种多样，相应地也会产生不同类型的结果。在理财规划方面有一个关于退休储蓄和股票市场的例子。众所周知，股票市场的波动可能引发退休储蓄账户的投资损失。作为激发事件，市场波动和投资损失可能导致关于退休储蓄的不同信念和行为。有些人可能不为所动并继续投资，因为他们相信投资损失只是暂时的，投资市场将反弹。另一些人可能产生这样的信念，即退休储蓄不适合和股票投资挂钩，这个信念带来的行为结果是只储蓄不投资，如只进行定期的银行存款，这种方式虽然固定收益更低，但没有潜在的投资损失。而其他人可能认为，为退休而储蓄是个糟糕的主意，因为储蓄总是有损失。ABC 模型不会解释为什么类似的激活事件产生了不同的信念，而只是确认个体由激活事件发展出了某种信念。

财务规划研究发现，信念在影响个体行为方面扮演着重要的角色。在财务规划研究领域中，广泛应用的理论框架是计划行为理论。在这个理论中，目的和行为受到三种信念建构的影响，分别是行为信念影响态度、规范信念与社会标准有关、控制信念涉及任务的难易程度和自我效能。关于这一理论的研究实例有很多，如关于信用卡使用的研究和关于个体储蓄的研究等。此外，另一个十分重要的信念建构与控制源有关。控制源指的是个体如何看待他们能否控制影响自己的事件。内控的人相信他们自己能控制事件，外控的人认为他们无法控制事件。一项关于控制源和金钱管理行为的研究发现，关于控制源的信念与不同类型的金钱管理行为有关，内控的信念越强，财务行为越积极。

关于金钱脚本的最新研究也表明，财务信念和财务行为之间存在联系。某些特定的金钱信念与更低的资产净值、更低的收入、童年期更低的社会经济地位和更高的循环贷款有关。克朗茨和布里特发现，包括金钱回避、金钱地位和金钱崇拜脚本在内的与金钱有关的信念是紊乱的金钱行为的重要预测指标。这些紊乱的金钱行为包括强迫性购物障碍、囤积、病理性赌博及其他。

> CBT有许多技术可以改变自我挫败的信念，这些技术都可以应用于财务规划和财务治疗中。

正性的信念带来积极的行为结果，负性的信念导致不良的行为结果。CBT的目标之一是改变产生负性信念的认知过程，以此纠正不良的信念。CBT方法适用于财务规划领域，因为该领域也认识到，重要的关键信念影响行为。

认知行为技术

CBT有许多技术可以改变自我挫败的信念，这些技术都可以应用于财务规划和财务治疗中。CBT的开创者，如阿伦·贝克（Aaron Beck）和阿尔伯特·艾利斯，他们使用这些技术的目的是为了重构功能失调的认识歪曲。CBT的一些技术能够帮助人们重新评估自我挫败的信念，这些信念妨碍或阻止人们采取积极的财务行为；而另一些技术则不会试图改变负性的认知信念，而是把这些信念看作既定事实，应对策略是面对并解决它们。这些技术能够帮助人们体验到糟糕的财务状况，创造应对挑战情境的心态，并发展积极的策略和行为，以便应对、解决和改善他们面临的困难情况。来访者和治疗师可以在财务规划领域应用上述两种类型的策略，即认知信念重构和应对策略。

简而言之，功能失调的认知歪曲表明个体的思维与现实不符，该认知导致的行为阻碍了人们获得成功。例如，在财务情境下，一个功能失调的认知歪曲可能是个体认为自己太过愚钝，不能理解雇主提供的退休计划，因此没有参加雇主提出的退休计划，所以也就没有为退休储蓄。这种情况下，功能失调的想法是有关自己的愚钝信念，由此导致的自我挫败的财务行为是不为退休存钱。

重构功能失调信念需要经历一个过程，通过一系列的步骤来达成，包括以下几步：识别非理性信念；挑战非理性信念；验证非理性信念的有效性；创建替代信念；矫正行为。整个过程聚焦于问题，关注当下而非过去。虽然过去的某个激活事件发展出了某个信念，但焦点不是改变过去，而是重新解释过去的事件，以发展积极面对当下的态度。而且，个体在治疗师的帮助下自我评估思维过程，这个过程总体而言是一个积极主动且具有合作性的体验。

为了识别潜在的功能失调的非理性想法，自我监测自动思维或者记录作为家庭作业的自动思维日志可以有效地跟踪个体每天浮现出来的好的和坏的想法。从本质上来讲，金钱脚本日志是一个帮助来访者检查其想法、感觉以及与金钱有关的无意识思维模式的工具。来访者被要求对某些特定的财务情境进行识别，并在其中体验痛苦，识别情绪，然后问自己："此时，有什么与金钱相关的想法出现在我的头脑中。"在记录情境和情绪之后，来访者识别潜藏在情绪之下的自动化金钱脚本。接着，他们被要求创建一个替代性的、更切合实际的金钱脚本，并确定适应性的行为反应。这个过程包括以下几点：挑战自己，发现可替代的现实，使金钱脚本更加准确、有益或者更具有功能性；考虑与金钱脚本的对立面或相反面的各种可能性；考虑拓宽或重新定义金钱脚本的信念；与财务规划师或治疗师协商，以便帮助自己找寻或识别替代性的、更加准确的信念。

> 在财务治疗中，CBT利用自动化思维记录来识别、挑战并改变有问题的金钱脚本……

个体可通过自动化思维记录确认自己的潜在图式。在CBT中，图式即思维模式，个体可以借助图式组织他们的经验。图式可被认为是核心信念，人们

心理咨询中的财务议题

据此解释自己经历的事件及其对这些事件的行为反应。若图式或核心信念是功能失调的，非理性的自动思维歪曲就会发生。这些非理性思维导致情绪痛苦和问题行为。非理性自动思维歪曲包括选择性负性关注、伤害性夸大、有害的个人化和其他有问题的逻辑推理过程或不合逻辑的规则。

选择性负性关注是指只关注情境的负性方面，而忽视与该情境相关的潜在的积极因素。当检查自己的投资报表时，来访者经常会有选择性负性关注。一个投资账号通常包含多个投资项目，部分投资项目会有损失，而其他投资项目会有盈利。当从整体上评估账户时，如果个体只是关注损失，忽略盈利，就是一种选择性负性关注。这类选择性负性关注会导致自我毁灭性的投资决策，即个体会卖出亏损的投资项目，而明智的决策是继续持有甚至增持该投资项目。

伤害性夸大大多是由以偏概全、夸大或忽视重要性以及贴标签导致的。以偏概全是指过度推论。例如，一个人在某次购买过程中做出的选择不是最好的，因此过度推论，认为自己在这次乃至以后的购头过程中总是会做出糟糕的决策。当个体夸大负性因素或经验并忽视积极因素时，这种情况也会发生，类似于之前讨论过的选择性负性关注。当人们将某个选择性的负性标签夸大成全部整体性的负性特质时，这种夸大地贴标签的行为就是有害的。例如，一个人一直按时支付账单，但在一次支付延迟后就给自己贴了一个"从不按时支付"（bad with money）的标签。"从不按时支付"这个标签就是在单个事件的基础上进行了夸大。伤害性夸大会导致回避行为，包括忽略个人的财务现实或者过度回避风险。

> 非黑即白的反对金钱（anti-money）、反对财富（anti-rich）的信念和糟糕的财务结果相关，并且导致了诸多自我毁灭性的财务行为。

有害的个人化是指个体因为失败而自我谴责，但实际上导致失败的因素并不在其控制范围内。失败可能是由于非主观的其他因素或其他人的行为导致的。有害的个人化可能是有问题的个人化的事后诸葛亮，或者是对不合理的"应该知道"的期望，即使在既定情境下他已经尽其所能。例如，一个人购买了一个小工具，一个月以后，有一个新产品降价销售，而且这个产品比之前购买的小工具更好。在这种情况下，有人可能会责怪自己没有等待新产品发布，实际上，这个人不可能知道会有新产品发布。如果一个人能够识别出有害的个人化的错误立场，那么就可以不再将责任和过错指向自身。

其他逻辑错误的或不合逻辑的规则包括非黑即白的思维、读心术和预测未来。非黑即白的思维是指用一分为二的两极化方式看待情境、行为或他人，而不是以一种更具现实性的具有连续性的方式来看待。例如，非黑即白地反对金钱、反对财富的信念（如"金钱腐蚀人""富人是贪婪的""人们利用他人来获得财富""好人不应该在乎钱"等）和糟糕的财务结果相关，并且导致了诸多自我毁灭性的财务行为。

一旦认识到自动化思维的类型，就可以运用多种策略来检测和识别不正确的、无效的或自我挫败的自动化思维。首先，充分定义或量化信念术语非常重要。例如，需要充分地理解"财务成功"，以便能够做出客观评价。定义术语也为测量奠定了基础。例如，对于"财务成功"这个术语，判定财务成功的客观标准不必是全有或全无的现实，而是可以被体验为连续的目标。其次，需要同时检视对信念的支持证据和反对证据。对于功能失调的金钱脚本，通过对错误信念的假设进行演绎推理和归纳推理，个体能够自我评估信念的合理性，并针对信念为何可能是不真实的这一问题获得自己的解释依据。演绎推理着眼于确定事实证据；归纳推理着眼于可能成立的证据。典型的归纳推理过程包括概括、推广和一般性结论。例如，有人认为某个财务行为将会产生最糟糕的结果，但是发生最坏情况的可能性实际上微乎其微。归纳推理可以得出可能性极低的结论，那么最糟糕的结果就不可能发生。此外，列出某个信念的好坏两方面，以确认信念对自己是有益的还是有害的。另一个识别信念有效性的策略是在真实生活情境中进行检测。例如，财力有限的人可能会认为理财规划师只为有钱人服务。为了检测这个假设正确与否，个体可以设计一个试验——可以给很多的理财规划师和顾问打电话，询问他们这个假设是否真实。

> 当个体意识到非理性的自动化思维无效时，就可以发展出可选择的替代性信念来促进正向的积极行为的发生。

当个体意识到非理性的自动化思维无效时，就可以发展出可选择的替代性信念来促进正向的积极行为的发生。可选择的替代性信念是对已经发生事件的其他解释。以下面的情境为例，即两个熟人在街上相遇，但双方并没有打招呼。其行为背后的非理性的自动化思维可能是，不打招呼就意味着不喜欢。而可选择的替代性信念可以是，两个人或其中一个人很害羞，或者正全神贯注地进行思考，或者他们相遇的时候没有注意到彼此。

可选择的替代性信念是以更加积极主动的方式对环境做出的反应。习得这种应对的方法包括放松技术和正念。放松技术有很多具体方法，如通过改变一个人的身体状态来改变精神焦虑和忧虑。而有意识地放松紧张的肌肉和呼吸练习可以改变身体状态。想象是放松技术的另一个具体方法，在心中想象一个平静或放松的图像或经历来改善当下的情绪。正念致力于缓解过度思虑并关注解决方法。过度思虑是持续思考一个不利的情形，而没有把注意力放在应对或改善当前的情境、障碍或挫折上。精神被过度占据可以考虑使用转移的方法，把注意力从无法改变的不良情境中转移出去（diversion strategies）。

当可选择的替代性信念取代非理性的自动化思维之后，最理想的结果是积极行为取代自我挫败的行为。改变行为有时很简单，但有时行为改变也会把人们带出舒适区。在这种情况下，应对改变过程的技术可以结合诸如暴露策略之类的技术一起使用。暴露策略是循序渐进的或者强烈情感再现的过程。循序渐进可以通过划分任务实现，如在规划活动时把大任务细分为更小且更易实现的任务模块。再者，暴露策略可以使用真实或想象的刺激物。想象刺激方法包括

第 9 章
认知行为财务治疗——认知行为疗法视角下的财务治疗

角色扮演、心理想象、表演性想象。例如，若富有的金钱囤积者对花钱感到非常焦虑，就可以设计沉迷于按摩或购买某件商品的任务，它们常被视为引发焦虑的奢侈物。这个暴露任务可以首先以想象的方式进行，随着想象刺激物引发的焦虑慢慢消退，就可以使用真实刺激物，实施真正的行为试验。暴露策略可以降低个体对焦虑的敏感程度，适应不舒适的任务，从而发展出更加积极的改善总体生活质量的行为。暴露策略使用从 1 到 10 的等级量表来评估焦虑不安的程度，以此来测量个体对新行为的接受情况。可以运用放松技术，在想象和真实的情境中均可以使用这个技术，以降低焦虑程度。理想的情况下，在不断重复、想象和真实暴露试验之后，个体对新行为的适应程度将得到提高。

> CBT 可用以帮助有金钱行为问题的个人，包括罹患囤积障碍、赌博障碍和强迫性购物障碍者。

在理财规划师和财务治疗师的咨询和规划工作中，CBT 技术非常有用。在与因功能失调的信念模式而产生财务问题的来访者工作时，CBT 技术提供了一个结构化框架。通过咨询师和来访者之间具有合作性且积极主动的沟通，来访者经由自我评估过程和个人改变，其非理性自动化思维被识别、质疑，并被可选择的替代性信念取代，从而促进个体实施更加积极的财务行为。

用 CBT 治疗金钱障碍

在改善因自我挫败的信念而导致的财务问题方面，CBT 的有效性已经得到证明。在金钱障碍领域，CBT 可用以治疗囤积障碍、赌博障碍和强迫性购物障碍。每种障碍都可以被溯源到非理性信念。研究表明，CBT 是有一种有效的干预方式，用更加积极的信念取代错误的想法，从而减少紊乱的金钱行为，并改善个体的总体生活质量。

> 与囤积障碍相关的功能失调的非理性的想法使人们错误地将某种信念与物品囤积联系在了一起。

↳ 囤积障碍

从进化论的角度来看，获取物品是有意义的，它是为了确保可以得到足够的资源，而积攒物品的行为在本质上是人类本能的发展结果。但是，当节约行为变得极端并且毫无实用性目的时，这类行为就适得其反并且构成了问题。囤积障碍的行为表现是积攒物品，与此同时丧失了丢弃无用物品的能力，或者没有能力丢弃那些价值有限但让生活空间变得杂乱无章的物品，它们限制了生活空间的功能并且引发个体的痛苦体验。

与囤积障碍相关的功能失调的非理性想法使人们错误地将某种信念与物品囤积联系在了一起。斯蒂克（Steketee）和弗罗斯特（Frost）指出，某些潜在的认知错误与强迫性囤积行为有关。例如，物品可以安慰情绪的信念，丢弃物品将导致身份同一性和自体丧失的信念，需要物品保留记忆的信念，积攒物品将更具有控制感的信念，有义务或责任为自己和他人积攒物品的信念，等等。克朗茨和布里特发现，金钱回避信念和金钱崇拜信念预示了囤积障碍的某些症状。囤积障碍的另一个方面包括回避与丢弃物品有关的焦虑，回避做出丢弃哪些物品的决定。

作为一种方法，CBT可以使个体质疑并改变与囤积障碍有关的功能失调的想法。例如，我有足够的时间使用这些物品吗？我最近用过这件物品吗？我需要这件物品来维持我的身份认同感吗？不同的问题可用以检测与过度堆积有关的非理性想法的合理性，并且对与囤积有关的想法进行认知重建提供基础。由认知疗法发展而来的潜在行为改变策略有很多，如基于价值的高低来整理物品，丢弃价值较低且不需要的物品。

第 9 章
认知行为财务治疗——认知行为疗法视角下的财务治疗

已经有相关的研究提供了利用 CBT 有效治疗囤积障碍的案例。托林（Tolin）等人的一项研究对 14 名患有囤积障碍的成年人展开了为期 7~12 个月的治疗，其中包含 26 节 CBT 会谈。治疗前后的对比结果表明，经过 CBT 治疗，个体的囤积行为大幅减少。另一项研究是将被试者随机分配到两组，接受 12 周和 26 周的 CBT 会谈，或者进入等待名单。在 12 周的会谈之后，与那些尚在等待名单的人相比，接受 CBT 治疗者的囤积严重程度有所下降，情绪显著改善，适应性良好。完成 26 周会谈的人认为，他们的囤积改善效果显著。在团体治疗中，CBT 被应用于囤积障碍相关症状的治疗并取得了显著的效果。相较于个体治疗会谈，团体治疗的治疗费用更低，这使更多的患者可以参加 CBT 团体治疗。

↘ 赌博障碍

赌博障碍是指人们无法控制地将有价物品投入博弈游戏的冲动。博弈游戏认为，在竞赛或游戏中的获胜概率取决于或然率，而不是由玩家的技巧决定的。一般来说，博弈游戏不受玩家控制，有时玩家反而会被自己的技巧迷惑，认为自己的知识和努力可以影响结果。与赌博障碍有关的两个核心的错误信念分别是原发错觉控制和次发错觉控制。原发错觉控制是指赌博者认为自己能够控制赌博结果的信念。次发错觉控制是指赌博者认为自己能够预测赌博结果的信念。克朗茨和布里特发现，金钱地位信念预示着可能出现赌博障碍行为，病理性赌博者不能区分他们的净资产和他们的自我价值，他们赌博是为了赢得大笔金钱，以便向自己和他人证明其价值。

CBT 方法提供了与赌博相关的、更健康的替代性观点，如提升觉察和理性评估，从而为新信念的形成奠定基础，促进更加积极的正向行为。CBT 的关键是识别赌博扳机点以及扳机点被触发时的应对策略。赌博扳机点就是诱发、推动或引起赌博欲望的环境。例如，存在其他赌博者，或者仅仅是因为收到一张账单而产生了厌烦感。应对策略包括让自己离开赌博环境、寻求他人的帮助、用其他活动转移注意力以及正念冥想。

佩特里（Petry）等人进行过一项许多人参与的赌博障碍CBT研究。在这项研究中，231名参与者被随机分配到三个小组，即匿名戒赌互助小组；匿名戒赌互助小组合并使用CBT工作手册干预；匿名戒赌互助小组合并使用CBT工作手册干预的同时，参与8次CBT个别治疗会谈。这项研究发现，接受CBT干预的参与者，在干预结束后1个月、6个月和12个月的测试中，赌博行为持续减少。这个结果与其他一些小规模的CBT研究结果一致，这些结果也表明，接受治疗后数月之内，参与者的赌博行为持续减少。

↘ 强迫性购物障碍

强迫性购物障碍是指情绪高涨地强迫性购物，且购买的物品缺乏实用目的或者购买时不考虑财务成本。除了财务成本之外，强迫性购物障碍还浪费了大量时间，并且在精神上高度卷入。强迫性购物障碍在本质上是一种体验，包括无法控制的冲动和缺乏自我控制。人们的自我形象驱动购买决策，这种情况并不少见。但对于强迫性购物障碍患者而言，物质消费过度是一种自体的表征，个体将其作为判定自我价值、社会阶层和个人福祉的主要来源。

以下是与强迫性购物障碍有关的功能失调的信念：（1）钱多物多能创造快乐并赋予生命意义；（2）钱多物多能提高人的社会地位；（3）金钱能够消除恐惧、焦虑、厌恶等冲突性感受。强迫性购物障碍者拥有的一个潜藏错误信念是，购买物品将带来快乐而且是改善个人情绪的媒介。虽然情绪在购物体验期间能够得到改善并在获得商品后短暂保持，但是这个感觉不能持久，接踵而来的是负向感受，包括罪恶感、抑郁和低自尊感。他们的另一个潜在错误信念是形象消费，即获得物质商品能够让自己靠近理想自体。

CBT能够帮助建立有关强迫性购物的可替代信念。虽然运用CBT治疗强迫性购物障碍的研究目前较为有限，但是凯利特（Kellett）和博尔顿（Bolton）的一份研究报告给出了一些问题示例，这些问题可以中断非理性强迫性购物信念。关于购买需要、购买动机、购买带来快乐的持久程度和购买后感觉等方面的问题可以让购物者用来自我评估购买新商品的合理性。

凯利特和博尔顿提供的一项个案研究表明，CBT 成功地治愈了强迫性购物。在 10 节会谈之后，一位认为自己将终身执着于购物的女性称自己摆脱了强迫性购物。另外两项认知行为治疗研究也取得了积极成果。其中一项研究涉及 CBT 个人治疗的 28 位参与者，另一项研究比较了 22 位线下团体治疗参与者和 20 位线上电话自助治疗参与者的治疗效果的有效性。这两项研究都设置了等待控制组，且两项研究的结果均表示 CBT 治疗效果显著。

案例研究

↘ 背景信息

55 岁的泰勒（Tyler）是一名离异的心理健康工作者，最近刚从一家社会服务机构离职，开始个人心理治疗执业。泰勒在一个小镇长大。父亲是一名医生，母亲是一名护士。他的家庭在当地很富有。泰勒回忆，因为自己家庭的社会经济地位，他在成长过程中有着强烈的罪恶感和羞耻感。他没办法与其他孩子建立亲近的关系，因为其他孩子把他视为异类。这对泰勒来说极为致命，因为他想要和他的伙伴们一样。更加糟糕的是，泰勒的父母雇用了泰勒朋友的父母从事家庭工作，这更增添了他的罪恶感和与伙伴的隔阂感。经济差异带给泰勒的感觉促使他无论在哪里都极力提倡经济平等。在某种程度上，他从事社会工作是为了尽力在经济上帮助弱势群体，让这些群体在经济上更具有自主性。在制定了一份相当令人沮丧的财务规划之后，理财规划师鼓励泰勒接受财务治疗。促使泰勒寻求理财规划师的帮助的原因是他意识到自己缺乏商业运营的知识。他已近退休的年龄，但是几乎没有储蓄。泰勒虽然知道储蓄很重要，但是也承认，他会刻意地不去积累金钱。回顾过往的职业选择，泰勒总是选择那些工作过度但报酬过低的工作；由他人决定他的价值，自己从不请求升职或者寻找晋升机会。他知道自己避开高薪酬职业和工作机会，并不是因为缺乏兴趣，而是不希望被认为很富有。

> 当应用 CBT 治疗与金钱相关的精神障碍时，CBT 应该由有资质的精神健康工作者来实施。

↘ 个案概念化

从 CBT 的视角来看，泰勒长期忽视财务健康源于他的各种认知，简单来说就是其财务回避和厌恶富有的当前思维。在 CBT 中有三个维度需要被考虑，即当前思维、诱发因素和发展事件，以及解释其习惯性模式。因此，治疗师认为，泰勒当前的模式是建立在其自身经历以及对其的解释之上的，这指向了他所面临的财务问题的原发起因和解决办法。

↘ 干预

CBT 强调以下几点：建立稳定的治疗联盟；治疗师和来访者之间的合作；关注当下；关注问题和目标；限制时间；治疗会谈结构化；重视教育，防止复发。总体而言，CBT 的重点是帮助泰勒确认、评估和改变其功能失调的金钱信念，从而改善情绪并改变行为。

泰勒的财务治疗为期 3 个月，每周一次。建立稳定的治疗联盟是治疗的初始焦点，这时治疗师的工作重点是表达关心、传递温暖、展现共情、保持关注、聚焦效能感。在最初的几节会谈中，治疗师以一种合作的方式对泰勒面临的问题进行概念化，让泰勒可以接受问题并对其进行修正。治疗师在每节会谈一开始就告知这次会谈的议程，并请泰勒补充他想要的议程事项。另外，治疗师会在两节会谈之间布置家庭作业，如各种实践练习。

治疗初期，泰勒完成了克朗茨金钱脚本调查问卷（KMSI），这个调查问卷是一个早期版本。治疗师还要求泰勒在两次会谈之间完成金钱脚本日志。金钱脚本日志要求他留意以下几点：触发痛苦或担忧的金钱情境；他的感受；相应的金钱脚本；可替代的、更加准确的金钱脚本或适应性行为。通过 KMSI，泰勒识别出先占性金钱回避和反对财富的信念，包括"当别人没我有钱的时候，我不配拥有更多的钱""花更少的钱是一种美德""富有意味着你和过去的家庭、朋友们格格不入""富人是贪婪的"等。泰勒在完成金钱日志的时候识别出了以上信念。当泰勒面临商业决策，如是否制订退休计划、设置个人心理治疗执业办事处的开销等情况的时候，以上信念就会冒出来。

通过识别泰勒所具有的关于金钱的功能失调的思维模式，并将其与泰勒的人生经历建立联系，治疗师聚焦于帮助泰勒识别错误思维，包括选择性关注（如低估富人的积极行为和人格）、夸大（如夸大富人消极行为）和非黑即白的思维方式（例如，比其他人拥有更多的钱是罪恶的，认为人不是富有就是贫穷，不考虑层级变化和不同的背景）。

治疗师帮助泰勒寻找证实或反驳这些认知的证据，致力于对这些信念进行认知重建。治疗师帮助泰勒发展更加准确且更有助益的替代性金钱脚本（例如，有些富人确实为非作歹，但是更多的富人致力于造福人类；对我而言，重要的是照顾好自己和家庭，等等）。泰勒的家庭作业包括要求他重回自己回避的环境和社会群体（如高档餐厅、与社区内成功的商人会面），鼓励泰勒在这些情境下观察并收集证实或反驳他关于富人的消极信念的证据。在后续的会谈中，治疗师和泰勒会一起讨论这些体验。

治疗师教授泰勒各种认知行为应对策略，帮助他逐渐降低完成家庭作业时的情感强度，例如，思维中断法（例如，以视觉化的方式中断消极的自我对话，并在心中"大声喊出""停止"）；使用提示卡片，帮助自己用更加准确的金钱脚本替代功能失调的想法（例如，在一张卡片上写下有帮助的句子，然后放在钱包中随时取用）；使用深度的腹式呼吸法，以缓解自己的焦虑。

结果

泰勒接受财务治疗的动机源于他想改变自己的财务行为模式。治疗早期，治疗师和泰勒建立起密切合作的关系，泰勒接受了治疗师对于病因学的个案概念化解释，以及他的财务行为模式存在自我破坏倾向的观点，并且表示愿意配合 CBT 治疗过程。为期 3 个月的财务治疗之后，泰勒关于金钱的潜在信念有了显著变化。他开始向个人退休金账户存钱，之后的 7 年里他一直坚持这样做。最新的报告表明，泰勒的金钱回避和厌恶财富的想法偶尔还会冒出来，但是他能够察觉到这些想法，并用更加准确、更有助益的信念替代它们。结束治疗 5 年之后，泰勒的母亲过世，留给泰勒一大笔钱。泰勒的理财规划师报告，泰勒把所有这些钱用于投资，他的退休生活得到了保障。泰勒认为，如果他没有接受财务治疗，母亲留给他的遗产会很快被他挥霍殆尽。

伦理考量

CBT 概念和技术可以应用于各种情境。在财务规划的过程中，规划师需要帮助来访者确认他们的金钱脚本，挑战其关于财务规划议题（包括股票市场、保险等）的歪曲且不准确的信念。如上所述，精神健康工作者也可以使用 CBT 治疗金钱障碍，如赌博障碍、囤积障碍和强迫性购物障碍。当应用 CBT 治疗与金钱相关的精神障碍时，CBT 应该由有资质的精神健康工作者来实施。

未来方向

CBT 的假设是想法影响感受和行为，感受和行为又决定人们如何选择、如何生活，也决定其社交互动和情绪状况。当一个人潜藏的信念是功能失调的、歪曲的、不准确的、无益的，其想法就会导致其自我挫败的行为，从而阻碍或削弱一个人取得成功的能力。研究发现，关于金钱的功能失调的信念可预测紊乱的金钱行为，并与糟糕的财务健康状态紧密相关。CBT 已经成为重建和创建替代想法的有效框架，能够产生积极的财务行为。在财务治疗中应用 CBT 理论和技术，能够帮助来访者质疑并改变自我受限的信念，发展支持财务成功的信念，获得财务福祉。

第 10 章

合作关系模型

马丁·西伊；约瑟夫·W. 戈茨；杰里·盖尔

> 财务治疗的合作关系模型的概念依据是，考虑到每个专业的核心专长领域不同，可以让两个拥有互补关系的不同专业的从业人员一起为来访者提供深度、全面的财务治疗。

引言

财务规划和精神健康从业者都需要相关的资质证书或从业许可，以表明其具备该项工作所要求的教育和经验。然而目前的教育项目要么是面向财务技能和知识，要么是面向临床技能和知识，很少有教育项目提供同时涉及这两个领域的跨学科方法。财务治疗的合作关系模型认同跨学科方法并承认联合咨询的好处，它的概念依据是，考虑到每个专业的核心专长领域不同，可以让两个拥有互补关系的不同专业的从业人员一起为来访者提供深度、全面的财务治疗。本章将聚焦财务治疗的合作关系模型，介绍其理论框架，以及实践案例。

背景

美国佐治亚大学（University of Georgia，UGA）的盖尔（Gale）和戈茨（Goetz）在 2007 年主持了一个资助项目，并创建了财务治疗的合作关系模型，用以帮助低收入人群改善关系、提高财务福祉，该模型受到了广泛的认可。在

UGA教授家庭治疗和财务规划学位课程的教员们共同提出了被称为关系财务治疗（relational financial therapy，RFT）的新方法，用以帮助正在经历财务和关系压力的伴侣。按照最初的设想，RFT是一个包含5次会谈的干预模型，由两个服务提供者（即财务规划师和家庭治疗师）共同处理伴侣关系和财务问题的交互影响。一项涉及12对伴侣的前导性研究表明，从统计学意义上看，5次会谈之后伴侣的财务福祉获得了显著改善，伴侣关系也从中受益。部分男性参与者表示，相对于"治疗"，他们更容易接受"财务治疗"的概念。这表明"财务"这个词能够在某种意义上削弱"治疗"这个词的污名化程度。值得注意的是，在5次会谈之后，男性参与者们表示他们十分认可该会谈的治疗价值。

> 一项涉及12对伴侣的前导性研究表明，从统计学意义上看，5次会谈之后伴侣的财务福祉获得了显著改善，伴侣关系也从中受益。

参与了5次干预会谈的财务规划和家庭治疗专业的学生们都表示，通过会谈学到的新知识、新技能不但有利于他们的专业实践，而且也让他们自己的生活从中受益，虽然这并非研究原本的目的。这不仅证实了合作模型在减少伴侣面临的关系问题和财务压力方面的有效性，也表明财务规划和家庭治疗专业的学生在与互补性专业人员的合作咨询体验中具有极高的满意度。总体而言，研究结果表明，财务规划师和治疗师的专业合作能更加有效地帮助正在面临关系和财务压力的伴侣们。吉姆（Kim）和麦考伊（McCoy）等人都建议，在家庭治疗、社会工作、咨询和心理学的课程中应该把个人理财内容整合进去。与此同时，他们还建议把沟通技巧和财务治疗干预方法整合进现有的财务规划课程之中。

在前导性研究之后，因为上述的对来访者和学生的潜在好处，研究者们又开设了全美首个财务规划方面的临床实习课。其中，学习财务规划的研究生既独立工作，也和家庭治疗项目的研究生合作实施财务治疗干预，以改善个人和伴侣的财务福祉和关系福祉。这个以临床为基础的实践性课程的目的在于满足财务规划专业的学生的需要，以便其和来访者有效沟通并过渡到财务规划专业领域。ASPIRE 门诊部[①]承担了相关实习课程，该门诊部既为社区居民提供财务规划公益服务，也为学生提供前所未有的学习财务治疗技能和知识的机会，包括录制来访者会谈以便学生进行自我观察、持续督导和获得反馈。在处理来访者所具有的关于金钱的情绪和认知图式的时候，从财务规划向财务治疗过渡被认为是财务规划过程以及规划师 – 来访者关系发展的一个组成部分。RFT 模型从一开始就整合了多个理论模型和框架，包括家庭系统理论、改变的跨理论模型和改进版的财务规划六步骤理论。

本章将介绍 UAG 大学创建的 RFT 初始模型，并且简要描述该模型是如何变得更具有整体性的。另外，本章还会介绍多个财务治疗方面的专业合作模型。

财务治疗的合作关系模型

最初的关系型财务治疗模型（后来逐渐发展为财务治疗的合作关系模型）包含一个财务规划专业人员和一个家庭治疗专业人员，两人共同合作来提升来访者的财务福祉和关系福祉。从生态系统视角来看，这个模型假设突如其来的生活事件及相关财务压力对关系和更大的家庭系统产生负性影响。虽然之前的研究已经清晰地表明财务压力和关系压力之间存在因果性，但在实践中很少有人尝试通过专业性合作来同时处理这两个问题。有鉴于此，最初的 RFT 跨学科心理教育干预模型是由两个服务提供者合作完成 5 次会谈。

该模型整合了伴侣/家庭治疗和财务规划，以帮助同时面临关系困难和财

---

① ASPIRE 临床教学部，包括营养顾问、家庭设计顾问和司法专业的学生，每个人既提供本领域的专业服务，也提供合作式跨学科服务。

务困境的伴侣。通过 5 次会谈，财务规划过程和系统治疗的诸多内容被整合到一起。该模型的目标包括：帮助来访者改善与伴侣的沟通；增强关系稳定性；缓解财务危机；增加财务管理技能；建立经济的内在控制点；提高财务福祉和整体幸福感。出于临床应用的目的，在起始阶段、干预期间和结束阶段，来访者都需要完成心理学测量量表和各种问卷，以评估其在关系、沟通和财务方面的健康情况。

这个包含 5 次会谈的干预模型只是为两位服务提供者提供了一个指导，具体的会谈组织形式等应和来访者的目标相一致。在首次会谈期间，两位服务提供者最主要的任务是和来访者建立稳定的工作联盟，介绍关系困难和财务困境的相互关系，收集来访者资料，包括财务沟通模式、在家庭中出现的关于金钱的问题，并了解伴侣关系的历史。在基于价值和目标取向的 5 次会谈中，来访者需要完成特定的财务和关系练习。该模型最初的设计目的是为了解决接近或低于贫困线的伴侣的问题。在过去几年，它慢慢发展成财务治疗的合作关系模型。该模型的设计目的是与不同年龄段和不同收入水平的个体、伴侣和家庭开展工作。

财务治疗的合作关系模型的概念依据相当简单——两个不同领域的专业人员合作处理复杂交错的财务和关系问题。该模型虽然一开始仅限于财务和家庭治疗服务领域，但是因为需要同时处理与健康有关的多个面向，它逐渐被广泛地应用于多个领域。财务问题常常和其他问题交织盘错，但解决方案往往缺乏整体性视角，仅处理单方面问题不能取得很好的效果。与此相反，学习膳食学/营养学、家庭设计和法律的学生，在 ASPIRE 临床教学部，共同参与财务治疗的合作关系模型，合作处理食品和健康问题、家庭环境问题、法律问题或漏洞。这种合作方式允许不同专业背景的专业人员利用各自专长共同处理交织在一起的各类问题。该模型通过预防、教育、复原力和干预治疗提升来访者的整体幸福感。

心理咨询中的财务议题

> 财务治疗的合作关系模型的概念依据相当简单——两个不同领域的专业人员合作处理复杂交错的财务和关系问题。

ASPIRE临床教学部的来访者可能会见到一位或多位服务提供者，这取决于来访者的问题涉及几个领域。但是当进行财务治疗时，一般来说，来访者会面对一个共同咨询小组，小组成员分别是财务规划专业和家庭治疗专业的学生。这个财务治疗小组也可能会和营养学、家庭设计、法律系学生合作，这取决于来访者面临的问题。例如，在一个案例中来访者是一对夫妇，咨询小组由3个人组成，他们分别来自法律、财务规划和家庭治疗专业，处理的问题包括离婚、破产、资产分割、信用卡还款、丧失抵押品赎回权和退休计划。这个案例显然需要三个领域的专业人员，财务治疗的合作关系模型假设，干预工作要达到最优就需要协同效益，三个服务提供者在会谈内和会谈外都要进行合作，以帮助来访者。

针对不同的来访者，治疗师采用哪种干预方式取决于来访者面临的问题，也取决于治疗师与来访者工作时的理论取向。但是系统理论和六步骤财务规划理论一直是财务治疗合作关系模型的基础。而在实施特定干预的过程中，治疗师可以整合不同的方法。例如，基于来访者的目标和面临的问题，某些治疗干预方法可能以叙事财务治疗、认知行为财务治疗或女性主义财务治疗为基础。如果来访者表现出来的问题是在金钱管理方面缺乏财务知识、存在去权感，则干预中临床工作者常常会使用心理教育方法和女性主义方法。接下来，我们将进一步讨论财务治疗合作关系模型的理论基础。

> 系统理论和六步骤财务规划理论一直是财务治疗合作关系模型的基础。

考虑到财务治疗合作关系模型涉及多领域，因此在开始财务治疗前，治疗师必须综合评估来访者的整体状况。来访者需要填写背景信息表格，如 ASPIRE 临床教学部教员设计的初始咨询整体评估表（Holistic Initial Consultation Assessment，HICA），以确定其是否适合进行财务治疗。来访者可能是个体、伴侣或家庭，所以要从多个角度考虑来访者所需的服务。来访者可以先和一个家庭治疗师、一个财务咨询师或者法律专业学生一起工作，根据其需要，再与其他提供服务的专业人员进行合作。这时，会出现不同的服务模型，包括以下几种：其他专业人员的单次咨询；来访者分别接受治疗和财务咨询，但是不同的服务提供者之间会进行协调；合作、整合的方式，两个及以上的专业人员与来访者一起工作。

> 最重要的是，在咨询开始前，两位专业工作者需要投入一定的时间相互了解，以便在咨询时双方的关系足够融洽，能够相互信任、彼此理解。

最重要的是，在咨询开始前，两位专业工作者需要投入一定的时间相互了解，以便在咨询时双方的关系足够融洽，能够相互信任、彼此理解。在任何一种咨询情境下，专业工作者们都必须自信自如地开展工作，与来访者建立明确、开放的沟通关系。这一点尤其重要，因为每名专业工作者都有自己的专长领域，且要在工作伙伴改变咨询方向时及时做出回应。会谈由来访者面临的问题和担忧推动；因此，咨询小组应该在不同的时间讨论不同的问题。这意味着焦点将从财务问题转向关系问题，治疗小组进行相应的调整很重要，这样在不同的时间里将由不同的服务提供者来主导。

值得注意的是，该模型的应用场景是大学里的一个研究项目，服务提供者是接受督导的学生，参与者无须支付费用。如果是在私人执业领域应用这个模型，那从业者需要考虑如何向两位专业工作者付费、费用是否在医疗保险的范围内、收费标准是多少等,还要避免违背相关伦理原则。如果心理健康提供者是初始服务的提供者,设定了费用标准(有或者没有保险);财务服务提供者后来加入,参加了一次或多次会谈,来访者需要支付额外的费用。如果财务规划师是初始服务的提供者,情况也是如此。根据来访者的收入水平,专业工作者也可以考虑无偿服务。无偿服务的长期受益人是任何一位专业工作者,因为他们都有可能从合作带来的战略联盟中产生新的付费来访者。

在私人执业领域,对于专业工作者而言,重要的是会见其他学科的专业工作者,并且有足够的能力判断对方的知识储备、实践能力及其与自己的相容性。治疗师可以参加(和出席)财务规划持续教育活动或会议,财务规划师也可以参加家庭治疗师、心理学家或社会工作者的区域同盟会,以便通过这种方式构建专业工作者网络。

理论思考

财务治疗合作关系模型可以从生态系统理论中找到其理论基础。生态系统理论既把来访者面临的问题视为系统性的,又把其放在社会、文化、历史的脉络中观察。该理论假设在一个生态系统内,所有的部分相互联结,当处于某种平衡状态时,整个系统就是健康的。例如,整个家庭的健康会受到各种生活事件(如健康、事业、家庭成员的期望与失望、孩子、父母患痴呆、失去住房、孩子成年离家、孩子结婚、慢性病等)的影响。这些事件不仅影响关系,也影响财务决策,而且对这两方面的影响都是长期的。忽视来访者所在的生态系统环境的后果就是只处理了其问题的一部分而非全部。此外,也没有考虑正向资源和复原力,它们也是生态系统环境的一部分。只有正视这些复杂且相互交织的面向,合作小组才更有能力帮助来访者系统实现长久的成功。

> 忽视来访者所在的生态系统环境的后果就是只处理了其问题的一部分而非全部。

案例研究

↘ 背景信息

24岁的约翰·福特（John Ford）和25岁的玛莎·维恩（Marsha Wayne）是一对年轻的伴侣，刚刚步入独立生活。大学毕业工作几年之后，为了在工作上有更好的发展，约翰回到校园继续攻读硕士学位。与此同时，玛莎已经获得了硕士学位，为维持收支平衡并支付约翰的教育成本，她在公共行政领域找了两份工作。约翰和玛莎定期和婚姻家庭治疗师会面，处理关系中的权力不平衡问题。因为约翰即将毕业，他们决定结婚。两人向家庭治疗师进行了婚前咨询，玛莎意识到他们关系中部分问题涉及财务负债和为将来做打算的财务决策。家庭治疗师认为，有效地帮助这对伴侣处理这些财务问题超出了自己的知识和实践范围。因此，该治疗师邀请财务规划师加入会谈，为这对伴侣进行合作关系财务治疗。

↘ 问题表现

约翰和玛莎在为约翰的毕业和两人婚姻做准备的时候暴露了很多问题。首先，从情感的角度来看，关系权力的严重不平衡给伴侣双方造成了压力。玛莎对约翰缺乏耐心，察觉到对方有任何不足或缺点就会咄咄逼人地表达她的不开心。这导致两人关系持续紧张，玛莎感到了更大的压力和失望，而约翰则感到自己被"阉割"了。在治疗会谈期间，他常常保持沉默，表示自己没有话语权。两个人说，他们之间的不平衡因为财务状况而加重。因为现在玛莎显然赚钱更多，约翰感到自己不配拥有话语权。他注意到在自己的原生家庭中，丈夫而非妻子是主要的收入来源者。这种情况因为约翰不断增长的助学贷款而变得复杂，而现在，这些贷款很快就要开始偿还了。

两人面临的最根本的压力是即将发生的重大变化。约翰毕业在即，正在就业市场了解情况，工作很快就会有着落，尽管他的就业前景很好，但是两人可能需要搬家，而搬家的结果是玛莎可能需要放弃目前的工作。约翰的专业很好就业，他有望获得一份收入丰厚的工作，玛莎需要在搬家后找一份新的工作。这些都将极大地改变他们之间的财务状况。这些决定牵扯起许多复杂的情绪，约翰和玛莎都对变化感到恐惧。伴随这些变化而来的还有策划婚礼并支付婚礼开销的压力，以及合并两人财务并开始偿还大额助学贷款的迫切需要。这些进一步加深了两人关系的紧张程度。

↘ 干预

家庭治疗师询问约翰和玛莎是否可以邀请财务规划师加入会谈。在征得他们的同意后，家庭治疗师约见了财务规划师并与之商谈了双方的合作范围。因为之前有过共同工作的经验，他们已经建立起一定程度的默契与信任，这为两人合作处理约翰和玛莎的问题提供了基础。考虑到之前时间上的投入，家庭治疗师对他们的工作关系感到轻松自如，并把财务规划师介绍给约翰和玛莎。需要说明的是，引入财务规划师的目的不是收取额外费用或者提供无关紧要的服务，而是要让财务规划师融入会谈中，作为内容专家协助处理约翰和玛莎面临的问题。

> 在首次会谈中，治疗师的角色相对不重要，但是能够收集到关于来访者的重要信息，这些信息有时会帮助伴侣逐步降低对彼此的情绪化反应。

和预想的一样，财务规划师与约翰和玛莎的首次会谈重点是建立密切和谐的工作关系，并收集必要的财务信息。当财务规划师专注收集财务信息的时候，家庭治疗师可以趁机观察约翰和玛莎之间的互动，当讨论财务状况和目标时，家庭治疗师将关注他们之间的讨论和相互影响。所以，在首次会谈中，家庭治疗师的角色相对不重要，但是能够收集到关于来访者的重要信息，这些信息有时会帮助伴侣逐步降低对彼此的情绪化反应。每次会谈前后，家庭治疗师和财务规划师会花些时间做简单的交流，分享他们对会谈的见解和观察。简要的沟通是维持积极的工作伙伴关系的关键，并能使合作的协同效应最大化。特别是在首次会谈后，通过对伴侣关系的理解，家庭治疗师可以制定约翰和玛莎的沟通目标和财务目标。影响因素包括各自的原生家庭，他们的父母如何沟通财务决策，以及文化对他们在关系中的角色的期望。财务规划师可据此思考接下来如何进行两人的财务分析，并且注意其与来访者沟通的方式要与家庭治疗师保持一致。

该案例的合作性会谈共进行了4次。基于初始会谈收集到的资料，第二次会谈的焦点是财务规划师给出分析结果以及可能的财务选择。考虑到两人的许多财务议题集中于如何合并和分担财务责任，财务规划师在会谈前向家庭治疗师咨询两人之间的关系动力，这有助于财务规划师决定最佳的建议方案。会谈过程中，对话发生在两位顾问和伴侣之间，家庭治疗师常常引导伴侣就财务规划师提出的财务事务展开讨论。财务规划师给出的是专业的财务建议，而家庭治疗师会使其与伴侣的关系动力保持一致。

> 财务规划师给出的是专业的财务建议，而家庭治疗师会使其与伴侣的关系动力保持一致。

第三次和第四次会谈集中在财务建议的落实上，并讨论来访者的反馈以及与这些行动有关的感受。虽然建议的行动实际上都与财务有关，但是这些行动与伴侣关系改变同时发生，并且对关系改变起到强化作用。约翰和玛莎在第三次和第四次会谈之间结了婚，大部分财务建议得以落实，这有利于帮助他们处理关系中的其他压力源。因为在第三次会谈和第四次会谈之间间隔了相对较长的一段时间，这使第四次会谈看起来更像回顾，而较少关注即将发生的改变和行动。家庭治疗师在很大程度上推动着这次会谈朝探索夫妻感受到的关系上的改变方面发展。

↳ 结果

历经4次会谈之后，约翰和玛莎的互动及关系有了显而易见的改善。虽然他们最初试图维持各自独立的财务和账户，但是会谈后他们决定合并他们大部分财务账户。经过反思，约翰更能意识到玛莎提供的支持，并且更能理解玛莎承受的压力。相应地，通过对约翰步入工作岗位并改变财务状况的期待，玛莎更能平静地接受为其提供支持所做的牺牲。这些认识，加上结婚带来的压力和情绪的改变，共同推动着围绕财务事务的对话朝更加开放、持续的方向发展，并且对其他方面产生了积极影响。在初始的婚前咨询会谈中，来访者的对话常常怀有敌意，但是在合作性会谈过程中，对话有了显著变化并更具合作性。4次合作会谈之后，约翰和玛莎决定中止合作关系治疗。在达成关系上的平衡之后，他们转向了更加专业的服务——只会见财务规划师。

总体而言，通过和财务规划师的合作，家庭治疗师能够帮助来访者改善财务状况并获得自主性，这其实超出了家庭治疗师的专业领域。从生态系统视角来看，处理这些压力源使治疗师能够把注意力集中在约翰和玛莎的关系以及双方行为的相互影响上。约翰和玛莎能够以更加健康的方式进行沟通，在整体上提高关系质量。与此同时，借助于家庭治疗师的洞察，财务规划师更能理解关系动力，并将其融入自己给出的建议中。通过咨询前后的沟通，家庭治疗师和财务规划师能够帮助约翰和玛莎在财务和家庭生活方面得到提升，如果没有咨询前后的沟通，这是不可能完成的。

伦理考量

如果采用合作关系财务治疗，就必须进行伦理上的考量。最关键的是，每个专业人员都要清楚其专业的边界，并在与其他专业人员的合作中留意保密性、胜任力、社交媒体的使用和收费等问题。在咨询前，每个专业人员都必须愿意投入时间与其他专业人员创建工作关系。创建凝聚性的工作关系是很有必要的。再者，每个专业人员都要保持自信，考虑到来访者当前的诸多问题，与只向一个专业人员进行咨询相比，合作关系财务治疗更有可能获得积极的结果。而在另一些情况下，一个专业人员可能更适合处理来访者出现的问题。

未来方向

考虑到财务治疗的合作关系模型涉及宽泛的指导原则，这个模型很有可能继续发展演进。模型最初只是家庭治疗师和财务规划师互相协作，共同为来访者提供整体服务，现在专业人员已经包括了营养师、律师、家庭环境及设计专家。正如生态系统视角所表明的，慢慢地，其他的环境压力因素和资源将被确认并整合进财务治疗的合作关系模型。

> 每个专业人员都要清楚其专业的边界，这至关重要。

从短期来看，财务治疗的合作关系模型更容易在大学环境中广泛应用。许多大型院校开设了提供上述服务的各类学生培训课程，这些课程常常会安排在同一个学院内（如家庭与消费科学学院或人类生态学学院）。考虑到实践的重要性，创建合作诊所（或者作为现有诊所的补充），结合学术课程，既可让学生从中受益，也能让社区成员、大学和专业团体从中受益。另外，许多法律学院已经认识到该模型对学生实践的好处，支持学生提供无偿法律咨询，无偿法律咨询的提供者也包括现有的法律事务。在更多情况下，大学的院系要重新组织调整相关课程，将该模型纳入教学内容，它才有可能快速发展。

合作关系模型除了可在大学环境中应用外，也可以在私人执业领域和非营利部门中应用。以制定全面综合的财务规划为服务核心的财务规划师已将其他

心理咨询中的财务议题

领域的相关服务模型整合到自己的服务模型中。在某些情况下，这种整合很有可能扩展并应用于不同领域，以发展合作服务模型，并使其更具整体性特征。作为第一步，专业人员应该在相关的其他领域中寻求志同道合的专业工作者，后者认可他们服务的相互关联性，并且也致力于提高来访者的福祉。

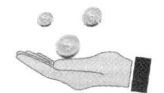

第 11 章
福特财务赋权模型

梅根·R. 福特

引言

随着财务治疗的发展，针对同时面临财务、情绪、关系和经济压力的来访者，越来越多的临床工作者、专业人员、研究者和学者把注意力放在了该如何高效地与他们进行工作上。本章将聚焦福特财务赋权模型（Ford Financial Empowerment Model，FFEM）[①]。FFEM把财务教育和技能建构与常用的关系治疗结合在一起，该模型可应用于面临财务赋权问题的来访者。

本章概论

你觉得财务赋权是怎样的？也许你认识在财务上十分成功与自信的某个人。另一方面，也许你生活中的有些人看起来就像站在财务赋权的对立面。你会如何形容他们呢？此外，在财务治疗过程中，哪些必不可少的环境要素需要被识别？最重要的是，财务治疗，尤其是FFEM，如何能够帮助那些想拥有更多的财务自信和财务知识的人？本章将回答上述基本问题以及其他更多的问题。本章也将讨论并解释财务赋权模型的各个阶段、结构和理论模块，如与该

---

① FFEM 最初发表在《财务治疗期刊》上。本章介绍的 FFEM 是经过进一步测试和广泛应用后的改良模型。也就是说，它已经不再使用体验疗法，而把焦点更多集中在认知行为疗法和叙事疗法上。虽然原理是一样的，但是各个阶段的命名已经完全不同于初始出版物上的命名。

模型的理论锚点——认知行为疗法和叙事疗法——有关的详细信息。此外，本章还将探究财务治疗师工作中的常见议题，包括赋权、自信和情境考量。

> 像科学领域、医药领域和传统临床精神卫生领域一样，以实证为基础的工作是财务治疗领域发展的基础。

理论思考

理论基础是当前及以后的所有财务治疗模型必不可少的部分。由于财务治疗仍处于初始阶段，所以有理论支持、以实证为基础的实践模型并不多。本章将介绍以实证为基础的财务赋权模型，它把认知行为疗法和叙事疗法与财务教育和干预结合了起来。而认知行为疗法、叙事疗法和体验疗法的模型是婚姻与家庭治疗及其他心理治疗实践中的常用模型。

↳ 认知行为疗法

认知行为疗法（CBT）是心理、咨询、治疗和社会工作领域常用的治疗技术。CBT的理论清晰且易于理解，它有两个基本观点：想法（或认知）显著影响情绪和行为；行为影响思维模式以及情绪。CBT关注一个人的想法、感受和紧随其后的行为，以及这三方面的交互作用。虽然这一方法在结构性和指导性方面存在固化问题，但它仍然能够帮助来访者识别出非建设性的重复模式，并且对之做出改变。CBT可以协助来访者确认并改变导致其在财务上去权的模式，因此可能有助于来访者的财务治疗。

> CBT可以协助来访者确认并改变导致其财务上去权的模式，因此可能有助于来访者的财务治疗。

↘ 叙事疗法

我们的生命经历由一个个故事组成，这是叙事疗法的基本假设和前提。叙事疗法强调主动性和合作性，重点关注治疗师如何帮助来访者建构一个更具偏好性或更有控制感的生命故事。这一疗法很容易应用于财务治疗实践，因为我们可以把来访者的财务经历视为与金钱有关的故事。

虽然心理治疗领域有许多理论可资利用，但出于某些特定的原因，FFEM在进行财务治疗时选择了认知行为疗法和叙事疗法。首先，这两种疗法都强调临床工作者和来访者之间的合作和工作关系——平等、合作、建立联盟。这些要素是建构赋权的基础。接受财务治疗的来访者感到自己被支持，从而产生自信，同时极具挑战的是，来访者自己要成为学习和目标制定的一部分而非旁观者，这样就能够产生赋权感。来访者在这个过程中会获得更多的掌控感和自信，因为他们可以将自身的成长和成功归因于自己，而非他人。

其次，被整合在一起的这两种不同的方法有一个相同的最终目标，即创建新的思维方式和感受，但是达到这个目标的过程又各有不同。认知行为疗法主要关注认知和行为，进而探究思维、感受和行为。叙事疗法检视自我挫败的想法，这些想法导向了各种充满问题的故事，为了给生命故事赋权，叙事疗法关注"故事重述"（re-storying）或"认知改变"（cognitively altering）。尽管认知行为疗法和叙事疗法是完全不同的治疗方法，但是它们可以结合在一起，形成共同的治疗基础。财务治疗师由不同领域的临床工作者组成，他们中的一些人可能对FFEM的方法和治疗技术较为熟悉。虽然FFEM的临床工作者不必是经过认证的精神健康专业人员或经过认证的财务工作者，但是他们都需要遵守相关伦理，在各自的专业领域之内探究应用FFEM的相关技术和概念。而在将其专业领域的知识和实践整合进财务治疗之前，财务治疗师必须充分理解FFEM的各要素。

> 当一个人感到被赋权，他们就更有可能变得主动，获得成就感并取得成功。

财务治疗中的赋权

随着理论基础的建立，处理赋权与财务治疗的关系并且以 FFEM 理论为基础来界定赋权，变得十分必要。赋权就是帮助自感不足以应对某一情境的个体发现他们内在的能力。布兰卡德（Blanchard）等人认为，促进赋权是一个过程，个体通过这个过程识别并充分觉察自己的内在力量、安全感和影响力。促进赋权（facilitating empowerment）使个体能够利用内在的力量和能力，处理与自己、与他人、与社会及社会机构的关系。

FFEM 认为在财务治疗中也存在类似的促进赋权过程。从叙事疗法的视角来看，存在这样一个信念：来访者有可能重写他们的故事，从而创建更具适应性、更友好的生活方式；合作治疗过程有助于识别或锚定这个信念。财务治疗的 FFEM 方法证实了以上观点，即来访者是强大而有智慧的，他们能够变得有力量、有成效、积极主动。赋权来访者是为了促进以下的过程，在该过程中来访者开始认同自己，并且更加充分地利用自己的内在优势。财务赋权无疑是财务健康和福祉不可或缺的部分。当来访者感到自信、积极主动和有能力应对财务生活的各个重要面向时，他们就是在财务方面被赋权了。福特等人断言，当一个人感到被赋权，他们就更有可能变得主动，获得成就感并取得成功。

FFEM 认为，在财务治疗中也存在类似的促进赋权过程。赋权来访者是为了促进以下的过程，在该过程中来访者开始认同自己，并且更加充分地利用自身的内在优势。为了理解 FFEM 模型中的赋权，有必要在理论与文化的双重背景下检视这个概念。为了理解针对财务治疗的 FFEM 方法，需要知道每个理论模型是如何看待与赋权和去权相关的各个议题的。

↘ 赋权及认知行为疗法

被去权感将以多种方式表现出来。从认知行为的视角来看，赋权缺失是指关于自身和世界关系的持续、负向、自动化的思维和图式或基本想法，这些导致来访者感到无助、无力和无望，这反过来导致他们根据这些负向信念采取行动。思维、感受和行为的负向模式导致来访者陷入一个循环：不断强化去权感，否定成就感和自信。通过认知行为技术，临床工作者协助来访者识别这一负向模式并进行重建，取而代之的是被赋权的行为。

↘ 赋权及叙事疗法

从叙事疗法的视角来看，赋权缺失可以被视为来访者建构的一个关于他们自己及其生活其中的世界的负向的、无路可逃的故事。他们内化了外在关于权力、影响力和价值的各种观点，感到自身被去权。关于自身的各种负向叙事及其没有能力实现个人全部潜能的看法都可以被视为去权故事，它们阻碍来访者获得新的、更能实现自我价值的故事。

> 关于自身的各种负性叙事及其没有能力实现个人全部潜能的看法都可以被视为去权故事，它们阻碍来访者获得新的、更能实现自我价值的故事。

福特财务赋权模型

FFEM 是一个四阶段模型，包括准备阶段、技能发展阶段、叙事展开阶段及结束阶段，详见图 11.1。准备阶段是财务治疗成功的基础，所以必不可少，而其他阶段并没有强制性要求。FFEM 各阶段的顺序可以有变动，且各阶段可以重复。临床工作者可以采取任何一种适合来访者及其独特需要的方式，邀请来访者进行更深入的改变或在更具体、更显而易见的方面促进改变。FFEM 过程就像是一个从浅入深不断挖掘的过程，临床工作者和来访者在这个过程中一起合作，随着探索越来越深入，他们形成更多洞察并实现更加实质性的、渗透性的改变。这个过程高度个人化，临床工作者需要做出最佳判断，与此同时，还要就"来访者眼里的成功图景"接受来访者的反馈并与之合作。例如，有些来访者只经过阶段二，就达到了结束财务治疗（阶段四）的程度。另一些来访者可能想更深入地探究自己的财务故事以及与钱有关的经历是如何阻止他们获得财务赋权的（阶段三）。

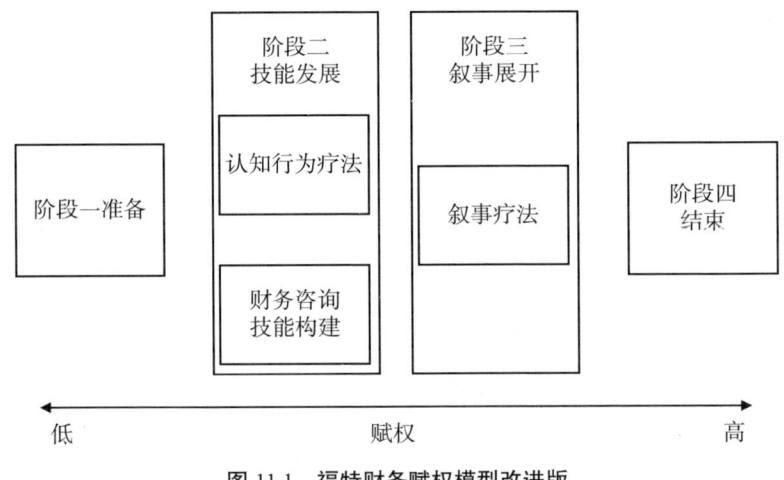

图 11.1　福特财务赋权模型改进版

> 如果过程级事项没有被考虑在内，临床工作者极有可能忽略个案的关键要素，结果就是在帮助来访者的独特需要方面效率不高。

↳ 阶段一：准备阶段

初始咨询　在进入正式的 FFEM 财务治疗过程之前，财务治疗师首先要和来访者进行一次初始咨询。这里的"财务治疗师"可能是一位精神健康从业者，也可能是一位财务专家，或者是两位搭档乃至多人组成的一个团队。初始咨询的目的包括以下几点：确认当前的问题；评估危险信号、需要和目标；确定改变的欲望和意愿；确定来访者是否适合接受治疗，或者是否需要转介。一旦完成初始咨询，就可以开始进行下一步——个案概念化。

个案概念化是 FFEM 的一个重要面向。财务治疗师可以根据相关理论就影响来访者的潜在的根本性问题做出假设。对个案进行概念化，被精神健康工作者称为"过程级思考"。其中的过程级事项是一些重要的考虑因素，如文化、性别、权力动力、教育和人际关系／原生家庭。如果过程级事项没有被考虑在内，临床工作者极有可能忽略个案的关键要素，结果就是在帮助来访者的独特需要方面效率不高。

评估 无论是研究还是实践，至关重要的一点是要评估治疗工作是否产生了影响。FFEM 已经拥有可靠的理论基础，对于当前及未来的财务治疗工作，还需要可靠的实证基础。在 FFEM 的准备阶段，来访者要填写问卷，以便完成传统的精神健康正式评估和财务领域的多项正式评估，其中包括结果问卷 -45.2（Outcome Questionnaire-45.2，QQ-45.2）和健康问卷（Patient Health Questionnaire，PHQ-9）——它们是关于总体功能运作和抑郁症状的精神健康评估，也包括若干个人化等级量表，用以测量来访者的财务压力、满意度、行为和知识。需要反复重申的是，只有那些在精神健康和财务评估方面有足够经验的临床工作者，才有能力把这些步骤整合进他们实施的财务治疗实践中。虽然 FFEM 使用 OQ-45.2 和 PHQ-9 问卷，但是其他基础性的测量方式以及焦虑和抑郁症状的评估方法也十分有效，它们同样可以实现类似的评估目标。其他可使用的测量方式包括财务满意度、主客观财务知识及财务行为。关于财务治疗评估方法的其他信息，可以翻阅第 5 章。

↘ 阶段二：技能发展

准备阶段一旦完成，治疗就可以进入阶段二。阶段二包含认知行为和财务咨询，以及部分教育工作，需要 4 节到 6 节会谈。综合考虑来访者当前财务问题的复杂程度及其背景和个人经历，这个阶段可长可短。接下来我们将讨论不同理论视角下的各种干预方式与技术。

CBT 干预 CBT 框架尊重来访者对问题情境的看法，并实施主动积极且具体的干预，以激发来访者的积极性。其干预的目标是中断回避或无助模式，发展应对技能。在财务治疗中最常用的认知行为疗法的具体干预方法包括认知行为模型、议程设定、思维记录和家庭作业。

在阶段一中我们可以使用认知行为模型，该模型有助于来访者更好地对思维、感受和行为之间的交互影响进行概念化，并加深对其的理解。在 FFEM 中，这种干预方式具有合作性和可视化的特点。临床工作者协助来访者探索、联结他们的思维、感受和行为，并且把这些写在纸上或白板上，以便来访者更加清晰地看到它们。

> 思维、感受和行为之间的持续交互作用使一个连锁反应或模式自动持续下去，并逐渐失控和感到被去权，最终会误导个人选择。

认知行为模型应用于财务治疗工作，就是指一个人如何感知一个特定的财务情境，情境唤起其怎样的感受，感受影响其在该情境下采取什么样的行动。人们选择如何行动又能引发新的与该财务情境有关的感受。思维、感受和行为之间的持续交互作用使一个连锁反应或模式自动持续下去，并逐渐失控和感到被去权，最终误导个人选择。总之，认知行为模型能够协助个体识别并理解各种去权财务思维、感受和行为模式，因而能够为重构工作提供帮助。

FFEM 模型还会采用认知行为框架下的其他干预措施和技术。议程设置是一个简要设定会谈事件和目标的过程，有助于指导和组织治疗会谈。议程类似于待办事项，来访者每完成一个任务就去掉一项。这种干预措施提供了一种会谈结构，通过激发成就感来帮助来访者获得控制感。想法记录可以帮助来访者理解想法、感受和行为之间的相互影响，并检视其合理性。对于有问题的财务叙事和无效的思维模式，这些记录特别有用，因为来访者可据此检视支持和反对这些想法的证据。有时，证据在一开始就表明来访者的想法和模式毫无依据或者没有必要。家庭作业涉及的范围很广，从指定阅读、活动或研究到来访者仔细考虑各种重要问题，所有这些都有助于来访者变得独立并获得自信。

财务咨询干预　在阶段二，FFEM鼓励临床工作者在恰当的时候结合财务咨询干预和认知行为技术开始进行财务教育和技能建构。常用的财务咨询和教育干预（如检查信用报告、跟踪支出、共同编制现金流量表、平衡渴望与需要、制订开销计划和债务偿还计划等）可以与CBT干预措施进行整合，因为它们的重点都是重构关于金钱的想法和行动，并通过这一过程来改变行为。学习财务教育资料、手册以及预算方法是认知行为常见的家庭作业，因为来访者可以在会谈之外阅读、探索、完成这些作业。许多财务咨询干预措施通过"做"的实践过程，帮助来访者获得并理解与财务问题有关的知识，这可以重构一个人的思维过程，即他们如何看待自己当前的行为，并最终改变自己管理财务的方式。虽然认知行为咨询师常常被视为专家，但需要指出的是，在应用FFEM模型时，他们和来访者进行合作，并在心理教育框架内居于"专家"的角色。合作性工作对缺乏赋权的来访者最有效。因为对他们而言，被赋权的过程虽然是一种严峻的挑战，但也能帮助他们感受到被支持和被鼓励。和财务治疗师的合作也能使来访者在改变的过程中意识到自己拥有足够的力量，因为来访者能够亲身体会到自己在治疗过程中发挥的作用。

> 常用的财务咨询和教育干预（如检查信用报告、跟踪支出、共同编制现金流量表、平衡渴望与需要、制订开销计划和债务偿还计划等）可以与CBT干预措施进行整合，因为它们的重点都是重构关于金钱的想法和行动，并通过这一过程来改变行为。

↘ 阶段三：叙事展开

阶段三的初衷是为了更加深入地探索财务去权并创建新的金钱故事。阶段三虽然重点使用叙事疗法的干预措施，但是仍然包括认知行为疗法和财务咨询及教育干预的某些要素。FFEM 允许治疗在阶段二和阶段三之间转换，因为迂回往复有时是必要的。阶段二一般需要 4～6 次会谈，但是需要重申的是，会谈次数取决于来访者的需要和目标，这个阶段可长可短。

> FFEM 的阶段三会更加深入地探索来访者的金钱议题，协助他们构建更具偏好性、自主性的金钱故事。

叙事疗法以社会建构论为基础，认为社会、环境及我们周围的人对我们的信念、态度和行为产生了很大的影响。叙事疗法关于偏好叙事的自由原则和灵活性原则允许来访者建构与其相关且有意义的生命故事。治疗师与来访者合作建构新的偏好故事或叙事，这个过程鼓励来访者重新检视自己的问题，并且改变其看待这些问题的方式，帮助其走出泥潭、摆脱病态。FFEM 的阶段三便是以这样的方式更加深入地探索来访者的金钱议题，协助他们构建更具偏好性、自主性的金钱故事。

为了重构来访者的金钱故事，临床工作者和来访者一起建构使来访者重新认识自己、产生新的感受、采取新的生活方式的叙事。为了形成这些新的故事，临床工作者可以使用叙事疗法的解构式倾听干预方法，以一种不同的、更加聚焦的方式倾听来访者的故事。解构式倾听拓展了故事空间，将来访者尚未叙述或重写的片段性叙事纳入其中。通过这种倾听式干预，来访者开始理解，他们关于金钱的故事很重要并且他们真正被听到，这两者都具有赋权的功能。临床工作者主动倾听来访者的特定事件，如闪亮时刻、特殊意义事件和故事开场白等。闪亮时刻和特殊意义事件都是例外事件或事例，原本不在来访者充满问题的叙事中。这些独特的时刻和事件,可以成为故事的开场白或新的起点,临床工作者和来访者从这里开始构建新的偏好故事。

治疗师深思熟虑且细致周全的提问能够带来坦诚开放的对话,挑战来访者的固有思维并激发其更深层次的思考。通过积极的开放式提问,叙事疗法为故事的生成与发展创造空间。通过激励来访者持续而更加深入地思考这些问题,临床工作者能够帮助其形成偏好和故事。围绕行动蓝图和意义蓝图的提问可以进一步发掘故事的深度、拓展故事的宽度。行动蓝图的提问通过检视叙事过程和细节而推动故事的发展;意义蓝图的问题围绕着财务故事中的含义、意义、动机、目标和信念而展开对话。利用这些问题,治疗师可以帮助来访者在更深的层面上探索新的故事,也使偏好叙事更加丰富翔实。

最后,问题外化是叙事干预的重要措施之一,能够帮助来访者意识到他们正在面对的问题是外在于自己的。换言之,既不是来访者有问题,也不是来访者的某个方面有问题。问题外化能够帮助来访者把这个问题与他们的自体感或身份认同感分离开来,使来访者更容易管理、面对、解决问题。当关于金钱的愧疚感和羞耻感减少时,我们也更能够面对问题,而不是一味回避问题。重获金钱控制感是一个极具赋权性和激励性的过程。财务治疗中的问题外化不仅可以借助于对话完成,还可以通过更具探索性和创造性的方法(如艺术、手工、绘画等)进一步强化。

> FFEM 模型财务治疗的结束因人而异,来访者可能选择离开治疗(即脱落)并一去不返,也可能不征求临床工作者的同意就自行结束,或者经过和临床工作者的协商共同结束治疗过程。

↳ 阶段四:结束阶段

在 FFEM 模型中,结束阶段意味着财务治疗的完成。服务结束可以有多种形式，但 FFEM 的目标是至少有一节会谈是专门回顾并充分讨论财务治疗过程以及来访者在整个过程中的进步。尽管有这个目标，但是 FFEM 模型财务治疗的结束因人而异，来访者可能选择离开治疗（即脱落）并一去不返，也可能不征求临床工作者的同意就自行结束，或者经过和临床工作者的协商共同结束治疗过程。结束的过程涉及多个重要事项：回溯并反思自己的进步，来访者可能更具赋权感；临床工作者有机会收到对财务治疗过程有价值的反馈；标记治疗过程的终止，为来访者划出正式的"终点线"。在这一过程中，治疗师除了帮助来访者做好准备之外，还应考虑来访者的需要和要求。

来访者对目标达成及当前状态的感知通常是 FFEM 和财务治疗最后阶段的一个重要部分。当工作进展到阶段四，财务治疗师将看到，在完成任务并实现目标时，来访者的行为更加积极，且他们对治疗师的依赖更少。来访者也表现出更自信、更积极并更具自主性的行为（例如，积极且负责的财务行为，目标导向的行为，稳定一致且更具未来导向性的行为）。也很有可能来访者直接用语言表示他们打算在不久之后就不再依靠临床工作者和财务治疗师。当不能确定来访者目前状态的时候，临床工作者可以再次利用施测财务压力、满意度和幸福程度等评估工具，帮助双方决定，何时他们可以结束，或者不再有进一步财务治疗干预的必要。

案例研究

本节给出的案例研究以现实中的财务治疗工作为基础，以阐述 FFEM 是如何被整合进财务治疗实践的。出于保密的目的，来访者的可识别身份信息及人口统计学方面的信息做了改动。

↳ 背景信息

戴娜（Dana），单身女性，白种人，23 岁，来自美国南部，最近重返校园学习，以便获得平面设计的学位。戴娜之前有一份全职工作，年薪不到 20 000

美元，但是她乐在其中并对薪水感到满意。戴娜自称是财务回避者，之所以进行财务治疗是为了能对资金管理有更多了解，对财务状况有更多自信。在初始会谈期间，戴娜表示，她无论如何都不会变得富有，因为她由离异的单身母亲带大，母亲一直在与慢性心理问题做斗争，并且不能很好地管理金钱。戴娜已经意识到，她经历的各种影响巨大的、令人痛苦的议题都与原生家庭有关，并且经过多年的心理治疗目前已经修通了很多。戴娜开始财务治疗的时候没有进行心理治疗，她由自己的前任治疗师转介过来，前任治疗师认为财务治疗过程将对她有所助益。戴娜学习动力很强，并且愿意探索自己的问题以及过去与她当前的金钱行为的关系。但她表现出明显的去权特征，缺乏自信，不确定自己是否有能力掌握这些新的财务知识。戴娜在财务上的问题以及她意识到的情绪和家庭问题使她不仅适合进行财务治疗，也很适合 FFEM。

↘ 问题表现

戴娜自认为是初学者，描述自己有财务压力以及显著的去权感，她缺乏财务知识和金钱信任并且不能果断自信地处理财务事务。面对金钱压力，戴娜感到焦虑和恐惧。她也表示，自己僵化刻板的金钱观念阻碍了她去享受因新工作赚得的金钱，也阻碍了她和朋友们外出——她偏执地认为钱永远都不够用并回避任何花钱行为。她很重视探索自己与金钱的关系，以及过去的财务经历如何塑造了她现在的行为方式。戴娜说，她以前从未寻求过财务方面的帮助，并且对她是否能够以新的方式感受金钱、产生新的金钱行为表示怀疑。初始评估表明，她很适合进行财务治疗，而且评估结果没有显示出她具有任何与焦虑、抑郁和功能失调有关的症状。

当来访者报告自己有严重或慢性抑郁和焦虑以及诸如自我伤害之类的危险想法时，财务治疗的临床工作者必须承认其专业工作的边界和局限性，这一点非常重要。遇到上述情况，财务治疗师就需要将来访者转介给有资质的心理治疗师，让来访者接受以心理治疗为中心的治疗。但是，如果压力、焦虑和抑郁直接与财务问题相关,且程度轻微或适中,那么就可以采用 FFEM 治疗缓解这些症状,因为 FFEM 可以同时针对以上症状和财务困难开展治疗。

↘ 临床工作者视角

戴娜深受金钱赋权缺失的影响,症状表现为没自信、接受的财务教育有限、焦虑和恐惧、回避、压力及过度刻板的金钱行为。她的关于生命与金钱的想法主要源于其早期家庭经历。在财务治疗的开始阶段,"钱永远都不够""你不能信任他人""你要为自己负责""世界参差无比""你必须努力工作并且少花钱,这样才能勉强度日"这类图式或信念不绝于耳。她也意识到自己的节约行为过于苛责,并且认为一花钱就感到不安,这有些可笑。由于她不知道如何处理自己的钱,所以采取回避和囤积的应对策略。

↘ 干预

在初始会谈的准备阶段,临床工作者要和来访者建立信任关系,探索来访者的财务问题和行为,并确定初始目标。戴娜更多地谈及财务管理和自信方面的各种问题,经过进一步的评估和讨论后,临床工作者引入财务治疗过程,就其金钱议题的情绪面向或其他更具体的面向展开工作。戴娜对这个治疗过程很有兴趣,并且同意参与财务治疗。她表示,自己优先考虑的事项包括:针对一笔小额但久未偿还的负债制定更好的应对策略;系统整理自己的财务状况,因为她最近有了一份高薪工作;制订支出计划;深入了解新工作提供的保险和福利;制订买车和购房的计划。

阶段二 除了 CBT 常用的布置家庭作业的方法外,还可以利用某些常用的财务咨询干预措施。临床工作者要求来访者从网站上下载自己的信用报告,并仔细检视这份报告。此外,临床工作者鼓励来访者开始注意每日支出情况并在智能手机上做记录。临床工作者还要求来访者收集近期与未偿还贷款有关的银行对账单和文件资料,并在下一节会谈时使用。为了与来访者合作并建立和谐信任的关系，在准备阶段结束时，临床工作者与来访者确认她的感受。在初始会谈结束的时候，戴娜说她感到很高兴，信心十足并且轻松很多，临床工作者认为，这表明她的赋权感在增强。

在阶段二（第 1～4 次会谈），临床工作者和来访者一起检视其负债情况，并根据其当前的收入和支出制订恰当的支出计划。每次会谈一开始，戴娜会拿到一份会谈议程，并被鼓励在议程中添加自己关注的事项、问题以及担心。戴娜还将拿到一份手册和一份有关预算与支出计划的自助材料。临床工工作者帮助戴娜深入了解新工作提供的保险内容，并对不参加健康保险可能面临的风险进行心理教育。

随着财务目标的实现，临床工作者鼓励戴娜更仔细地审视思维过程。戴娜更关注她与金钱有关的思维、感觉和行为是如何交互影响的。她认为自己具有的"钱永远不够"的自动化思维导致了自己的焦虑和恐惧，这些情绪反过来让自己更加倾向于囤积和限制支出。理解了这些之后，戴娜逐渐让自己更自如地消费，表现出更具自主性的思维和行为，并感到更自信、更安全，因为一两次购物或者和朋友外出活动并不会让她倾家荡产。

阶段三 在阶段三（第 4～7 次会谈），临床工作者和来访者继续针对来访者的财务目标开展工作，财务治疗师开始提出更加深入的、与金钱恐惧和焦虑起源有关的问题。通过利用叙事干预，特别是解构式倾听和问题外化，临床工作者和戴娜构建出全新的更具偏好性的财务叙事。

为了重构来访者关于金钱的负性思维并协助其构建一个新的故事，临床工作者采用问题外化干预技术，帮助戴娜从不同的角度来看待自己与金钱的关系。在最开始处理个人财务时，戴娜表示自己的焦虑程度显著并且有金钱厌恶倾向。财务治疗师和她一起探索这些感受和信念（"金钱就是罪恶的并且会引发罪恶"）的可能来源。通过深入会谈，戴娜意识到自己的某些想法和负性感受来自于自己的成长环境以及缺乏与金钱和财务有关的教育。在这些讨论的过程中，戴娜注意到，当对话集中于金钱事务和新的理念时，她会有被淹没的感觉，感到无能为力。为了重建这个叙事并识别闪亮时刻，财务治疗师和戴娜讨论她最近处理金钱时有控制感和赋权感的时刻。这个干预向戴娜展示了其进步的证据并保护她不受失败者思维方式的影响。为了让戴娜拥有稳定的赋权感，临床工作者采用问题外化技术。临床工作者和戴娜探讨问题的本质，我们常常把问题归结为个人失败，因此把我们自身诠释为问题，并由此产生罪疚感和羞耻感。临床工作者建议戴娜尝试把她的问题看作发生在她之外，并共同创造"金钱怪物"的意象，正是这个意象阻碍她感受金钱带来的赋权感。

当戴娜进一步探索"金钱怪物"时，她发现了它们是如何经由"让她感到自己无能或者她做得不够并且不会成功"的想法来影响她的。临床工作者和戴娜一起寻找对抗这些想法的各种方法，包括使用更加积极的自我对话和识别成功时刻，不断觉察"金钱怪物"以及她何时更易受到它们影响，这些努力贯穿于针对戴娜财务状况的持续性组织和工作的整个过程。经过阶段二，戴娜注意到自己对金钱的看法发生了巨大的转变。除了财务状况更加有条理、有计划之外，对自身的探索减少了她对金钱的恐惧，并且尽量不把情感和意义附加在金钱上。戴娜开始更多地把金钱看作一个客体，她的解释是她感到更能掌控金钱，并且感到"当我需要它，它就在那儿"。这种态度从焦虑向中立的巨大转变，表明戴娜在金钱方面的赋权感增加。

当阶段三临近结束时，临床工作者观察到了一些事情，表明戴娜已经具备了结束财务治疗的能力。在治疗过程和工作中，戴娜表现得更加独立自主，因为她开始自己研究和了解财务议题，并且觉得可以减少会谈频率。戴娜在处理资金问题的过程中显得信心十足，她不仅持续地汇报自己的积极行为，如在预算范围内花钱、允许为自己花钱等，并且更加具有未来导向，因为她渴望增加储蓄并制定了新的财务目标。临床工作者和戴娜讨论结束会谈，她同意结束财务治疗过程，因为她的目标已经实现。

在最后的会谈中（第 8 次会谈），即在阶段四（结束阶段），临床工作者祝贺戴娜取得了成功。为了巩固她的赋权感，临床工作者和戴娜各自分享了他们对于整个过程的看法，着重肯定了戴娜获得的成就，临床工作者也鼓励戴娜反馈她对财务治疗以及和临床工作者一起工作的体验。戴娜对各种技术如何对她产生效果提供了很有价值的洞察，也对有改变和改进的机会表示了自己的感激。阶段四结束，财务治疗师向戴娜承诺，如果将来她有需要，她仍旧可以回来寻求支持。

结果

来访者与财务治疗师一起经历了 8 节会谈，完成了 FFEM 框架内的每一个阶段。财务治疗过程结束的时候，戴娜表现出持续增加的赋权感以及连贯一致的正向财务行为。

在阶段二，戴娜取得了信用报告，对所需的财务治疗费用提出疑问，制订并遵循新的支出计划，考虑办理首张信用卡的可行性，以便通过增加信用评分来实现未来买车或购房的目标。戴娜的赋权感显著增加，因为她对自己的能力越来越自信。例如，根据从财务治疗师那里所学到的知识和阶段二提供的手册资料，戴娜主动创建了自己的预算系统和策略。她在网站上注册了一个账号，以协助自己制定预算目标。而财务治疗师提供的心理教育集中在健康保险、信用建立和储蓄策略上。在阶段二期间，戴娜注意到她越来越愿意花钱，而且花钱时更自如、更少担忧。

在阶段三，戴娜表示她看待金钱的视角发生了更巨大的转变。她能够和财务治疗师共同建构新的金钱叙事，因此她不再感到无能为力和自惭形秽。她一再表示自己的安全感和积极性得到了提高，并进一步摆脱了最初持有的金钱观念。随着阶段三的结束，戴娜成功地实现了财务治疗的最初目标，也制订了新的、关注未来目标的储蓄计划。

对戴娜评估与初始评估的不同证实了 FFEM 财务治疗能够产生积极的结

果和表现。因为戴娜的初始分值没有落在抑郁的范围内，所以财务治疗师没有让她再次施测 QQ-45.2 和 PHQ-9 评估量表，财务满意度评估项前测时是 3 分，后测时是 7 分。戴娜的财务压力程度下降，从前测评估的 7 分下降到后测评估的 2 分。

戴娜财务知识的后测评估也发生了改变，前测和后测分别是 18 分和 25 分。两个不同的评估工具可以检测戴娜财务行为的改变——财务责任行为量表（Responsible Financial Behavior Scale）和财务行为量表（Financial Behavior Scale）。对于财务责任行为量表，戴娜前测评分为 14 分，后测评分为 20 分。对于财务行为量表，前后测的评分分别是 19 分和 30 分。两个评估的评分都表明，她的财务行为得到了改善。把戴娜主观上的反馈和评估分值显示的改善结合在一起，证实了 FFEM 对于戴娜这类个案治疗的有效性。

伦理考量

为了在每个治疗过程中取得有效性，财务治疗师必须考虑每个来访者的环境因素并对此保持足够的敏感，探索性别、教育程度、文化背景、家庭关系和养育经历如何影响了他们的观点以及和财务的相互关系。赋权看起来直截了当，但至关重要的是要承认，赋权本身倾向于强调个人主义和其他传统的男权概念，如征服、自主和控制等。因此，赋权感的发展因人而异，影响因素包括集体主义文化、多样化的背景和教育程度；也因来访者所属群体的不同而不同，例如，女性身份、集体主义文化教育背景、"教派""作为更大团体的一部分而存在"等概念会影响来访者的想法和信念，因此在赋权过程中需要考虑文化因素和背景因素，因为赋权主要关注自我提升和自我肯定。

未来方向

FFEM 是解决来访者财务赋权问题的诸多方法中的一种。即使考虑到理论指导实践的案例有限，FFEM 在实践方面也为财务治疗领域做出了独特的贡献。虽然 FFEM 只关注财务治疗中的赋权议题，但是有理由相信，该模型的灵活性和广泛性足以让其应用于其他财务议题。未来有望编撰面向临床工作者、教育者工作和其他专业人员的 FFEM 培训手册和会谈指导。

本章给出了一个研究案例，用以阐释 FFEM 模型是如何应用于财务治疗过程中的。将来应该有更多的 FFEM 临床研究，以便获得囊括更大样本的经验证据。研究者和临床工作者都能从这类研究中受益，进一步发展有理论支持的与来访者工作的方法，并确定各种财务治疗模型的有效性。

第 12 章
过度购物制动模型

艾博·莱恩·本森

引言

你永远无法从你并不真正需要的东西中得到满足。强迫性购物障碍精准地解释了这一陈述。强迫性购物障碍的广义定义是沉溺于购物，表现为无法抗拒的、强迫性的、不由自主的冲动和行为，导致购买频繁、超出个人经济承受范围，甚至造成人际、社会和财务上的恶果。虽然强迫性购物障碍被戏称为"让人高兴的成瘾"并被认为可以刺激经济发展，但它其实是件需要严肃对待的事。强迫性购物能够并且经常会带来严重的、持久的影响。除了在经济、情绪、人际和职场上造成显而易见的问题之外，在极端情况下，它还会诱发犯罪和自杀。尽管强迫性购物障碍已经进入公众视野并引起了电视专题节目、纪录片、电视真人秀和普通民众的兴趣，但关于其成瘾过程的研究还没有得到充分关注。在心理学领域，与饮食障碍、酒精成瘾、药物成瘾、强迫性赌博及其他障碍相比，针对强迫性购物的财务治疗研究还很有限。包括本书在内的相关图书的出版以及财务治疗协会的成立表明这一趋势可能被扭转。

> 在线购物和购物网站的大量涌现使互联网成为滋生强迫性购物障碍的温床。

首先，本章将综述强迫性购物障碍的历史、流行病学研究情况及其临床特征。其次，本章将介绍一个为期 12 周的有关强迫性购物障碍的治疗模型——过度购物制动模型。其理论基础包括心理动力学疗法、认知行为疗法、辩证行为疗法、动机式访谈、正念和接纳与承诺疗法。其后的案例将介绍如何在实践中应用这个模型。最后，本章将简要介绍有关该模型有效性的随机对照试验及其结果。

强迫性购物障碍

克雷佩林（Kraepelin）于 1915 年首次对强迫性购物进行了详细描述，之后布洛伊勒（Bleuler）于 1924 年也对强迫性购物进行了相关描述。但此后，强迫性购物在很大程度上被忽视了，直到 20 世纪 80 年代后期，随着两个因素的出现，强迫性购物现象急剧增加，并引发了业内人士对它的关注。一方面，20 世纪 80 年代的美国贫富差距加大；另一方面，过去住在我们隔壁、生活方式与我们相差无几的"琼斯一家"[①]被电视里的"琼斯一家"所取代。"琼斯一家"，甚至是喜剧片里的蓝领"琼斯"们，都在不断追求阔绰的生活方式，这燃起了我们想要拥有更多、更大、更好的商品的欲望。过去 15 年，在线购物和购物网站的大量涌现使互联网成为滋生强迫性购物障碍的温床。

强迫性购物是一个严重且日益恶化的问题，有很多新的证据证实了这一点。虽然强迫性购物是一种与文化密切关联的综合征，但"迅速增长的信贷便利和不受约束的购物机会"以及扩大了购物范围的全球化加剧了强迫性购物。关于强迫性购物的图书在许多国家先后出版，包括在加拿大、墨西哥、巴西、英国、法国、德国、印度、西班牙、奥地利、荷兰、澳大利亚、中国、南非和韩国等。由此我们可以得出结论：强迫性购物是一个全球性的问题。

---

① 意思是在消费上与相同经济地位的人保持一致。例如，邻居家如果买了一台新电视，自己家也会买一台新电视。俗语用"跟上琼斯一家（的步伐）"（keeping up with the Joneses）表示与他人攀比，是因为琼斯是一个很常见的名字——译者注

根据一次涉及 2 000 多个美国家庭的大规模电话调研结果推断，5.8% 的居民（即大约 1 700 万名美国人）有强迫性购物症状。之后，针对三个被严格定义的子人群的一项研究检视了被试人群强迫性购物障碍的患病率。研究结果表明，一所南部大学的 8.9% 的员工和 15% 的学生，以及一个在线女性服装零售店的 16% 的消费者，其得分在强迫性购物的范围内。

很多美国人正遭受强迫性购物的影响。"典型"的强迫性购物患者是 30 多岁的女性，她们觉得自己拥有无法抑制的冲动、无法控制的需求、越来越紧张的情绪，只有通过强迫性地购买衣服、珠宝、鞋子和化妆品才能得到缓解。紧随其后的是 20 岁左右的强迫性购物患者。其实，强迫性购物患者分布范围很广，在年龄、性别、社会经济地位、购物模式、强迫性程度、潜在动机等诸多方面都表现出个体差异。强迫性购物患者的行为模式也各有不同。一些人是每天强迫性地购物，一些人是偶然为之但大买特买，另一些人是强迫性地收集物品。此外，他们还可分为象征性挥霍者、报复性挥霍者、亢进性挥霍者（需要花光他们的钱）和共存性挥霍者（让他人花钱）。有些人会买多件同一商品，另一些人是强迫性地只找便宜货购买；有些人是强迫性囤积患者，而另一些人则陷入无休止的购买－退货的循环中。

强迫性购物行为可能发生在拥有任何一种金钱脚本的人身上，而且还与财务治疗确认的大部分金钱障碍有关，包括强迫性囤积、财务否认、财务利他、财务依赖、财务卷入和财务不忠。关于金钱脚本和金钱障碍的更加详细的内容，可查阅第 3 章和第 4 章。

↳ 为什么过度购物

"竞争性消费"是美国特有的文化，它将消费与快乐联系在一起。女性认为，穿上漂亮的连衣裙或者使用昂贵的美容产品会让男性觉得她们魅力无限；而男性则相信，跑车能够证明他们具有男子气概及事业有成。信用卡的泛滥加剧了过度消费。从 2005 年到 2007 年的三年中，近 60 亿张信用卡被推销给了美国民众——这意味着每个美国人每年将收到 20 张信用卡。2012 年，美国信用卡负债总额是 7 931 亿美元，平均每个家庭的信用卡负债近 16 000 美元，76% 的大学生至少有一张信用卡，56% 的大学生在最近 12 个月内一直有未偿还的贷款。尽管最近的立法增加了个人申请破产的难度，但导致个人破产的因素（如轻而易举地取得信贷、购买商品能够带来幸福的信念等）仍然存在。

> 信用卡的泛滥加剧了过度消费。

个人和家庭因素叠加文化和社会因素使强迫性购物障碍复杂而多变。在强迫性购物患者中，有人强迫性购物是为了寻求并得到情绪上的放松和短暂的欢欣。有人过度购物是对丧失或创伤的应激反应，或者是为了回避某个重要的事情，或者是为了获得控制感。有人过度购物是为了表达愤怒、实施报复，或者是把为他人购物当作留住爱情的手段。也有人把过度购物视为向某一团体表达忠诚的方式，或者是为了塑造自己拥有财富和地位的形象。而潜藏在以上动机之下的深层次动因是他们试图成为理想自体或获得想要的社会地位。

迪特马尔（Dittmar）探讨了潜藏的社会心理机制，它在强迫性购物中扮演着重要的角色。在迪特马尔看来，过度（或"强迫性"）购物患者有两个主要的特征。首先，他们的物质主义测量评分较高，相信购物是获得成功、身份和幸福的重要途径。其次，他们购买商品的目的是为了提升自我形象，弥补如何看待自己（真实自体）、想要成为怎样的人（理想自体）和期望他人如何看待自己（理想自体）之间的差距。

强迫性购物是为了改变消极情绪并提高自尊，但是经由过度购物获得的积极情绪不会持续太久。迪特马尔比较了普通人和强迫性购物患者在消费的三个阶段中的情绪和自我评价，这三个阶段分别是正要购买之时、刚刚购买那刻以及购买后回到家中。虽然强迫性购物患者的情绪和自我评价在购买之后得到提升，但是等回到家中后，这种提升大幅回落，但并没有低至购买之前的程度。

过度购物虽然在财务和其他方面需要付出巨大代价，但它还是有这样一点小小的好处，因此这个恶性循环被不断强化。

过度购物制动模型

↳ 综述与结构

过度购物制动模型是一个始于 2005 年的综合性项目，由一位培训专业人员主导，它的独特性在于折中地融合了多种治疗方法，其治疗效果已得到证实。该项目通过教授具体的技巧、方法和策略，帮助过度购物患者打破强迫性购物的恶性循环，并发展出让其生活充实起来的各种能力。本章将概述这个模型，并简要说明财务治疗师该如何应用这个模型。关于该模型更加详细的描述，请参考班森（Benson）和艾森纳赫（Eisenach）的相关论著。

建议读者阅读完整版的《买还是不买：过度购物之因与制动之法》（*To Buy or Not to Buy:Why We Overshop and How to Stop*）一书，并完成相关练习。本章将以此为基础概述过度购物制动模型。当该模型应用于团体治疗时，团体会谈会持续 12 周，每次会谈 100 分钟。当应用于个体治疗时，在材料导入的次序、每个练习花费的时间、是否涵盖所有练习等问题上均可以灵活处理。有时这个治疗会与其他心理问题的治疗交织在一起，当来访者同时接受另外的治疗（来自心理治疗师、精神药理学家、职业规划师、财务咨询师、会计师或律师）时，理想的情况是与这些专业工作者一起合作，但这需要得到来访者的书面授权。

这个模型适用于正在遭受强迫性购物症状影响的青少年、成人，但先要经过强迫性购物评估，且评估患者不存在双相情感障碍 I 型、精神疾病、自杀倾向，以及药物、酒精依赖。项目开始前，来访者需要完成一份有关个人历史的问卷，内容涉及教育、工作、家庭、健康状况、社会生活、其他症状以及心理治疗经历等；一份人口统计数据表，涉及收入、信用卡使用情况以及债务；以及下列四份表单中至少两份强迫性购物筛查表：法勃尔（Faber）和欧·吉恩（O'Guinn）的强迫性购物量表；瓦伦斯（Valence）等人的强迫性购物量表；里士满（Richmond）的强迫性购物量表；耶鲁-布朗的强迫性量表（购物版）。此外，来访者还需要完成2周内购物追溯表，列出最近2周所有强迫性购物记录，包括购买的物品、购买的支出，以及在购物上花费的时间。

每次的团体会谈都包括四个不同的部分。首先，从慈心禅冥想开始，在冥想过程中，伴随着呼吸的调整，团体成员向自己和他人发送慈心，想象自己拥有的一种良好品质，或者在心中描绘他们深爱的人。冥想的作用是帮助团体成员将注意力集中在自己身上，开启自身的智慧，释放外在压力。其次，每个成员报告自己本周目标的达成情况，这周内有过哪些过度购物的想法。再次，每个成员分享上一周完成的家庭作业的要点。最后，在会谈结束的时候，治疗师引入下一周的材料及有关练习。

团体成员之间的交流互动会持续整周。在网络论坛上，治疗师可以发布周目标和家庭作业，成员们可以谈论会谈期间没有时间讨论的问题，分享掌握的信息、面临的挑战和取得的成果，向其他成员提供支持并获得他们的支持。治疗师还可以利用网络论坛了解每次会谈的情况，制作个人便签和概要便签，前者是每个成员在会谈期间的个性化议题，后者则强调会谈要点，提醒成员下周的周目标，并且用鼓舞人心的例子鼓励他们。以上这些能够增强会谈效果，关注每个成员的进步，并为下一节会谈做好准备。在这周内，治疗师还会通过邮件和每个成员进行类似的沟通。

寻求支持伙伴的帮助是该项目的另一个要点。支持伙伴是过度购物患者挑选的帮助患者实现购物制动目标的人。从支持伙伴处获得怎样的帮助取决于两个人的关系。但总体而言，支持伙伴需要帮助患者成功打消购物冲动，在完成家庭练习时和患者一起进行头脑风暴，协助患者解释并完成周目标，帮助患者复习所学到的和所观察到的东西，有时还要陪患者来个购物之旅。贯穿项目的核心是实现具体的、可衡量的、可实现的周目标。目标的建立可以使用动机式访谈列表，邀请患者做以下几点：评估目标的重要等级；解释为什么恰好是这个等级，而非高一点或低一点；决定该如何实现目标，包括如何开始第一步；确认潜在的障碍，以及如何克服；评估并确认过度购物患者实现这个目标的自信程度。

> 支持伙伴是过度购物患者自己选择的支持者，能够帮助其实现购物制动目标。

↳ 内容

项目是从对问题的探索开始的："为什么你会过度购物呢？""这一切是怎么开始的？"过度购物患者需要简要地书面陈述过度购物行为对其生活的影响，可以根据提示，回答以下问题，如早期家庭、同伴、社群和媒体的影响，以及自己是怎么学会使用金钱的。

完成上述的探索之后，来访者需要了解常见的过度购物的触发因素及其后果，并针对这两个部分对自己进行分析。接下来，来访者需要依照一定的步骤，探索冲动出现的那一刻的购物心理。与此同时，来访者还要深入地思考自己希望未来的生活步入怎样的轨道。这个关键性步骤促使每个参与者去想象他们的理想未来和持续过度购物的未来之间的差异。来访者清晰地看到持续的过度购物的真实代价可增强他们当下的改变动机。来访者开始不再否认过度购物的长期影响，并利用决策平衡矩阵来分析过度购物的优缺点，以探索自己关于改变的矛盾心理。

来访者继续进行自我剖析，制定一份清单，列出他们何时、何地、和谁、为谁购物，以及购买了什么、为什么购买、所购之物与他们最爱之物的关系。这些练习是为了提高来访者对财务生活的关注，突显储蓄的中心地位以及信用卡负债的骇人成本。从现在开始，记录、分类并评估每一笔支出变得十分必要。

在当前阶段，来访者需要彻底搞清楚什么是他们真正想要购买的。首先，他们确认潜藏的真实需要，这个需要点燃了他们的购物冲动并且促使他们进行令人沮丧的过度购物；接着，他们思考满足真实需要的更直接、更积极的方法，这些方法能够让他们的生活变得更好而不是更坏。

强迫性购物之所以具有难以克服的成瘾性，是因为购物本身不可避免。人都要购买必需品，如食物、衣服和代步工具，但重要的是能够区分购物与消遣、渴望与需要，能够抵制住来自四面八方的宣传、诱导以及购物压力的诱惑。在项目进行的过程中，来访者将接触到特定的行之有效的方法，以确保在购物时保持理性。这些方法主要针对六大极具吸引力的购物平台，包括购物商场和商店、网上购物、电视广告、杂志广告、目录购物和电视购物。这个时候来访者要思考如何避开他们的危险区，即最有可能触发其购物冲动的那些场所，不断思考用什么方式来预测、准备、回避、抵制、应对被迫消费的各种社会压力源（如家庭、朋友、销售顾问及文化等）。

> 强迫性购物之所以具有难以克服的成瘾性，是因为购物本身不可避免。

在完成与购物场所、社会压力相关的基础性工作之后，来访者需要学习如何制订购物计划，并在购物后检查该计划。为了制订这个特别的计划，来访者需要详细说明以下几点：想要购入的一件或多件商品；购买每件商品的目的；可以负担且愿意支付的最大金额；何时、何地、和谁、为谁、花多少时间购物；如何支付；超出计划的过度购物的后果。如果过度购物的风险大于30%，他们就会被要求在支持伙伴、治疗团体或治疗师的帮助下制订一份新的、更低风险的计划。

正念暂停（mindful pause）要求来访者在实际购买某件商品之前和完成序列中的前两个部分之后，自问以下六个问题。

1. 我为什么在这里？
2. 我的感觉怎样？
3. 我需要这个吗？
4. 如果等等会怎样？
5. 我将如何支付？
6. 我会把它放在哪儿？

虽然询问上述问题需要很大的克制力，但这样做能够帮助过度购物患者成功中断自动购物行为，并帮他们意识到自己可以选择买或不买，可以放下商品并离开，或者在购买前花更长的时间进行思考。为了强化这个正念行为，咨询师要鼓励来访者承认并确认他们的进步，奖励他们一个自由的活动或者可承担的活动。这既是自我关怀的体现，也是专属自己的购物替代选项。

目前为止，来访者已经度过了为期12周的项目中的8周。他们可以使用实践技巧、工具和策略更加深入地聚焦导致过度购物行为的四个核心要素——身体、内心、理智与心灵。每个要素都能引导（或误导）我们进入正念购物之旅。身体是购物冲动的第一响应器；但是，身体的智慧常常被忽略。为了避免这种情况，来访者就要学习如何进行身体扫描，并练习捕捉特定的身体感觉；这能在应对购物冲动时帮助其降低购物冲动的强度。

过度购物患者通常在处理负向情绪方面没有什么正向实践经历；相反，他们否认、质疑、隐藏或忽视这些负向情绪。过度购物是他们典型的行为模式。他们需要找到合适的语言来表达情感，仔细辨认情感链条上细微的情感变化，虽然做到这点很难，但这是来访者必须经历的过程，与笼统地说愤怒或悲伤相比，这能够提供更多具体且有用的信息。

> ……"假如我又开始了怎么办？"

为了更好地应对情绪，来访者可以选择另一种技术，它看似简单却非常有效，这个技术被称为金钱对话。它由奥莉维娅·梅琳（Olivia Mellan）提出，对话过程能够帮助人们更加深刻地觉察到自己与金钱、信用卡、珠宝或者塞满衣物的衣箱的关系。来访者在进行这个练习的过程中，常常会出现强烈的情绪反应，因为金钱对话有力地进行了解码，揭示出物体对于过度购物者的象征意义。接着，来访者想象父母、重要他人和更高层次力量（或内在智慧）对于这个对话有怎样的反应，这能够帮助他理解复杂且不健康的关系。这个体验能够深刻地影响来访者，促进他们摆脱对物体的依赖。

接下来是使用理性的语言，来访者需要参加一个CBT简易课程。首先，来访者将学习到CBT的核心信念、潜藏的假设、歪曲想法以及三者之间的关系。接着，来访者将拿到一份常见的关于歪曲思维的分类调查表。最后，他们将学到一些改变歪曲思维的技术，帮助他们发现未经检查的自动化思维如何强有力地塑造了他们的感觉和行为。为了强调心灵的重要性，来访者将了解到超然的力量，包括灵性、审美和卓越、感恩、希望、幽默，所有这些可以平衡并减轻人们对物质的渴望。

治疗结束阶段经常会出现一个令人不安的问题："假如我又开始了怎么办？"在结束项目之前，充分讨论这一点至关重要，这样来访者才能更好地进入下一个阶段。首先，充分讨论常见失效和复发扳机点的情况，并让来访者创建自己的个人列表。之后，讨论应对常见失效与复发扳机点的策略，如怎样防止它们的发生、怎样为可能的发生做好准备以及怎样在失效和复发的教训中做好总结等。来访者被要求做两个试验，即心理预演和彩排。这两个试验是为了让他们对高风险情境有所准备，从而防止失效。在心理预演试验中，来访者从他们的清单中选择一个触发情境并将其视觉化，精心描绘其心理细节，就像其真实面对这种情境并抵御购物诱惑那样。在彩排试验中，来访者实际进入这个触发情境，目标是离开这个情境但不发生购买行为。最后，为了有备无患，来访者要制订一个失效与复发预防计划，帮助他们应对任何可能遇到的高风险情境。为了使这个计划更加稳妥可行，他们需要再次回顾并再次使用项目前12周内学过的工具和技巧。治疗结束前夕，需要讨论的问题是："多少才够？"人们常常忙于在一次又一次的购物中寻找幸福，却错过了与所购之物建立深刻关系的宝贵机会，也忽视了我们所爱之人。与得到和维持所付出的代价相比，拥有更多东西的好处显得微不足道，认识到这一点有助于人们正确看待购物。最后的落地练习包括以下几点：在项目中遇到过的最大障碍和挑战是什么，项目的本质是什么，从项目中收获的最重要的东西是什么，以及这个深刻反省的当下让其感觉如何。

案例研究

↘ 背景信息

《买还是不买：过度购物之因与制动之法》完整地介绍了过度购物制动模型。为了加深对该项目的理解，让我们看一个有关过度购物制动模型的成功案例。

案例的主人公名叫罗兰（Lauren）。在纽约街头，售卖手包的摊贩多如牛毛。罗兰不否认她的购物行为已经失控，因为只要经过这些摊贩，她就必定会购买；尽管她已经有一百多个钱包了。罗兰对非天然纤维的织物有严重的皮肤过敏，因此衣服的选择十分受限。这让她有一种被剥夺感，她想要用五颜六色的配饰——手包、围巾、珠宝和鞋子，装扮她"平淡无奇的"衣服，这些能够增添她穿衣风格的趣味。这类配饰的最大好处是，不像衣服那样有质地的限制，也无关体型与体重，它们都适合她。她满心喜悦地在店铺挑选、购买并带回家，而不必进入试衣间。这个过程可以称得上"速战速决"。

第 12 章
过度购物制动模型

如果不是因为最近和丈夫菲尔（Phil）在新泽西市区租了一套小公寓，罗兰购物失控的势头很有可能会持续下去。市区公寓比起郊区的房屋小得多，这让刻板但有条理的丈夫抱怨颇多。而对罗兰而言，越来越糟糕的杂乱无章的状况让她力不从心。丈夫合理化和简单化的要求令她的愤怒火上浇油，并且引发了她的疯狂感、不胜任感、淹没感、无望感和无助感，导致了对自助性书籍和课程的强迫性消费。

罗兰描述菲尔孤僻、机械、极度抗拒改变，没有同情心，尤其是对她。"孩子们爱他。他会把所有东西送给他们。他是一个利他者，取悦他人者，但是却到了过分的地步。他非常幼稚，根本就像个孩子，但绝对忠心耿耿。"她认为菲尔对她说过的每句话、做过的每件事在方式上几乎都是错误的，她承认过度购物既是对丈夫实施的报复，也是一种自我安抚，她想让自己开心。自认为是工作狂的菲尔拥有成功的事业，他把罗兰描述成"另一个女人"，那是他的生命之爱且他愿意为其付出一切。罗兰的现状与她成长的家庭环境密不可分。她的母亲消极且经常待在家里，承担大部分的养育工作，她的反复无常的工作狂父亲与他的店铺结了婚。父亲经常冲着母亲大喊大叫，认为她需要为每个孩子的不当行为负责。比罗兰大 8 岁的姐姐年纪轻轻就结了婚，然后迅速离开了家。比她小 1 岁的弟弟，在身体上虐待母亲，17 岁时被"押送"到海军，大家期望军纪能让他变好，结果却是他海洛因成瘾。罗兰 19 岁时就嫁给了菲尔，她把这形容为从她的家庭"战役区"光荣退役。

> 我受到某种程度的混乱、焦虑、创伤、兴奋的吸引和驱使，因为它们是我所熟悉的。所以，工作、娱乐、购物、吃、熬夜、生活混乱、和丈夫大吵等总是能让我获得兴奋和快感，令我感到"自在"和"可知"。和睦与平静不会为我带来这些感觉。我认为，觉察到自己的这种自我毁灭性的特质将有助于激励我寻找更加健康、更具建设性的替代方式，让自我得到安抚、平静下来。

在大屠杀期间，罗兰的父母在一位亲戚的帮助下从欧洲移民到美国。移民之前，他们都曾在集中营待过，并在集中营中失去了自己的大部分家人。罗兰的母亲对此相当沉默，但是父亲有时会谈论在集中营里的遭遇。作为一个孩子，罗兰不想听父亲讲集中营里令人沮丧的暴行，她认为父亲要么夸大其词，要么编造了即便不是所有也是大部分事实。"匮乏"心态一直是这个家潜藏的暗流，几乎每一分钱都要攒起来。有一个夏天，她的父母省吃俭用、节衣缩食地租了一套在卡茨基尔的平房；他们购买了所需的一切，离开时使用纸质购物袋打包行李，因为没有钱买行李箱。每当收到礼物，她的母亲总是把它"收起来"，以备某个模糊的未来时刻的不时之需，而这个未来时刻从未到来。

她和两个兄弟姐妹被要求不能扔掉任何东西，尤其是食物。因为罗兰一出生就体重不足，所以她觉得父母从第一天开始就在努力让自己变胖。她人生的大部分时间都在食物、饮食和体重间挣扎，并且认为这种挣扎将持续终身。

罗兰从青少年早期开始就在节食和暴饮暴食之间摇摆，但从未患过神经性厌食症或贪食症。作为一个成人，她的体重在 50 千克左右波动，而且她一直试图减掉 6～9 千克。她参加过匿名戒食会（Overeaters Anonymous），却发现它过于刻板；类似于克莱格体重管理的饮食计划更像是她的一个爱好。她期望加入过度购物制动团体，从中学到一些技巧、工具和策略，来帮助她控制饮食。

罗兰从衣着开始谈论"不合群"的痛苦感受。在心理层面，她感觉自己没有归属感，在"与众不同"带来的自卑感和羞耻感之间挣扎。她的家庭不仅是爱尔兰天主教街区中唯一的犹太人家庭，而且也是左邻右舍中唯一没有私家车的家庭，而她的父母操着一口混杂着德语和家乡意第绪语的口音。

↳ 干预方式

在参加第一次过度购物制动团体会谈前 2 周内，罗兰购物 20 次，用时 22 小时，开销 3 000 美元。她的四份强迫性购物测量的量表评分都落在"强迫性购物"范围内。在结构化临床诊断访谈（Structured Clinical Interview for Diagnosis，SCID-I）中，她在"周期性重度抑郁障碍"方面的得分呈阳性，尽管她目前处于完全缓解期。依据改版后的 ICD-SCID 标准，她在"暴食障碍"（处于部分缓解期）和"强迫性使用互联网"方面的得分都呈阳性。

罗兰本来计划和家人到阿姆斯特丹旅游一周，时间计划安排在团体会谈开始后不久。她预料到可能会发生的事情，并为此做出了安排。在过去，旅游对她来说就是一次昂贵的"购物狂欢"，而这次旅游却是一次心理"休假"。在这次旅游中，她将通过在线会议系统参加团体会谈。过去，她觉得旅游需要带一些旅游纪念品回来，作为旅游经历和感受的见证。想到她可能再也不会回到这些旅游地，时间上的压力迫使她立刻购买。为了在这次旅行中应对这个冲动，她表示会带回其他一些纪念品，仅限于照片、旅行日志和她的记忆。

在动机式访谈的过程中，她承诺只使用借记卡、现金，并检视个人购物，而不使用信用卡，信用卡过去常用于小笔支出，如购买星巴克咖啡。她预料最大的障碍是不想放弃因使用信用卡而获得的"额外好处"，如获得即时满足、延时付款、旅行里程数、现金、礼物等。她提醒自己，这些"好处"不是真正的好处，不使用信用卡能够带来更长远的积极影响，比当下感知到的损失更有价值。她下定决心要做到最好。同时，她担心借记卡账户透支，这样就不得不支付透支费用。这些费用就像达摩克利斯剑一样悬在她的头顶上，提醒她不要过度消费，并促使她定期检查借记卡账户余额。存钱首次成为她的目标。为达到存钱目的，她减少有线电视费用，取消智能手机的流量套餐（当时是为得到一个粗糙且用不上的插件而开通的），并且她还放弃了购买自己心仪已久的平板电脑。

罗兰有个习惯，冲动购物之后立刻撕掉收据，"隐藏证据"，企图以此否认并极力摆脱过度购物"罪"带来的痛苦冲击。她经常在因改变主意不想买而决定退货和因极力摆脱失控带来的痛苦感而退货之间摇摆。现在她决定保留所有

心理咨询中的财务议题

她认为冲动且不必要的购物的收据，所以她感到自己需要在购物和退货之间维持一个平衡。她不想在定义其身份的各种"狂"中再增加一个"退货狂"。她越来越能觉察到，持续购买手袋是"一个糟糕的误导"，是为了象征性地填补心灵"空虚的黑洞"，她也知道用甜品填补这些黑洞也是不可取的。"我无论买多少手袋也无法得到我真正想要的——真实、可靠、真诚、良性的我与他人的精神联结。"为了培养健康的联结方式，她的第二个周目标就是参加滋养心灵、提升生命品质的活动，每天至少一个小时。这类活动让她"心旷神怡"，感到放松并乐趣多多，而不是追求高度目标导向（如"修理"自己的方式）或太过严肃。欢笑、瑜伽并且和她的爱犬有更多游戏时间，均被列在清单首位。

罗兰意识到她的饮食问题和购物问题在本质上有很多相似性，她成功地学会了如何理性地逛街和购物，也能够更好地控制对食物的选择。虽然她仍然不时地沉溺于（共有的）过期甜点，或者"不那么正确地"来一顿大餐，但是她认为：

> 如果觉得自己绝对不可以那么做，我就会产生被剥夺感，会有逆反心理，并屈从于暴饮暴食的破坏性冲动。购物也是如此。理智的饮食和购物具有一定的自由度，也允许偶尔地自发性购物，买和吃也可以成为生命中真正的乐趣和快乐。我需要提醒自己，对未来充满希望，当我有所准备后，偶尔买一些自己喜爱的东西，即使没有计划、并非必需，但是我用得上而且感到快乐——就像是一片美味的巧克力蛋糕，而不是再次滑向缺乏理智的强迫性过度购物。

团体会谈进展到第5周，罗兰仅有一次强迫性购物行为，是她旅游回到家时给自己买了一个手包，这次购买是为了她奖励自己外出旅游时抵挡住了过度购物的诱惑。在团体成员的鼓励之下，她最终退回了手包，却因此感到情绪低落，不再是购物后的"一阵兴奋"。她向其他团体成员寻求帮助，和自己不愉快的感受"待在一起",而过去她常用药物治疗来摆脱对过度购物和过度饮食的依赖。

团体成员一致同意参加一项团体活动——在3周内不购买任何非必需品,而这段时间恰好有一场很受欢迎的手工艺品展览会,过去罗兰常常会毫无节制地前去购物。这一次,她没有想过不参加展览会,或者打破3周内不购买任何非必需品的承诺(她现在对自己做出这一承诺感到生气),她暗示菲尔,如果她真的看到特别而独特的东西,他可以买来作为生日礼物送给她。毫无意外地,她看中了一对手工艺耳环,菲尔买来送给了她,之后她等不及自己的生日就迫不及待地戴上了。这种行为是欺骗、操纵或不诚实吗?罗兰不确定。但她的确为自己感到难过(即便丈夫为她买了耳环),因为她不能像展览会上周围那些"正常"人一样享受购物或者享受饮食。

与此同时,罗兰开始定期练习冥想,专注正念,她每天都会坚持,即便在情绪起伏很大的时候。这是她心灵行动计划的一部分,她想发展一种更高层次的力量。为了达到这个目的,她继续在互存互助匿名小组(Codependents Anonymous)中工作,跟随她的支持者的步调,阅读、写作、工作、完成某些传统的犹太教仪式。她认为,这些让自己发展出了更高层次的力量,更能感受到联结性,更容易受到内在智慧的引导。

团体治疗进入第9周、第10周的时候,罗兰分享了她如何克制住自己不在亚马逊网站上购买两本想要的书,她把它们放在了自己的电子阅读器上。她意识到自己完全没有必要再要一条围巾,无论它多么漂亮、独特或物美价廉,她会有意识地每天戴不同的围巾,而不是留在某个最适合的场合再戴,虽然她母亲那样做并且建议她也那样做,而最适合的场合却从未有过。与此有关的周目标是开始翻找她所有的围巾。她留下自己真正喜爱的,并将其他的围巾都捐了出去。当她翻找围巾的时候,她决定统计围巾的数量,这能帮助她面对过度购物的现状。

心理咨询中的财务议题

罗兰认为，保持家里的杂乱可以防止她过度购物。她担心如果把家收拾得过于整洁，空出来的空间会让她产生想要填满它们的冲动。团体治疗的建议是，在把家收拾得干净整洁后，她需要去感受那些空出来的空间，这会让她变得更加平静。为了验证这一点，她检视自己，发现了自己的潜藏假设——"房间杂乱有助于我（彻底）停止购物"，并明白了这个假设很荒谬。团体治疗还鼓励罗兰拍一张公寓的照片并且在团体会谈时分享，这样其他的团体成员就能见证她的成长。

> 当她翻找围巾的时候，她决定统计围巾的数量，这能帮助她面对过度购物的现状。

她最后的"正式的"周目标是避开任何一个可能是"扳机点"的商铺，并对已有物品继续进行整理和分类，其中包括把书从餐桌上众多的购物袋中拿出来，并摆放整齐。她的公寓变得越来越宜居，让人觉得很舒服。罗兰找到了那些她真正喜爱的围巾，它们以前一直被藏了起来。"直到现在，我才戴上它们，它们是我的最爱，令人啼笑皆非的是，它们全是新的。找到这些围巾，就像是重新找回了我的创造才能，重新找回了我对围巾的色彩、质地及其佩戴方法的热爱。这太意外了。"

罗兰曾经是一所艺术与设计学校的学生，主修时尚插画。她不太自信，常把自己与其他学生进行比较，并贬低自己，而且她没有从事过与时尚插画有关的工作。因此，她试图以其他的方式表达自己的创造性冲动，如运营一家艺术品商店、按照已有图案编织为数众多的围巾等。她开始意识到，自己可以迷恋围巾、手包、鞋子和珠宝，但需要以一种更加实际、健康的方式引导自己的创造性冲动，而不是继续没完没了地购买它们来填补心理的空虚。编织围巾让她获得了全新的探索艺术的自由和热情。与此同时，她还参加了一门摄影课程，这让她能够以一种写意的、放松的、非评价的方式"玩"艺术。

↘ 结果

罗兰确定的心理预演的素材是去一趟她最喜欢的商铺，看看最吸引人的围巾。她想象着自己在店铺里，她知道自己会对自己说什么，当购物冲动浮现出来的时候自己会做什么，她被要求仔细观察自己的想法、感受和身体感觉，这能帮助她完成真实的商铺彩排，也能让她满载而归。接下来，在想象的店铺中，她遇到了挑战而且什么也不买让她很焦虑，但再次进入这个"老地方"让她很激动，对需要花时间完成团体任务她感到有些愤愤不平。围巾和商铺都失去了它们的"光环"，她对待在那里浪费时间感到有些不耐烦，只想着赶快离开。回顾这一切的时候，她很高兴自己失去了对商铺的兴趣。然后，在想象的店铺中，她出来的时候看到一件她喜欢的牛仔布色羊绒衫，并且清楚地知道自己会经常穿。她绞尽脑汁地思考是否买下它，最后她选择空手离开，因为她允许自己感到难过，并且知道在某个将来，如果对自己来说它仍然重要，如果它仍然在那儿，它可以作为计划采购物，当然即便不在那儿了也不会有什么损失。"想象……现在这是个进步！"她写道。

提炼自己的项目体验从本质上来讲是一个机会，这让她抽身出来，从局外人的角度仔细回看项目要求完成的为期3个月的艰苦工作。罗兰认为团体治疗是她生命中最有力量、最能改变她人生的治愈体验；正是团体治疗给予了她持续、有力的关怀和支持，使她可以做出改变。她相信这一改变将永久有效，这是她从未想过的改变，而且是在一个相当短的时间内达成的改变。

> 我一直被推搡着、被挑战（有时拳打脚踢、大喊大叫）去看那根深蒂固且长久存在的潜藏的问题。随着觉察能力不断提高，负向的强迫性行为转变为建设性的、积极的、体现生命价值的行为。我不再因为个人购物而使用信用卡，并且不再把逛商店当作一种消遣。现在我逛商店时，我是理智的，而且我记住了两句至关重要的话："你并不真正需要的东西永远无法满足你。""如果感到犹豫，就放下。"我因过度购物付出的代价以其他

方式影响了我的生活，包括我与自己的关系、我与丈夫的关系（我们正尝试重新建立联结），以及我与饮食的关系。我正在定期锻炼，把更多的时间、精力和能量真正投入到实现自我的努力中，如做社区志愿者、学习、保持开心、练习瑜伽、更多地和家人及朋友待在一起、"整理"自己的生活等，当我这样做时，我享受到了更美好的生活，体验到了更多的乐趣。现在的愉快、理性、健康、真实、平静的生活是一件礼物，我很感谢上帝引导我，感谢团体治疗中的这群天使般的团体成员和治疗师。

上面的话令人印象深刻，那么，在团体治疗结束后，罗兰的强迫性购物量表评分正常了吗？很幸运，是的。团体治疗刚结束时，她的评分落在正常购买范围内，3年以后，依然如此。追溯治疗后6个月和治疗后3年的为期2周的两次购买记录，结果也相似。从罗兰的购买记录来看，她两次强迫性购物大约花了35美元，在购物时间上，一次用时10分钟，一次用时少于一个小时。两次都远远好于她接受团体治疗之前的状况，那时她2周内花费3 000美元，用时20个小时以上。她的饮食失控行为相比过去也有了很大改善，自从接受团体治疗后她没再增加体重，虽然她说自己现在在饮食方面还是很挣扎。

> 团体刚结束，她的强迫性购物量表评分落在正常购买范围，3年以后，依然如此。

罗兰对菲尔的愤怒情绪依然存在，但不会出现报复性购物，愤怒情绪在他们的伴侣治疗中被承认、消化和化解。即使出现非常严重的家庭危机，迫使罗兰连续几个月全身心地照顾她的外孙，她的病情也没有复发。

罗兰坚持"整理"自己的生活。她捐出了部分服饰首饰，这为她的儿媳妇非常关注的淋巴癌组织带来一笔可观的收入——她的儿媳曾是一名淋巴癌患者。

伦理考量

在心理治疗和心理辅导中，保密和保护个人隐私至关重要。当进行团体治疗时，这更具有挑战性。在加入团体时的入组会谈中保密问题就会被讨论，并在团体的首次正式会谈中会被再次重申。在其他时候，在新的情境中，如有必要，保密问题会不断被提及。

会谈开始时，我会告诉所有团体成员，我承诺遵守保密原则，但也有保密例外。我告诉他们，只有在得到他们的授权后我才会把与我们的工作有关的信息告诉他人，只有法院命令我这样做或者为了保护他人不受到伤害，我有责任打破保密原则时，我才会这样做。这些情况极少发生，但是如果这类情况确实发生了，我告诉来访者，我将尽一切努力在采取行动前和他们进行讨论。我也告诉他们，只有得到他们的书面同意，我才会使用他们的材料，并恰当地抹除任何潜在的可识别的个人信息。我提醒他们，通过网络传输的信息很难保障不外泄，即便是手机也有被窃听的可能。

为了让团体设置成为团体会谈展开工作的安全方向，来访者需要确信他们在团体中所说的话只会留在团体内。来访者被要求，如果想要在团体之外谈论团体会谈内容，他们只能谈论自己的经验，不能提及其他团体成员的名字或者可识别的细节信息，并且谈论的内容只能涉及相对宽泛的主题，而不能讨论具体细节。来访者还被要求，不允许向团体外的任何人员播放会谈录音。

该团体治疗是非常结构化的，与开放性团体相比，它的"团体过程"更短、更少。因此，对潜在的个体来访者和团体成员进行筛选很重要，要确保他们没有并发状况，否则来访者个人很难获得成效，团体成员也很难共同成长。患有双相情感障碍I型、有严重心理疾病或自杀倾向，以及过去6个月有过药物、酒精依赖或者最近1个月有过药物滥用的来访者不适合参加这个项目。

使用电话或在线会议的方式进行会谈时，会谈的本质是心理教育辅导，而不是治疗。来访者加入团体的目的是寻求帮助，以理解、控制并最终停止过度购物。虽然我在纽约是有资质的心理学家、接受过情绪与心理症状方面的训练、有一定的治疗经验，而且辅导和治疗之间有相似之处，但是我不会在教育辅导期间进行诊断与统计手册（DSM）驱动的心理治疗。也就是说，我不会进行医学诊断，或者为任何医学或心理健康疾病提供治疗或建议。这些辅导会谈不是心理治疗，也不能代替心理治疗。我向来访者简要介绍自己的工作是帮助他们获取信息、技巧和策略，以完成过度购物制动项目，并帮助他们获得持续的动力、目标明确地创造改变并维持改变。我还会加上一句，我承诺我们之间的关系是开放、平等和相互尊重的。

来访者签署心理教育辅导协议书和谅解备忘录。谅解备忘录指出了我的服务本质。来访者有任何问题都可以询问我，并且同意在专业辅导关系期间遵守相关条款。

为了有效带领这些团体，引导者（可能是财务顾问、教练或心理健康专业工作者）需要已经解决了自己的强迫性购物问题，对解决问题过程中存在的障碍有所了解，并且接受过这方面的治疗方法的培训。培训包括 4 节强迫性购物的教学概述和 12 节体验式培训。在这期间，有 2～3 名强迫性购物患者会全程参加整个项目。通常，其中的一个既是心理健康专业工作者也是财务顾问，有强迫性购物问题并且想要培训解决自己的问题。

未来方向

在回顾了强迫性购物障碍的历史、流行病学研究情况和临床特征之后，本章提出了强迫性购物障碍的治疗模型——过度购物制动模型。它持续 12 周，整合了大量有实证基础的治疗方法。这些治疗方法不只是对强迫性购物障碍有效，对其他成瘾问题也有效。本章最后将简要介绍该模型有效性的随机受控初步研究，以下简称"初步研究"。

到目前为止，约有 80 人以个人或团体形式完成了这个项目。相关研究数据就来源于这80个人中的绝大部分。其中初步研究涉及11位参与者。关于过度购物制动模型实证检验的深度分析可翻阅本森等人的研究成果。这个模型的合理性可在临床实践应用中得到检验。

本森等人的研究使用初步随机对照试验设计，在分组之后，试验组（EXP）立刻开始为期12周的过度购物制动项目，时间是2010年秋天，等待组（WLC）则在12周以后才开始同样的治疗，也就是2010年冬天开始。研究者假设，从统计学上来看，在参加过度购物制动模型项目以后，参与者的强迫性购物症状和强迫性购物行为的严重程度和频率将大幅降低，可以通过四份强迫性购物量表和购物追溯数据看到基本结果变量的分值得到改善；与此同时，对照组在为期12周的等待之后，所有测量值不会发生明显变化。

初步研究的参与者必须年满18岁，并且经过强迫性购物诊断标准（Diagnostic Criteria for Compulsive Buying）评估，表现出强迫性购物障碍的各种症状，但不满足其他障碍的诊断标准。满足上述条件的11个人被随机分配到两个小组：试验组（EXP；6位成员）或等待组（WLC；5位成员）。参与者都是女性，年龄在33岁到59岁之间，平均年龄47岁（SD = 8.64）。55%的参与者已婚，一人的生活状态类似于结婚，一人离婚，其余的人（27%）单身。64%的参与者是白种人，一人是西班牙/拉美裔，三人是"其他"。每位参与者有3~12张信用卡，平均拥有5张（SD = 2.57）。两位参与者没有信用卡负债，四位参与者有1 000 ~ 3 000美元的负债，一人的负债介于10 000~25 000美元，两人的负债在25 000 ~ 50 000美元，还有两人超出5万美元的负债。试验组（EXP）和等待组（WLC）在年龄、婚姻状态、信仰、当前心理治疗的频率、精神药物使用状况、信用卡数量或者信用卡负债金额方面没有显著差异。

在12周之内，团体成员每周碰面一次，每次100分钟。为了测量参与者在整个项目过程中的进展情况，研究者使用了四份强迫性购物量表，如表12.1所示。

表 12.1 强迫性购物量表

评估	作者	目的	评分
瓦伦斯等强迫性购物量表	瓦伦斯等	评估支出、购物冲动和购物后罪疚感	得分 37.5 及以上，存在强迫性购物
里士满强迫性购物量表	里奇韦等	评估强迫性购物习惯，并将其划分为强迫性障碍和冲动控制障碍	得分 25 及以上，存在强迫性购物
法勃尔和欧·吉恩强迫性购物量表	法勃尔和欧·吉恩	识别与支出习惯有关的感受和信念	得分低于 1.34，存在强迫性购物
耶鲁–布朗强迫性量表–购物版	莫纳汉等	识别与强迫性购物有关的行为	分值越高，强迫性购物越严重

初步研究的结果证实，尤其是四份强迫性购物量表的测量结果显示，参加 12 周过度购物制动项目之后，参与者强迫性购物症状的严重程度和频率有显著下降。并且，参与者有能力长时间保持这一改善效果，就参与者的强迫性购物量表的平均得分来看，团体成员前测得分均在强迫性购物的范围内，而后测得分则均不在该范围内，这个得分情况让改善效果呈现得更加清晰而突出（见图 12.1）。参与者也表示，在参与项目期间，强迫性购物的金钱支出减少、用时显著降低，强迫性购物的次数也显著减少。6 个月后的跟踪研究表明以上改善在很大程度上得到了保持（见图 12.2）。

这项研究得到的结果有多种可能的解释。正如其他研究者表明的那样，大量资料显示，团体方法可有效治疗强迫性购物。过度购物制动模型的诸多因素都对其结果产生了影响：同质群体的设置消除了孤独感，增加了被理解的感受，其他强迫性购物患者的反馈帮助患者认清问题，并有机会见证处于各个恢复阶段的他人。除了每次的团体会谈，团体成员还可以参与到两次会谈之间的问题讨论中，这提供了一个讨论的平台，允许成员之间提供并接受彼此的支持，在本质上起到了支持伙伴的作用。

正如本森和艾森纳赫（Eisenach）描述的那样，除了认知行为方面（如自

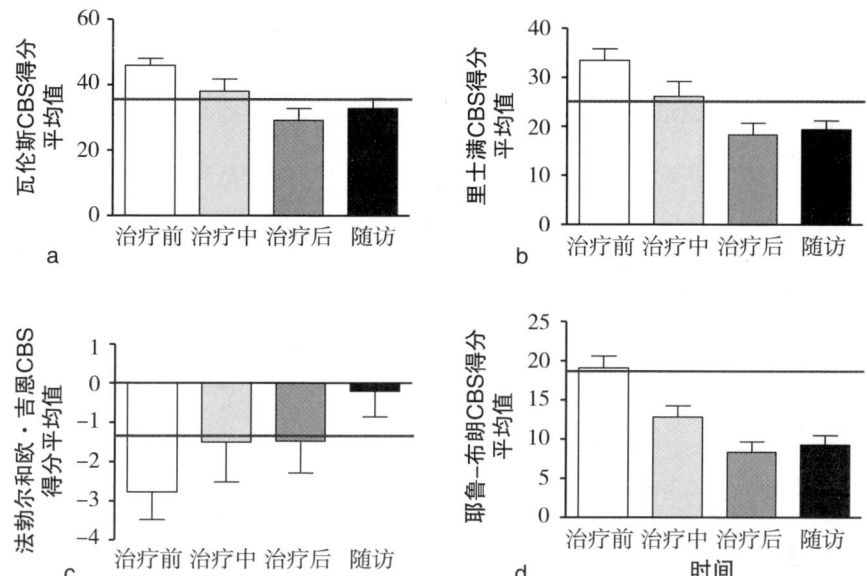

图 12.1 所有参与者（N=11）分别于治疗前、治疗中、治疗后及 6 个月后随访的强迫性购物测量分析。重复测量的方差分析（全称是 Repeated Measures- Analysis of Variance，RM-ANOVA）显示，所有强迫性测量结果表明改善显著，并且 6 个月后的随访表明改善继续保持（$p < 0.01$）。每张图上标示的水平线是强迫性购物的阈值。

高于水平线的分值表明达到临床诊断程度，但法勃尔和欧·吉恩（C）的 CBS 得分低于基准线表明达到临床诊断程度。

动思维的识别与重建），过度购物制动模型还具有心理动力学心理治疗、心理教育、辩证行为疗法、动机式访谈、接纳与承诺疗法和正念的特征。心理动力学因素帮助参与者理解他们行为的历史背景、当前家庭的影响和潜藏的真实需要。心理教育因素鼓励参与者发展媒介素养，思考文化扮演的角色、信用卡负债的高成本、储蓄的核心重要性，记录并评估每日支出。辩证行为疗法提供了关于痛苦容受和人际有效性的各种练习。动机式访谈能够全面探索改变的矛盾心理。接纳与承诺疗法鼓励参与者对有关过度购物的思维、感受和行为保持正念，并在当下以慈悲心面对自己。

初步研究指出了过度购物制动模型的有效性显著，但也指出了它的局限性。治疗组和对照组的样本量较小、所有参与者都是女性，因此结果的普适性

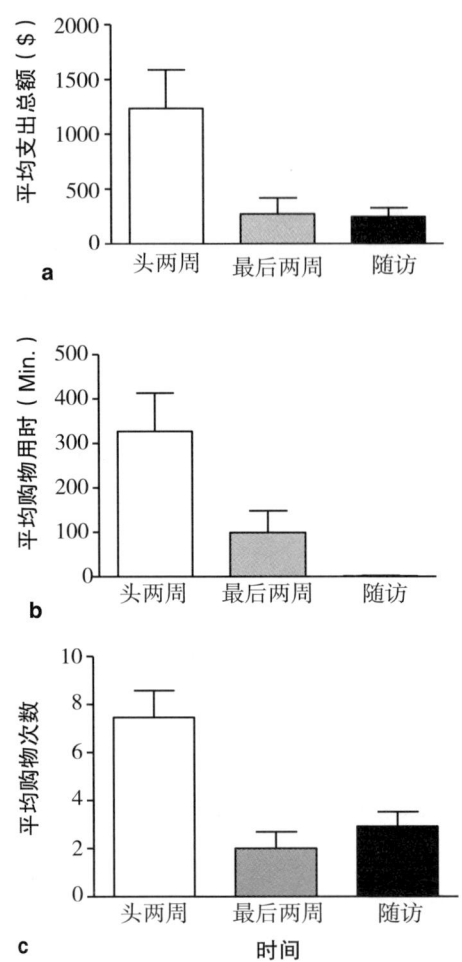

图12.2 研究头两周、最后两周及6个月后随访时,强迫性购物的平均开销和用时及平均发作次数。RM-ANOVA显示,治疗的头两周和最后两周之间的测量表明改善显著,并且改善情况在6个月后的随访中继续保持($p < 0.01$)。

受限。考虑到这种强迫性行为常常是慢性的,随访仅仅是项目结束后6个月的单次评估,跟踪参与者进步的时间点有限。此外,所有测量取决于参与者的自陈式报告,这可能影响其结果。目前,并没有强迫性购物个体治疗有效性的实证研究,更进一步的研究方向可以是检视过度购物制动模型应用于其他临床治疗模型的效度(即个体治疗或自助)。

越来越多的研究显示，强迫性购物的严重程度和频率可以在临床上得到有效的改善。考虑到强迫性购物的严重性和普遍性，也为了持续加深人们对它的理解并发展出有效的治疗，研究强迫性购物行为得到改善的发生条件变得势在必行。

第三部分
基于实践的财务治疗模型

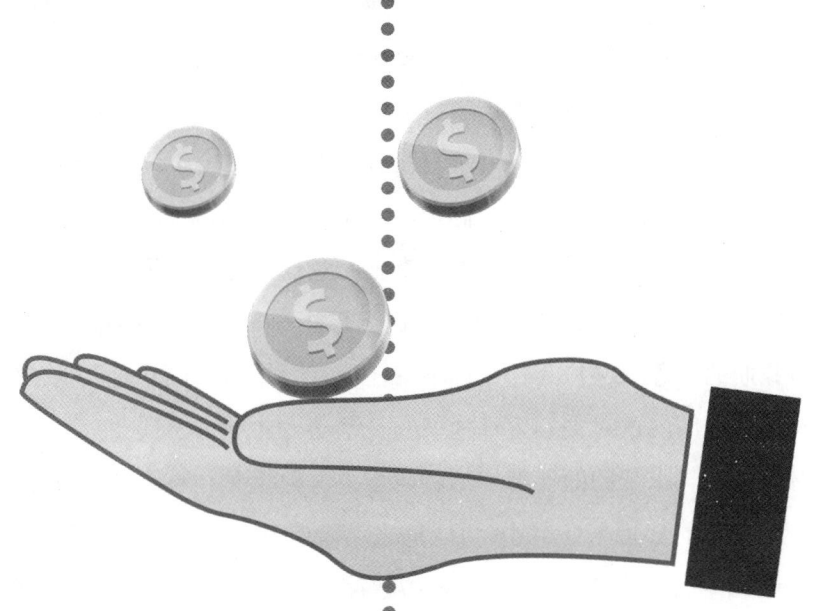

第 13 章

系统财务治疗——系统理论视角下的财务治疗

克里斯蒂·L. 阿丘利塔；艾米丽·A. 伯尔

引言

　　想象一下，你是一位财务治疗师，日常工作就是帮助遇到财务压力的来访者排忧解难。这次的来访者是一对遇到财务困难的夫妇。你了解到，丈夫有大笔负债，夫妇俩最近已经申请了破产。他们来找你是为了获得一份能够继续生活的财务计划。在确定财务目标时，妻子告诉你他们夫妇之间需要重新建立信任，以便执行任何一份财务计划。说着说着，她潸然泪下。她解释说自己不知道丈夫已经负债累累，因为丈夫一直没有告诉她，直至负债累积到他们无法承担而只能申请破产。妻子说在他们 10 年的婚姻中她从来没有参与过家庭财务，现在想要参与进来。丈夫解释说他一直不愿意让自己的妻子参与家庭财务是因为他不想让她承受财务压力。妻子对这个想法非常生气，尖叫道："我完全能够应对我们的财务状况！为什么你不信任我？"作为一位专业人士，你要做些什么？你该如何向这对夫妇解释他们的关系动力并进行干预呢？

　　对于前来寻求帮助的伴侣来访者而言，这种状况并不少见。研究表明，在寻求关系治疗的伴侣来访者中，1/3 的来访者有某种程度的财务问题；在寻求财务咨询的伴侣来访者中，1/3 的来访者存在关系问题。大部分治疗师和家庭教育工作者没有接受过与财务相关的培训，大部分财务顾问没有接受过有关情绪和关系动力学的培训。但是，财务问题和关系问题常常同时存在。此外，理论上的不足无法帮助相关从业人员正确处理关于财务的关系动力问题。本章致力于探索系统治疗理论如何解决家庭关系中的财务问题，同时也特别关注伴侣间的关系问题。

> 大部分治疗师和家庭教育工作者没有接受过与财务相关的培训，大部分财务顾问没有接受过有关情绪和关系动力学的培训。但是，财务问题和关系问题常常同时存在。

系统疗法

一般系统理论（General systems theory，GST）是用来解释复杂现象的，尤其是当现象超出了机械论（只关注单个部分，而不是部分之间的相互作用或关系）或线性模型解释的范畴时。路德维希·冯·贝塔朗菲（Ludwig von Bertanflanffy）这位奥地利的生物学家首次把一般性原则应用于各种各样的被称为系统的现象群中。葛瑞利·贝特森（Gregory Bateson）、唐·杰克逊（Don Jackson）、杰伊·海莉（Jay Haley）、玛格丽特·米德（Margaret Mead）和詹姆斯·米勒（James Miller）都是很有影响力的学者和治疗师，他们都曾研究如何把GST应用于家庭关系的治疗中。魏德迈（Wedemeyer）和格罗特文特（Grotevant）指出，当系统理论应用于家庭关系的治疗时，不是把焦点局限在孤立的变量上，而是把焦点放在孤立变量的集合及孤立变量间相互影响的复杂网络中。

家庭系统理论已经成为婚姻与家庭治疗领域中极具影响力的重要理论。而且，系统理论已经成为发展以家庭为中心的治疗模式的基础，如鲍恩（Bowen）家庭治疗、结构化家庭治疗、认知行为家庭治疗、策略派家庭治疗、叙事疗法和焦点解决疗法等。系统理论可以有效地应用于家庭关系的治疗，这是基于系统的概念和相互依存这个重要假设。一个系统可以被视为一组相互联系的部分以及它们共同运作的方式。惠特彻奇（Whitchurch）和康斯坦丁

（Constantine）把系统思维描述成一种看待世界的方式，其各构成部分之间息息相关。因此多个系统之间的关系动力学模式就产生了。这些系统中的一个系统发生改变，将会引发另一个（或多个）系统的改变，以便适应因某个系统改变而产生的新的动力。例如，想象一部手机悬挂在婴儿床上方，上面挂着多个配饰。如果手机上的一个配饰被拿走，手机的平衡就会被打破。但第一个配饰被拿走会引起手机上的一个或多个配饰位置的改变，手机从而再次变得平衡。在系统理论中，维持这个平衡就是内稳态，它是家庭系统理论的核心概念。系统自身重获平衡以维持内稳态的过程被称为反馈环。

概念

家庭系统理论这一概念来自于信息论、控制论、家庭过程理论和GST。除了内稳态和反馈环之外，家庭系统理论的相关概念还包括边界、循环性、等效性、子系统、系统和超系统、等级结构（levels of hierarchy）。边界（boundaries）是不可见壁垒，掌控与其他部分的接触。循环性（circularity）是指家庭问题不是由单一的线性因果关系决定的，而是由一连串的不间断的行为和反应决定的。如前所述，反馈环是指系统收集各种信息，以维持内在自我稳定的状态。它有正向和负向之分。负向反馈环维持平衡，也被称为内稳态。正向反馈环改变内稳态和平衡，导致系统发生偏离，即系统中引入变量，系统平衡被打破。等效性（equifinality）是指实现目标的方式不止一种，即条条大路通罗马。

> 除了内稳态和反馈环之外，家庭系统理论的相关概念还包括边界、循环性、等效性、子系统、系统和超系统、等级结构。

尼克尔斯（Nichols）认为家庭结构由子系统构成，子系统又分为代际子系统、性别子系统和功能子系统。代际子系统包括祖父母子系统、父母子系统和子女子系统。性别子系统是指家庭中的男性子系统、女性子系统。功能子系统包括家务角色子系统（如管理财务、负责烹饪、负责清洁、修整草坪和养育孩子等）和职业角色子系统（如农场主、家庭主妇、检察官等）。等级结构决定了不同系统。例如，子系统的集合构成一个更大的系统（即高等级系统）。超系统是超越家庭系统的系统，如大家族、种族和民族、文化、社区、地域和国家等系统。子系统、系统和超系统之间相互关联。

> 和系统理论相关的假设主要包括以下内容：整体性，系统按照等级结构的方式组织，生命系统是开放的，生命系统具有不确定性和主动性，人类系统具有自我反思性，现实是被建构的。

↳ 主要假设

和系统理论相关的假设主要包括以下内容：整体性，系统按照等级结构的方式组织，生命系统是开放的，生命系统具有不确定性和主动性，人类系统具有自我反思性，现实是被建构的。整体性（holism）是把系统作为一个有机整体来理解，而不是以部分之和的方式来理解。整体性假设是指系统的所有部分相互关联，当系统的某一部分受到影响，整个系统都会受到影响。生命系统是开放的，具有不确定性和主动性，这个假设用来衡量环境内部能量和信息交换的程度。尤里希（Jurich）和梅尔斯 – 鲍曼（Myers-Bowman）以夫妻系统为例来解释开放性。夫妻外出工作，一方面赚钱养家，另一方面为雇主提供专业技能，在超系统内完成了家庭系统和工作系统的交换。生命系统不仅会被动地回应来自环境的刺激，而且也会主动发起活动，所以它们既是主动的也是被动的。因此，系统在某种程度上是由自我决定的，而不只是由外部力量决定的。惠特彻奇和康斯坦丁指出，人类系统具有自我反思性，因为人类有能力反思自己在系统内的行为和相互作用。尤里希和梅尔斯 – 鲍曼描述了"现实是被构建的"这个假设，即现实被建构成一种更好的理解世界的方式。他们解释说，对世界的诸多观察，与观察者息息相关、不可分割，现实是被建构的，而不是被发现的。

伴侣与财务理论

目前已经有不少关于处理财务压力和家庭关系的理论。其中最有影响的是康格（Conger）等人提出的家庭财务困难压力模型。它是一个线性模型，最初的目的是为了描述经济困难和情绪痛苦对于婚姻和父母行为的影响，及其对青少年早期发展的影响。后来康格等人采用这个模型来检测夫妇面对经济困难的弹性时发现，婚姻中高度的相互扶持降低了经济困难和情绪痛苦之间的关联性。

如前所述，系统思维已经被广泛用于解释家庭关系和伴侣关系问题。在解释财务过程问题方面，它也很有用。例如，邓肯（Deacon）和法尔博（Firebaugh）提出了家庭资源管理理论模型。这一模型首次把系统理论应用于家庭资源管理，以此来理解与个人财务议题有关的家庭需要与资源的复杂性。

> 伴侣与财务理论（couples and finances theory，CFT）由阿丘利塔引入，他把系统理论和财务过程整合在一起，用于解释伴侣关系。

系统理论具有循环性，可以用作有效解释两个子系统（伴侣关系子系统和财务过程子系统）的相关性的透视镜。伴侣关系子系统和财务过程子系统在一个更大的系统和环境内共同发挥作用，它们的运作就像伴侣关系理论与财务过程理论所描述的那样。阿丘利塔引入CFT，把系统理论和财务过程整合在一起，用于解释伴侣关系。CFT以归纳的方式解释关系财务（即伴侣关系和财务过程之间的关联性），作为一种循环现象，它用经验证据来建立基本命题。因此，CFT包括以下四个基本命题：

基本命题 1：个体配偶属性（individual partner attributes）影响伴侣关系子系统和财务过程子系统的每个组成部分；

基本命题 2：伴侣关系特征（couple relationship characteristics，CRCs）和婚姻质量（marital quality，MQ）相互关联；

基本命题 3：财务过程子系统与财务输入、财务管理实践（Financial Management Practices，FMPs）和财务满意度（Financial Satisfaction，FS）相关；

基本命题 4：伴侣关系子关系和财务过程子系统两者具有循环性。

CFT 的目标是帮助心理治疗师、理财规划师和相关研究者理解伴侣之间是如何相互影响的，以便提供相关服务，展开相关研究。

↘ 概念

要理解 CFT，除了基本命题之外，还需要弄清它的术语和概念。CFT 的第一个概念是个体配偶属性（见图 13.1）。这个概念包括每个配偶带入伴侣关系子系统的各个因素，如年龄、受教育程度、性别、人格特点、自我属性、自尊程度、生活品质和社会经验等。此外，个体财务属性（individual financial attributes），如金钱脚本、金钱障碍、财务行为、财务知识、财务压力和风险承受能力等也要考虑在内。每个配偶带入伴侣关系子系统的个体配偶属性都是影响伴侣关系子系统和财务过程子系统的因素。自从 2008 年以来，个体配偶属性这个概念已经逐步被纳入伴侣关系子系统和财务过程子系统这两个系统，而不是像最初那样仅仅是影响伴侣关系子系统。

> 每个配偶带入伴侣子系统的个体配偶属性都是影响伴侣关系子系统和财务过程子系统的因素。

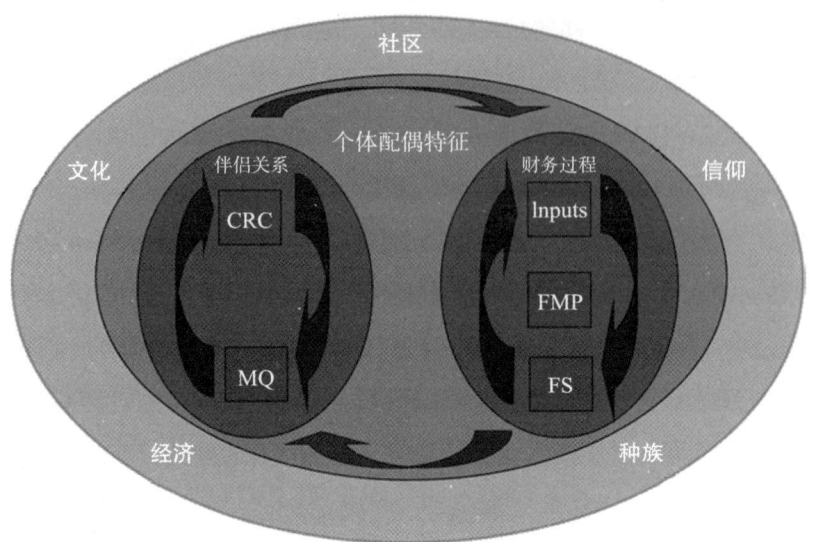

图 13.1 伴侣关系模型

在这个理论中,伴侣关系子系统包括两部分,即 CRCs 和 MQ。CRCs(图 13.1 上用"CRC"表示)是影响伴侣关系中配偶之间交互作用的因素。伴侣交互作用系统的决定性因素是 MQ。MQ(图 13.1 中的 MQ)指自我认为的婚姻满意度和伴侣关系整体质量。CRCs 和财务过程都是动态的。CFT 认为,当伴侣双方互动积极时,MQ 就会提高;而当 MQ 提高时,伴侣更有可能实现积极的 CRCs。戈特曼(Gottman)等人的研究支持了这一观点。他们发现,在稳定的伴侣关系中,唯一能够同时衡量婚姻稳定性和婚姻幸福度的变量就是冲突过程中积极情感变量。婚姻稳定且幸福度高的伴侣,能够积极地修复冲突。

> 布里特等人发现,实际上家庭收入和关系满意度之间呈曲线关系,开始时,收入与关系满意度成正相关,但过了某个点之后,收入就变得不那么重要了。

阿丘利塔提出了图 13.1 中的模型。该模型认为,个体配偶特征同时影响伴侣关系和财务过程，该模型也引入关系财务这个概念来表明伴侣关系和财务过程之间的交互作用。

财务过程子系统包括三个部分，分别是财务输入、财务管理和 FS。这个系统建立在系统家庭资源管理模型及其相关实证研究之上，前者由邓肯和法尔博创建，后者由穆甘达（Mugenda）和希拉（Hira）完成。对于 CFT 而言，财务过程子系统与邓肯和法尔博的模型十分相似。财务输入（图 13.1 中的 Inputs）是进入财务过程的首要因素，影响财务管理实践状况，如收入水平、储蓄水平等。FMPs（图 13.1 中用 FMP 表示）是指与有效且高效管理金钱有关的活动，包括会计实务、财务记录、财务的偿债能力（如有能力支付账单）、财务决策和财务资源的获取。CFT 提出，当财务输入为正时，FMPs 就会增加。例如，如果家庭收入增加（即财务输入），个体的财务偿债能力提高（即 FMP）。CFT 也指出，财务实践越好，FS 越高。FS（图 13.1 中的 FS）指一个人对于当前财务状况和整体财务幸福状况的满意度。财务目标实现体现在对当前财务状况的满意度上。研究显示，那些对财务管理感到满意的人，更有可能对他们的财务状况感到满意。此外，CFT 还指出，财务输入与 FS 成正相关。这与邦克（Bonke）和勃朗宁（Browning）的研究相似，即收入是 FS 的重要预测因子。

最后的概念是关系财务（见图 13.1）。关系财务这个术语是指伴侣关系和财务过程之间的相互作用。基本命题 4 说明了关系财务，即伴侣关系和财务过程两者具有循环性系。具体说来，CFT 得出的多个论断反映了伴侣关系和财务过程之间关系的相互性。例如，财务输入影响 CRCs 和 MQ。这一论断得到相关研究的支持，研究表明低收入水平与低婚姻满意度相关。布里特等人发现，实际上家庭收入和关系满意度之间呈曲线关系，一开始收入与关系满意度成正相关，但过了某个点之后，收入就变得不那么重要了。关于财务输入和 CRCs 的关系，布里特等人发现，妻子的收入水平达到最高时，夫妻最不可能因为金钱而发生争吵。但是，妻子比丈夫收入高时，夫妻很有可能因为金钱而发生争吵。更进一步说，高净值家庭的伴侣比低净值家庭的伴侣为金钱而争吵的可能性更低。

FMPs 影响 CRCs 和 MQ。具体来说，在伴侣关系中，FMPs 越积极，伴侣越有可能拥有积极的 CRCs，并且 MQ 也越高。克曼（Kerkmann）等人的研究表明，财务问题以及财务管理与 MQ 显著相关。另外，迪尤（Dew）发现，在离婚和偿还学生贷款这两个选项之外，付清所有消费债务（FMPs）的伴侣拥有更高的 MQ。伴侣承担的消费债务越多，在一起的时间越少，越有可能为财务而争吵并感到婚姻的不公（CRCs）。

另一个重要论断是，伴侣的 FS 越高，其 MQ 越高。由于 CFT 的循环论证性，反过来也成立，即伴侣的 MQ 越高，其 FS 越高。FS 和 MQ 有关，FS 与关系满意度、MQ 成正相关。阿丘利塔等人发现，婚姻满意度与财务压力因素及 FS 之间有着显著的相关性，在财务压力越高、FS 越低的时候，配偶越想离开他们的伴侣。布里特等人解释说，如果一个人感觉关系财务是令人满意的，那么关系整体上很可能也是令人满意的。类似地，格拉布尔（Grable）发现，FS 是判断一个人是否考虑过离婚（即 MQ 更高）的一个重要因素。

CRCs 对财务过程的影响有三个方面，即财务输入、FMPs 和 FS。穆甘达和希拉发现，沟通（CRCs）（即与配偶、朋友、专业人员和家庭成员交流金钱事务的频率和特性）与 FMPs 之间成正相关。这些沟通包括估算家庭总收入和总支出，评估家庭收支习惯，计算家庭总净值。另外，阿丘利塔发现，相同的目标和价值观（CRCs）与 FS 之间强相关。

> 家庭财务影响伴侣关系，伴侣关系影响家庭财务。

虽然是对特定的子系统（伴侣关系子系统和财务过程子系统）间的研究，但研究结果支持所有子系统间的相互关联性。伴侣关系子系统的因素影响财务过程子系统，财务过程子系统的因素影响伴侣关系子系统。

主要假设

CFT 有五个重要的假设，这些假设建立在家庭系统理论的基础之上，并借用了社会交换理论。CFT 的第一个假设是财务问题与伴侣关系问题两者具有循环性和共生性。这意味着家庭财务影响伴侣关系，同时伴侣关系影响家庭财务。这一假设类似于系统理论的整体论，个体配偶属性、伴侣关系子系统和财务过程子系统之间相互依赖——当系统中的一个因素发生改变，整个系统都会受到影响。

人类系统具有自我反思性是 CFT 的第二个假设。惠特彻奇和康斯坦丁认为，人类有能力反思其自身的行为以及人际间的互动行为。实证研究也支持这一见解，个体配偶属性同时影响伴侣关系子系统和财务过程子系统。CFT 假设配偶双方都能够反思自身的行为，并能够通过改变双方的互动或行为方式，在伴侣关系子系统和财务过程子系统中获得不同的结果。

CFT 的第三个假设来源于社会交换理论（Social Exchange Theory，SET），它假设个体配偶属性、伴侣关系子系统和财务过程子系统的互动基础是报酬与成本。根据怀特（White）和克莱因（Klein）的观点，报酬是可受益、能够令人快乐或满足人的需要的东西。成本是消极或造成妨碍的东西。SET 的目的是盈利，即任何决定都是报酬与成本的比值。CFT 假设，伴侣中的一方或双方做出的决定能够让个体配偶属性、伴侣关系子系统和财务过程子系统都受益；而伴侣共同做决定则会让伴侣的联合效用最大化，也使报酬与成本的比率最大化，从而获取最大报酬或付出最低成本。

CFT 的第四个假设关乎公平与社会资源，它是从 SET 中借来的概念。公平是指在客观上报酬和成本不会完全公平，但在主观上可以被认为是公平的。社会资源是通过人际间的物物交换，让一个人有能力向另一个人支付报酬。福阿（Foa）指出了六种类型的社会资源，分别是爱、地位、服务、物品、信息和金钱。

> CFT可以作为解释与财务状况有关的伴侣关系动力的透视镜。这些策略的核心是关注过程而非内容。

CFT最后一个理论假设是伴侣关系子系统和财务过程子系统共同在一个被称作"生态系统"的环境内运作。生态系统类似于系统理论中的超系统。它意味着宗教、经济、文化、社区、种族等因素会影响个体配偶属性、伴侣关系子系统和财务过程子系统（见图13.1）。生态系统中的每一个因素与个体配偶属性、伴侣关系子系统、财务过程子系统相互影响、相互依赖。

原则与策略

CFT借鉴了尼克尔斯（Nichols）提出的系统家庭治疗策略，以及与财务状况有关的伴侣关系动力学。它的核心是关注过程而非内容。关注过程是关注系统中成员间潜在的关系。关注内容是关注特定情境下的事实和人。关注过程意味着循环提问。尼克尔斯给出了循环提问中的三个关键问题：什么问题让家庭卡住、无法动弹？什么原因使家庭无法适应发展与改变的压力？什么正在妨碍家庭成员与生俱来的问题解决能力？尼克尔斯指出，针对过程进行的循环提问是为了探索每个家庭成员内在以及他们之间正在发生什么。另外，针对过程进行的循环提问可以帮助来访者慢下来，减少焦虑，让他们的思维过程更清晰、更少反应性。针对过程进行循环提问的另一个目标是帮助伴侣中一方或双方更加深入地看到问题的过程，而不是被问题的内容压得无法喘息。

系统治疗分为四个阶段，即初始访谈、早期阶段、中间阶段及结束阶段。在尼克尔斯看来，临床工作者进行初始访谈的目标是与家庭成员建立融洽的关系，并提出关于问题起因的假设。与每个家庭成员建立融洽的工作关系是系统治疗的关键。临床工作者积极地行动起来，发挥专业优势，共情每一个家庭成员,并尊重家庭中的行事方式,是这个阶段的关键任务。

一旦建立了工作关系、确定了治疗目标并提出了相关假设,那么就可以进入治疗的早期阶段了。早期阶段的目标是找出阻碍家庭或伴侣做出改变的因素。为了找出导致问题停滞不前的原因,系统治疗鼓励每个家庭成员积极参与,分享他们对于问题的看法。随着对家庭关系动力的假设进一步细化,临床工作者下一步的工作就是挑战家庭成员,以便让其做出改变。

让家庭成员做出改变意味着要着手处理内在的人际冲突。如果确认是某个家庭成员引起了冲突,那么临床工作者必须分析每个人是如何卷入到冲突中的。帮助家庭成员识别自己在冲突中扮演的角色而非谴责他人是一项困难的任务。尼克尔斯指出,为了处理问题以及导致问题的潜藏疾患,布置家庭作业在早期阶段是一项有帮助的策略。

> 对家谱图进行分析、针对过程进行循环提问这两种方法适用于系统治疗的所有阶段。

中期阶段的重点是帮助家庭成员承担起个人责任,并学会相互理解。临床工作者挑战家庭成员是为了减少阻抗,增强共情。在这个阶段,临床工作者可以不再那么积极,而是鼓励家庭成员越来越多地彼此互动。临床工作者要注意观察家庭成员的对话过程。尼克尔斯注意到,家庭成员的对话有时会停滞不前,由于焦虑和反应性持续增加,家庭成员间的对话变得无效。在这个阶段,临床工作者可以指出家庭成员哪些方面做得有问题或者鼓励他们继续交谈。但当对话变得没有意义且有破坏性的时候,临床工作者应该进行干预。

结束阶段主要关注来访者的进展,看看他们在现有问题上得到了怎样的改善。在这个阶段,在家庭中建立起对话机制非常重要,这可以让他们讨论他们做出了哪些改变,同时思考在未来如何应对困难。结束阶段之后,临床工作者会在数周之内对来访家庭进行回访。关于系统治疗方法的每个阶段的详细信息及有效干预，请参考尼克尔斯的相关论著。

对家谱图进行分析、针对过程进行循环提问这两种方法适用于系统治疗的所有阶段。根据尼克尔斯的观点，家谱图是一张示意图，用来呈现家庭成员以及彼此之间的关系。家谱图涉及家庭成员的出生、结婚、离婚及死亡等重要事件的日期，家谱图上的连线暗示了家庭成员之间的关系动力。芒福德（Mumford）和威克斯（Weeks）提出了金钱家谱图的概念，着力探讨金钱在家庭中发挥作用的过程，它既存在于个人层面，也存在于人与人的关系层面。针对过程进行的循环提问包括：家庭中谁赚钱？收入如何分配？家庭成员中谁挥霍无度，谁节俭持家？家庭如何做出财务决策？更多的问题，请参考芒福德和威克斯的相关论著。接下来的案例研究给出了金钱家谱图的一个范例。与金钱有关的各个方面都应该被添加到家谱图的可视化列表中。例如，金钱人格、金钱脚本、金钱障碍、受教育程度和就业状况等都应该被添加到家谱图的列表中。另外，与金钱有关的关系动力也应该被标注出来，如因一个家庭成员没有偿还另一个家庭成员的欠款而引发的冲突。

案例研究

↘ 背景信息与问题表现

本章开头已经给出了案例。现在，就让我们更详细地看看这对伴侣。马库斯（Marcus），37岁，小型商业主，和家人一起生活在美国中西部；他的妻子安琪莉可（Angelique），35岁，全职妈妈。夫妇俩已经结婚10年，有三个孩子，贾迈尔（Jamel）7岁、卡特（Carter）5岁、阿贾莉（Ajali）4岁。夫妇俩都拥有学士学位，马库斯主修财务，安琪莉可主修大众传媒。从家庭关系上看，两人在性别角色方面非常传统，父母子系统和子女子系统之间已经有非常清晰的等级结构。两人的关系很紧密，喜欢一起度过时光，尤其喜欢户外娱乐活动。

第 13 章
系统财务治疗——系统理论视角下的财务治疗

> 若想通过 CFT 透镜进行个案概念化,就必须探索伴侣生态系统、个体配偶属性、伴侣关系动力和财务过程。

虽然仍然一起参加活动,如家庭野营,但是马库斯和安琪莉可承认,他们之间的关系在过去两年一直都很紧张,当安琪莉可发现马库斯欠下巨额负债后,这个紧张程度进一步升级。自从申请了破产,马库斯就在朋友的会计师事务所工作。因为感到自己作为生意人、作为丈夫和作为父亲都很失败,所以马库斯表现得退缩且抑郁。安琪莉可的愤怒越演越烈,因为马库斯不让她知道财务状况。她常常对着马库斯和孩子们大喊大叫,对马库斯的行为越来越起疑,整夜都无法入睡,担忧他们未来的财务状况。她想要掌管家庭财务,想要知道马库斯每一笔钱的去处,但是马库斯坚持不让她插手。安琪莉可也开始找工作,因为她想缓解一下家庭的财务压力,但是需要努力找到一份薪水丰厚的工作,这样就可以把最年幼的孩子阿贾莉放在日托所。马库斯坚持让安琪莉可待在家里,直到阿贾莉上幼儿园为止。两人都承认他们正渐行渐远,但是也都想修复婚姻关系。只是,他们不知道该做些什么或者到哪里寻求帮助。朋友向他们推荐了一位财务治疗师,以帮助他们改善夫妻关系和财务状况。

↳ 个案概念化

若想运用 CFT 透镜进行个案概念化,就必须探索伴侣生态系统、个体配偶属性、伴侣关系动力和财务过程。马库斯和安琪莉可夫妇生活在一个小型社区,在那里传统性别角色分工明确,每个人都知道其他人的情况。作为一名男性,马库斯感到来自社区文化的压力,所以他努力想成为一名成功的商人,为家庭提供财务支持,这样安琪莉可就可以待在家里做全职太太。

马库斯具有金钱崇拜型金钱脚本,金钱人格是挥霍者。在家庭中,安琪莉可的金钱人格是节俭者,并不赞同马库斯花钱的方式。她认为他把钱花在没必要的事务上,并因他们现在的财务状况而指责马库斯。两人都相信自己的个人理财能力,而且都认可马库斯的财务专业背景,认为他比安琪莉可在财务上更在行。他们面临的财务困境导致双方都承受着财务焦虑的痛苦。从 CFT 来看,以上的个体配偶属性已经影响了两人的伴侣关系和财务过程。

安琪莉可已经不再信任马库斯,并因债务问题不断指责马库斯,他们的婚姻满意度和 FS 不断下降。而他们唯一的互动,就是因财务状况而争吵。当他们不因财务状况而争吵时,彼此都保持着情感的疏离。这个案例说明伴侣关系和财务过程是相互影响的,还受到个体配偶属性的影响。

↘ 干预

系统理论有很多干预方式。如前所述,治疗师进行初始访谈的重点是与马库斯和安琪莉可建立融洽的工作关系。对于马库斯和安琪莉可做得好的方面,如夫妇俩不在孩子面前因财务状况发生争吵、继续和孩子们一起参加家庭活动等,财务治疗师应该予以认可。财务治疗师可能认为,因财务而争吵是一种好的迹象,因为他们正在面对而不是回避他们的问题。另外,财务治疗师还要了解他们以前是如何处理问题的,包括他们尝试解决问题的方式,无论是有效的尝试还是无效的尝试。

为了减少马库斯和安琪莉可之间的无效互动,财务治疗师提出了以下问题:"问题的存在有什么功能?""什么在妨碍夫妇俩做出改变?""什么阻碍了夫妇俩运用与生俱来的问题解决能力?""什么让夫妇俩卡在各自的思维模式里?"经过循环性提问,财务治疗师认为,传统性别角色让马库斯感到他有责任保护家庭并为家庭提供保障,这导致他很少向配偶透露财务信息。对此,安琪莉可的感觉是,因为她是女性,所以马库斯认为她在财务方面不能胜任。她因目前的状况而指责马库斯并且不再信任他,夫妇俩卡在各自的想法中,无法看到对方的观点。

还记得本章开头马库斯和安琪莉可的对话吗?马库斯解释他之所以一直不

愿意让安琪莉可参与家庭财务，是因为他不想让她承担财务压力。而安琪莉可愤怒地回应："我完全有能力应对我们的财务状况！为什么你不信任我？"这段对话发生在当财务治疗师问是什么原因让夫妇俩前来寻求财务治疗的时候。在系统理论看来，对于某一个问题有许多因素在起作用，而家谱图是一个解决问题的有效工具，可以让每个人了解到正在发生什么。

在系统理论众多的评估工具和干预方法中，家谱图是典型的系统理论评估工具和干预方法。图 13.2 标示了本案例的家谱图情况。财务治疗师可以把传统的家谱图和金钱家谱图结合起来使用（如之前所述），这样就能了解与财务相关的家庭关系现状及其历史。在这个案例中，马库斯有一个哥哥卡默林（Camerin），安琪莉可有一个妹妹西蒙妮（Simone）。虽然我们以马库斯和安琪莉可为中心，但是标示夫妇俩生活中的重要他人也非常重要。家谱图标示出，马库斯和安琪莉可的兄弟姐妹都是单身，拥有全职工作，并且都是挥霍者。由此，夫妇俩了解了彼此的个体配偶属性和家庭成员当中与金钱相关的关系动力。例如，家谱图用锯齿线来标示马库斯和安琪莉可的冲突；并标示了马库斯父母（比尔和克拉拉）和安琪莉可父母（约翰和坦布拉）在财务决策方面的差异及其就业状况。通过家谱图，夫妇俩开始理解对方的成长经历，特别是各自对金钱的不同处理方式。马库斯开始承认，他父母（比尔和克拉拉）的情感十分疏离（用点线标示），并且因为父亲坚持负责家庭财务而变得更加糟糕。他的母亲不会和父亲争辩她想要了解财务状况，而是采取冷战的态度，不闻不问。他也开始理解夫妇共同做出财务决策对安琪莉可很重要，理解她想参与到财务决策中来。安琪莉可开始理解，为什么马库斯坚持负责家庭财务，承担起为家庭提供财务支持的全部责任。她也了解了为什么马库斯不和她商量就做出财务决策，是因为他不想让她因家庭财务问题感到负累。马库斯和安琪莉可都意识到，他们有不同的金钱观。财务治疗师可以提出更多的针对过程的循环性问题，以此来引出更多的信息，放慢马库斯和安琪莉可之间的对话，帮助夫妇俩思考家庭成员间的关系模式,理解自身的行为和关系动力。

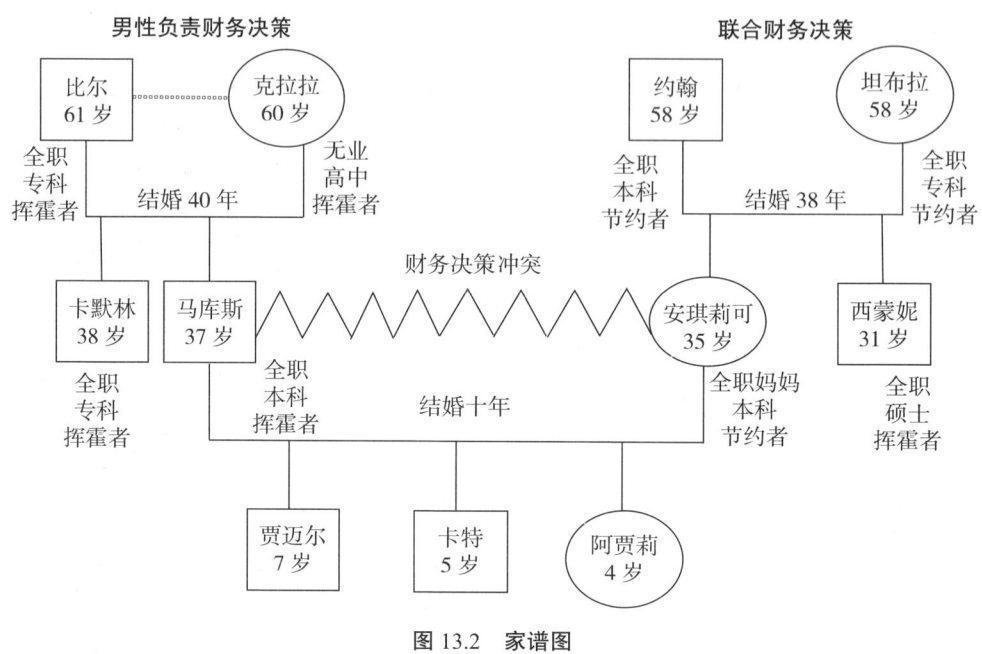

图 13.2　家谱图

家谱图有助于马库斯和安琪莉可相互理解,尤其是理解他们自身的行为以及他们自身是如何导致冲突的。但是,只有理解不会改善马库斯和安琪莉可的情况,唯有改变才能改善他们的关系和他们的财务状况。如果此时马库斯坚持不想让安琪莉可承受财务重担,并坚持他将继续独自管理家庭财务,会发生什么呢?因为夫妇俩在这个问题上已经有了一定程度的相互理解,所以治疗进入了中期阶段。在这个阶段,财务治疗师需要帮助夫妇俩找到应对问题的策略,并付诸实施,以改变原有的伴侣关系子系统和财务过程子系统。一个策略是马库斯和安琪莉可每周进行财务会谈。会谈时间限制在 30 分钟或 1 个小时以内,这样双方都不会被情绪左右。当安琪莉可了解了更多的家庭财务状况时,她的财务焦虑可能就会降低,她对马库斯的信任可能也会增加。同样,马库斯也会更少体验到财务焦虑,因为他无须再为保守财务秘密而费神。这个策略将帮助他们一起解决他们的财务问题。其结果是提高了婚姻满意度和 FS。有时候，这类策略可能并不与解决财务状况直接相关。夫妇俩可能会认为他们需要有更多的时间和对方待在一起，而不仅仅是讨论财务问题。他们想要每周或每月安排个约会之夜，重新和对方建立联结，而没有讨论财务的压力。通过享受和对方待在一起的时间，马库斯和安琪莉能够重建信任，并且提升了有效交流的能力。最终的结果是，他们的婚姻满意度得到提升，他们能更好地就家庭财务状况展开讨论并进行合作，最终他们的 FS 也增加了。其实，策略如何实施并不重要，重要的是夫妇俩一起找到了对他们来说最有效的策略。

一旦马库斯和安琪莉可达到了他们的财务治疗目标，治疗就进入了结束阶段，此时需制订维持计划以帮助伴侣走上正轨。在最后的阶段，财务治疗师可以帮助伴侣预测阻碍他们进步的潜在障碍，并找出消除那些拦路虎的方法。这个过程结束后，财务治疗师会在数周或数月内回访马库斯和安琪莉可，跟进他们的情况或者帮助分析他们遇到的障碍。

> 在其他案例中也存在这样的情况，即治疗师和来访者有可能形成三角关系——治疗师可能成为来访者家庭冲突中的一方。

↳ 结果

运用 CFT 进行以上干预后，马库斯和安琪莉可理解了他们自己关于金钱管理的观念，也理解了配偶的不同观点。对于安琪莉可来说，她意识到丈夫不让她参与财务决策是因为他希望像他的父亲那样保护家庭。对于马库斯而言，他意识到在安琪莉可的原生家庭中共同做出财务决策是非常重要的一件事情。他们开始理解对方的观点，并寻找两个人都认同的治疗策略，以帮助他们改变自身的行为，并使他们的婚姻和财务状况得到改善。

伦理考量

在其他案例中也存在这样的情况,即治疗师和来访者有可能形成三角关系——治疗师可能成为来访者家庭冲突中的一方。从系统理论的视角来看,治疗师积极地参与到家庭问题的解决中,的确成了来访者家庭系统的一部分。成为来访者家庭系统一部分的最大危险是反移情,即治疗师会过度认同某个来访者。反移情会在任何情况下发生,若治疗师意识不到反移情的存在,那么治疗师和来访者之间的互动就会变得对来访者有害,因为治疗师可能基于自己的经验来给出建议,而不是从来访者的最佳利益出发。

另一个伦理上的考量是咨询师在所接受培训和教育的边界内工作。例如,经过个人理财培训和心理健康培训的治疗师与仅有过个人理财培训或心理健康培训的治疗师相比,两者的工作边界会有很大不同。相应地,对来访者问题的诊断程度和提供的财务规划成熟度也会有显著差异。来访者要向受过不同专业领域培训的咨询师进行咨询才有可能获得最好和最完整的服务。

未来方向

随着新研究不断涌现,CFT 继续向前发展。不同类型的专业人员(如理财规划师、精神健康临床工作者等)均可以运用 CFT 对生态系统、个体配偶属性、伴侣关系和财务过程之间的动力进行研究。这些专业人员在与来访者的工作中使用系统理论方法。但由于系统理论的循环性,在理论框架内开展研究困难重重。系统理论应该开展理论相关性测试和干预有效性测试的临床研究。未来的方向是采用多样化大样本,覆盖广泛的人群,进行临床试验研究。

第 14 章

叙事财务治疗——叙事理论视角下的财务治疗

梅根・A. 麦考伊；D. 布鲁斯・罗斯；约瑟夫・W. 戈茨

引言

关于叙事财务治疗（Narrative Financial Therapy，NFT）的第一篇论文刊登在《财务治疗期刊》上。本章是对那篇论文的修订和补充。越来越多的财务领域和心理健康领域从业者注意到，来访者的关系问题与财务问题往往交织在一起。理财规划师表示，他们大约花费 1/4 的时间来处理来访者的非财务议题，如家庭关系问题，而大约 1/3 接受婚姻咨询关系问题的来访者提出财务压力或财务问题。因此，作为治疗关系问题和财务问题的有效方式，财务治疗应运而生。

> NFT 把叙事理论整合到了已有的财务规划六步骤中。

最近，阿塞拜多（Asebedo）等人对财务治疗协会的成员进行了一次调查，发现大家对财务治疗实际上必须做什么这个问题尚未达成一致。一些人把财务治疗视为协同工作，即心理健康咨询师和理财规划师共同对来访者进行治疗；另一些人则认为，一位既接受过心理健康培训又接受过财务规划培训的临床工作者即可提供财务治疗。后一种观点得到了更广泛的支持，但是已有的研究，要么是不同专业人员之间协同工作，要么只是在一个较浅的层面上处理关系问题或财务需要。对此，本章阐述的 NFT 给出了一个可供临床工作者使用的财务治疗整合理论方法，它综合了心理健康和财务规划两大领域。NFT 干预模型可供治疗师、咨询师、教练以及受过财务规划培训的专业工作者使用。

> 叙事疗法借用了故事隐喻和社会建构主义的认识论立场。故事隐喻让临床工作者把来访者的问题视为处于发展中的各种故事。

理论

NFT 把叙事理论整合到了已有的财务规划六步骤中，将心理健康和财务规划过程结合形成财务治疗的整合性方法。本章首先讨论叙事理论和财务规划六步骤，再解释和说明 NFT 的每一个过程。

↳ 叙事理论

临床工作者只要把叙事疗法中有价值的部分整合到实践工作中即可，而没有必要成为一个专业的受训叙事治疗师。但是，非常重要的是对叙事疗法的核心理论有一个整体性的理解。叙事疗法借用了故事隐喻和社会建构主义的认识论立场。故事隐喻让临床工作者把来访者的问题视为处于发展中的各种故事。社会建构主义聚焦故事是如何被社会、文化和政治语境重写的。因此，叙事疗法的重点不是解决问题，而是拓展来访者的故事，增加更多积极的记忆和想法。如果一个来访者只是说他抑郁，那他就是简单地把自己描述为一个抑郁的人。这被称为单薄描述（thin description），因为这个描述不允许有其他的可能。例如，这位来访者还是一个成功的商人、有爱的父亲或体贴的儿子，但他只是简单地把自己认定为是一个抑郁的人。叙事疗法能够识别这位来访者完整的人格是如何被封装在一个抑郁的人这样一个单薄的描述中的。因此，叙事治疗师的部分工作是让故事变得丰满起来，帮助来访者看到他自己是一个聪明能干且资源丰富的人，只是他生命的这个阶段正在对抗抑郁。

第 14 章
叙事财务治疗——叙事理论视角下的财务治疗

这些单薄的故事被创作出来并随时间而发展。故事由个体生活其中的强大的社会、文化和政治环境所创造，通常对于他们是谁有着"丰富"的描述。例如，一个因失业而陷入经济危机的人可能认为自己是一个失败者，作为丈夫没有为家庭提供足够的经济支持。叙事治疗师会让"坏丈夫"的叙述变得丰满起来，如他一直支持自己的妻子，像一个"好丈夫"那样爱她。通过驳斥那些"坏丈夫"的单薄描述，凸显有关"好丈夫"的描述，故事变得丰厚起来，这使来访者创造了新的故事版本，使其未来也具有了新的可能性。为了推动新的可能性，治疗师通过揭示问题起源、外化问题帮助来访拥有更加丰满的自我描述，重建偏好故事，从而为当下带来快乐，为将来创造新的可能性。

> 叙事疗法的关注点是外化问题，而不是从来访者自身或来访者的家庭结构和互动模式中寻找问题……问题独立于来访者。

叙事疗法的每个阶段都需要提问，以帮助来访者找到偏好叙事。图 14.1 给出了五类叙事提问：解构，外化，闪光事件，放大偏好叙事，观众提问。每类叙事提问都给出了例子，以展示财务治疗师如何应对来访者可能在财务治疗会谈中提到的常见问题。这些提问可以帮助财务治疗师和来访者一起创作一个更加丰满的故事，转变来访者的现实感知，从内化问题和内化适应不良的话语朝着创建新故事的可能性发展。

叙事疗法基于非病理学立场，澄清这一点很重要。这意味着，使用这个方法的临床工作者要重视来访者的强项，而非弱项。此外，叙事疗法的关注点是外化问题，而不是从来访者自身或来访者的家庭结构和互动模式中寻找问题。它把问题与来访者剥离开来。因此，来访者不会因问题而受到指责。所以，关注点从解决过去的问题转变到未来的可能性和来访者的优势。

↘ 财务规划六步骤

NFT 模型中包含了财务规划六步骤，对于这六个步骤，理财规划师认证标准委员会（Certified Financial Planner Board of Standards, Inc.）进行了简明扼要的说明。这六个步骤包括：

1. 建立并定义来访者 – 理财规划师关系；
2. 收集来访者信息并讨论目标；
3. 分析并评估来访者的财务状况；
4. 制定并提出财务规划；
5. 实施财务规划；
6. 监控财务规划。

经过多位叙事疗法临床工作者的研究和实践，以上的六个步骤也被纳入了叙事疗法中。一般来说，叙事疗法不被手册化，因为叙事疗法不是一个线性的过程。因为它的非线性，财务治疗师需要在多个步骤之间来回往复，而这种来回往复取决于来访者的需要以及在会谈中需要处理什么（见图 14.1）。本章的附录 1 提供了六步骤中每一步目标的简要说明。

> 来访者感到安全并理解财务治疗这个全新干预方式的独特边界是很重要的。

叙事财务治疗的原理与策略

↘ 步骤 1：建立并定义治疗关系

第一步有两个目标。第一个目标是要把传统的财务规划、精神健康治疗与财务治疗区分开。来访者感到安全并理解财务治疗这个全新干预方式的独特边

第14章
叙事财务治疗——叙事理论视角下的财务治疗

界是很重要的。来访者需要清楚地理解与财务治疗有关的边界和伦理。临床工作者应该明确告知来访者有关保密限制的问题，因为财务治疗的保密限制与一般治疗有所不同，它取决于临床工作者开展工作的首要知识领域。在向来访者提供服务的过程中，临床工作者要时刻谨记：每一个失望背后都有一个未被满足的期望。对任何一项服务来说，在开始之前提供完备清晰的服务内容并厘清服务范围都至关重要。

提问类型	财务压力
解构	财务压力如何影响了你在购物时与商家讨价还价的能力？ 关于金钱是不可以与配偶谈论的事情这一想法，父母的行为和文化传统对你产生了怎样的影响？
外化	你如何命名这个有问题的影响，该影响现在让你以为自己不能与配偶谈论金钱？ 你怎么看自己秉持的不能与配偶谈论金钱这一想法？
闪光事件	你能回忆起曾和配偶谈论过金钱的时候吗？ 你的配偶曾做过什么，让你认为与其谈论金钱是安全的？
放大偏好叙事	能够和对方谈论金钱是如何影响你们关系的其他方面的？
观众提问	随着你在你们关系中沟通方式的持续改进，你将如何向他人表明这对你们的关系产生了怎样的积极影响？ 对方需要注意到什么，就能相信你在你们关系中很快乐？

图14.1 叙事提问示例。研究者和临床工作者创建了提问和提问类型，叙事疗法的主要原理是：解构、外化、闪光事件、放大偏好叙事和观众提问。这些提问示例，由怀特（White）和爱普斯顿（Epston）、弗里德曼（Freedman）和库姆斯（Combs）、夏皮罗（Shapiro）和罗丝（Ross）提供。这张图仅给出几个如何建构叙事提问的示例，但是我们鼓励专业工作者改变措辞方式以符合自己的语言风格和来访者需要。

第二个目标是临床工作者与来访者建立联盟式治疗关系。该治疗关系既是指临床工作者与来访者就会谈及整个过程的任务和目标达成高度的一致性，也是指双方紧密的情感联结。与来访者建立这种治疗关系的方式之一是，不要在一开始就把焦点直接放在财务问题上，而是询问来访者的兴趣或生活的其他方面，以了解财务问题之外的来访者是怎样的。这个过程与叙事疗法的立场一致，即临床工作者不应该假设来访者的财务状况是病理性的或有问题的。临床工作者应该创造一个开放式的谈话情境，邀请来访者分享他们的故事。提问并不意味着临床工作者假设存在任何问题，而是通过提问就来访者作为个体而言他是谁这个方面提供知识和洞察。临床工作者应该强调来访者自身的优势及其拥有的资源。

> 来访者亲自参与财务资料的收集与财务状况的评估，既可能为来访者赋权，也可能唤起来访者的消极情绪，如焦虑、挫折感和压力等。

汤姆（Tomm）讨论了开放式提问的重要性，认为它进一步推动了对话，而不是让对话中断。开放式提问不是一种简单的是与否的提问，而是通过反思和循环提问推动对话过程。这个过程有助于来访者开诚布公地分享更多关于他们自己的信息，从而促进治疗关系的发展。它也有助于防止临床工作者内化单薄的问题叙事，而这正是来访者最初寻求治疗的原因。

↘ 步骤2：收集信息并建立目标

步骤二的重点是收集来访者的信息。临床实践证实，收集信息的最佳方式是在两次会谈之间给来访者布置相关任务。布置这些任务（也可以理解为会谈期间的家庭作业）是为了促使来访者做出改变，并最终实现其目标。家庭作业可以是确认并提供与其财务状况有关的信息，为下一次会谈做准备。

通过收集资料，临床工作者能更好地评估来访者的财务状况，深入了解来访者的金钱观念。来访者亲自参与财务资料的收集与财务状况的评估，既可能为来访者赋权，也可能唤起来访者的消极情绪，如焦虑、挫折感和压力等。正确对待来访者的消极情绪很重要，这样来访者就不会感到在这个过程中自己是独自一人。临床工作者向来访者提供如何完成家庭作业的建议也很重要，这可以消除其一些潜在的阻碍。此外，为了帮助来访者发展积极的财务行为并对之予以支持，临床工作者既要肯定来访者付出的努力，也要肯定来访者积极的财务决策。

在进行财务讨论的同时，临床工作者还要让来访者谈论他们的金钱脚本。来访者分享他们的金钱故事如何影响了他们现在的财务行为。关于财务如何影响到他们的生活，许多人已经发展出特定的图式或者观念，因而讨论这些观念以及它们如何影响来访者的行为和互动方式就变得非常重要。如果来访者是一对伴侣，那么临床工作者既要讨论双方各自的故事是如何帮助到彼此的，也要讨论它们是如何阻碍他们之间的互动的。在这个阶段，金钱脚本练习是必要的，因为来访者能够看到配偶潜藏的金钱观念与自己的相差无几。这些观念很可能是配偶对主流话语进行内化的结果（例如，"我需要看起来很富有，这样人们就会认为我很有能力"或者"作为一名家庭主妇，我在金钱方面要节俭些，以便更好地养育我们的孩子"）。

来访者的金钱脚本与涉及性别、关系、文化、权力、特权等的主流话语有关。临床工作者应该在这个阶段引入解构式倾听和解构式提问，以发现构成来访者生命的主流故事，探索它们对来访者的影响。这可能导致由享有权力和特权的人掌控的强大主流话语对个人束缚的松动。换言之，有些来访者接受并相信社会主流话语中的无效财务信息，如成功或自我价值的实现与财富紧密相关，从而导致了自己不健康的财务行为。图14.1给出了如何进行解构式提问的例子，能够帮助临床工作者发现那些持续影响来访者对财务状况的观念的主流话语。

一旦意识到有关财务的主流话语并对其进行解构，来访者的财务问题就会被外化，从而与来访者分离。这个外化过程有助于来访者应对问题而不是逃避问题或者推卸责任。外化是一个过程，在这个过程中，治疗师提炼来访者的语言并对它进行修改，从而使问题客观化并与来访者分离。弗罗门斯（Vromens）和施韦策（Schweitzer）建议，临床工作者要让问题与来访者分离，让其外化并且非病理化。如此，当问题与来访者剥离，问题就可以独立于来访者之外。外化需要态度、观念和语言的特定转变，从而把问题定位在来访者之外。

转变来访者看待金钱的视角能够促使来访者形成一个新的、更加健康的金钱关系。一旦脱离了人而单纯地看待问题，那么治疗师就可以重建治疗范围，重构解决问题的方式。针对问题的运作方式、规则、目的和技术进行进一步的提问能对问题有更全面的把握，并将问题拟人化。与财务有关的外化提问的范例，可以参考图14.1。一旦实现了问题的外化，就更容易进入到这一步骤的最后目的——建立目标。

临床工作者建立目标的关键是该目标要表达来访者的态度和愿望。第一步是使用具体明确的语言定义来访者呈现的问题。用这种方式描述问题，目标可衡量，而且临床工作者和来访者都清楚治疗计划是否有效。临床工作者要设法缓解与问题叙事有关的无效行为和认知模式，这些叙事在某种程度上是由社会主流话语创建的。当来访者是伴侣时，对双方都进行评估很重要，以确保双方的需要被明确定义并被列为目标。临床工作者可能需要整合他们的治疗合同或服务条款，明确治疗目标。这份治疗合同写明并列出临床工作者和来访者双方具体的责任，这样各方当事人都很清楚治疗过程将如何实现治疗目标。

> 寻找财务危险信号也很重要。因为任何一个使用该模型的临床工作者都需要知道，某些财务问题如果没有被立刻处理，便会对来访者造成不利的影响。

↘ 步骤3：分析信息并建立规划

为了缓解财务压力、提升财务幸福感，步骤三的重点是分析信息，在诸多选择中确定来访者的治疗途径，以便制订一份财务行动计划。临床工作者应该把工作重点放在提供可供来访者选择的选项上，并给予指导，以便找到最有效的解决方案。通过提供选项，临床工作者可以帮助来访者构建一个新的观念，形成一种新的应对财务状况的偏好方式。

　　寻找财务危险信号也很重要。因为任何一个使用该模型的临床工作者都需要知道，某些财务问题如果没有被立刻处理，便会对来访者造成不利的影响。如果来访者欠税或者没有支付子女抚养费的问题没有被立刻处理，他将面临被扣发工资，甚至被判刑的后果。如果临床工作者发现来访者的财务问题超出了他们受训的范围，那么就应该对来访者进行转介。临床工作者的知识必须能够涵盖他们收集到的财务信息、来访者体验到的压力源，以及使用的治疗方法。

　　临床工作者一旦确认并没有妨碍其工作顺利进行的财务危险信号，那其工作就是继续寻找问题叙事中的例外。临床工作者积极寻找与来访者的充满痛苦的问题叙事相矛盾的事件，并帮助来访者利用这些事件把他们的生命故事转变为偏好叙事。这个过程会持续一段时间。换言之，临床工作者帮助来访者发现了新的生命故事。这可以借助观众提问（audience questions）和闪光事件（sparkling events）实现。闪光事件是来访者已经经历的表明他们能够掌控全局的实例。当来访者是伴侣时，治疗师在这个步骤中还需要花时间鼓励来访者看到，问题是外部力量而非他们配偶的主观欲望导致的。此时，治疗目标成为他们共同的目标，而其中并不包括外化的、由文化导致的问题。

↘ 步骤4：提出计划

　　这个步骤要求给出一份财务行动计划。这是一份来访者可以实施的行动步骤清单，以缓解其财务压力，提高其财务幸福感。基于普适性要求和叙事疗法的原则，即相信来访者了解自己的能力和所面临的问题，这个财务行动计划需要临床工作者与来访者共同构建。这个步骤的重点是向来访者提供技巧和选项，这样做能让他们在制订计划前后感受到更强的胜任感和赋权感，以提升他们的内在动机和自我满足感。

> 对临床工作者而言，对来访者表现出的各种焦虑进行处理并使它们正常化十分重要。

有时，来访者可能不相信自己具备实施计划的能力。临床工作者需要花些时间关注以下事件，即超出问题故事之外的事件。这些替代性故事被称作独特结果或闪光时刻。这些事件在治疗初期通常是隐而不显的，临床工作者需要找出这些短暂出现的闪光事件并提出问题，以引导来访者发现它们。临床工作者可以留意会谈中发生的闪光事件并扩展它们的意义。他们还要要对此保持持续性的好奇，并让来访者生命中的闪光事件的故事变得丰满起来。

来访者一旦描述完一个闪光事件，临床工作者就需要马上询问来访者对这个行动或想法的体验。基于来访者在技能和知识方面的优势进行提问能够进一步发展出闪光事件丰富的过往与当下的故事，这种基于优势的提问也适用于引导来访者思考关于未来的各种可能性。临床工作者需要针对来访者的身份认同感进行连续提问，探索来访者对闪光事件的解释及其意义所在，使故事不断得到扩展，引导来访者形成偏好的自我形象，并且更多地在这种自我形象与期待状态和价值观之间建立联系。弗罗门斯和施韦策指出，临床工作者应向来访者强调现有生活方式和偏好生活方式之间的差异。替代性故事与问题故事形成对比，每叙述一次替代性故事，这种对比就变得更加鲜明。每次对替代性故事的复述都会扩展来访者的偏好叙事，使描述更加丰富，因而来访者便会更加认同这个偏好叙事，从而增加出现新的解决问题的可能性。

前几个步骤形成的外化语言在本阶段应该继续被使用。来访者可能正在经历自我怀疑，怀疑自己是否有能力改变自己关于金钱的想法和行为。对临床工作者而言，对来访者表现出的各种焦虑进行处理并使它们正常化十分重要。来访者一般具有应对问题的资源和能力，临床工作者要做的仅仅是放大这些资源和能力，让来访者注意到它们。临床工作者肯定并欣赏来访者自身的知识和优势有助于来访者获得更大的掌控感。

> 此外，在外化问题的过程中，来访者还需要得到朋友和家人的支持。

↳ 步骤 5：实施计划

这个阶段非常重要，临床工作者必须确保来访者理解行动计划的每个步骤，并且理解自己在计划实施过程中的角色。计划实施包括调动来访者的积极性，按步骤执行之前共同制订的计划。在这个阶段，来访者可能对他们实施计划的能力有所怀疑，临床工作者需要结合外化语言和闪光事件进行提问，打消来访者的顾虑。临床工作者也应该花些时间强调来访者的优点，肯定来访者的努力和取得的进步。更进一步地，临床工作者可以建议来访者在实施计划的过程中记日志，以识别什么因素会导致他们外化问题。

布置了这类任务之后，很重要的一点是临床工作者在接下来的会谈中要花些时间来处理来访者的家庭作业。例如，临床工作者应该和来访者讨论问题解决技术，这样来访者就能够自己处理两次会谈之间发生的突发问题。临床工作者应该重点强调来访者的优势，关注他们如何解构问题并外化问题，怎样逐步实现他们的目标。有时会出现错误，外化问题极大地影响了来访者，不过这只是短暂的现象，而不是常态。临床工作者应该强调来访者拥有战胜问题的力量，引导他们将支持系统和其他资源视为优势和同盟之源，而不是与问题结盟。

↳ 步骤 6：监控绩效

这一阶段的工作是评估计划在实现来访者目标方面的有效性。来访者的目标可能没有被充分实现，或者需要处理新出现的担忧。来访者继续记录日志，

心理咨询中的财务议题

既是为了记录来访者的治疗进展，也是为了识别任何引发财务困难或财务压力的导火索。如果来访者的治疗进展表现得差强人意，则需要采取纠正措施（例如，在市场低迷时，来访者愿意接受较低的回报率）。

这个步骤需要临床工作者运用一种被称作放大偏好叙事（amplifying the preferred narrative）的方法（见图14.1）。来访者系统一旦找到战胜问题的力量，他们就能够发展出替代性的未来远景。这种未来远景能够帮助来访者看清，没有这个外化问题时他们的故事看起来是怎样的。临床工作者可以在治疗过程中使用叙事提问的方式帮助来访者放大偏好叙事。通过不断充实新的故事，放大偏好叙事，临床工作者可以帮助来访者摆脱问题叙事。这个步骤的关键是，临床工作者要持续帮助来访者获得相关的技巧、知识和掌控感。

此外，在外化问题的过程中，来访者还需要得到朋友和家人的支持。怀特（White）和爱泼斯坦（Epstein）提出，可以寻找一位"观众"，帮助来访者看到偏好叙事和问题叙事之间的差异。朋友和家人都可以成为这样的"观众"，以帮助来访者重建偏好叙事，并且在强化偏好叙事的同时，弱化之前的问题叙事。临床工作者通过就"观众"提出的问题来询问来访者，鼓励来访者在朋友和家人中找到支持，以强化偏好叙事并帮助他们克服压迫性话语。另外，为了增强期望行为并发展出维持该行为的模式，十分重要的一点是，临床工作者要肯定并重视来访者表现出来的任何积极行为。通过这种方式，治疗师让来访者看到，他们在自己已有的社会资本的帮助下有能力解决任何问题。

> 通过这种方式，治疗师让来访者看到，他们在自己已有的社会资本的帮助下有能力解决任何问题。

案例研究

↘ 背景信息和呈现议题

本节将通过一个案例来说明 NFT 模型的具体应用。玛丽 33 岁，罗伯特 44 岁，两人结婚 8 年，正在向一位婚姻与家庭方面的治疗师寻求帮助。夫妇俩说，在第二个孩子出生后，他们的婚姻冲突越演越烈。过去 8 年，玛丽和罗伯特都拥有稳定的高薪工作，维持家庭支出绰绰有余。现在，随着第二个孩子的到来，玛丽表示她已经决定辞去工作，待在家里照顾两个年幼的孩子，即 3 个月的艾玛（Emma）和 6 岁的马克斯（Max）。没有玛丽的收入，罗伯特成为家庭收入的唯一来源，这让他感到巨大的财务压力。罗伯特和玛丽都表示，他们之所以前来寻求治疗，是因为发现他们现在十分频繁地为钱发生争执。

↘ 个案概念化

在过去的 8 年，罗伯特和玛丽各自从事一份财务稳健的工作。一直以来都是罗伯特管理家庭财务，他从未表达过对金钱方面的担忧。两份收入可以相对轻松地支持一个三口之家，并且足以维持他们有些奢侈的生活。虽然第二个孩子的出生是计划之内的，也是令人高兴的，但还是让他们当前的财务状况变得紧张起来。罗伯特已经开始削减家庭支出，如外出晚餐和家庭旅游等。当玛丽宣布她打算做全职妈妈，照顾年幼的孩子时，家庭财务状况变得更加糟糕。罗伯特支持玛丽照顾两个孩子的决定，但是越来越担心他们如何负担得起像以前那样的生活水准，那是他们已经习惯了的生活方式。罗伯特认为玛丽不关心家庭财务状况，玛丽认为罗伯特担忧过度。在接下来的治疗计划中，治疗师采用了叙事财务治疗。

↘ 干预

治疗师接受过专业的 NFT 培训，专注且尊重地倾听夫妇俩关于金钱的争执。经过考量，治疗师决定提供财务治疗服务，而不是传统的伴侣治疗服务，并将治疗的重点放在夫妇俩的财务压力源上。夫妇俩对于 NFT 服务表示好奇，且愿意接受。在首次会谈中，治疗师花了些时间向夫妻俩介绍 NFT，并与他们就治疗达成一致。治疗师表示，即使他们讨论财务议题，她仍旧是在婚姻与家庭治疗许可的范围内工作。她向夫妇俩出示了知情同意书，包括授权报告、禁止双重关系，并说明了她所提供的财务服务范围。治疗师明确表示，她不是注册的理财规划师，因此在财务建议方面能做的很有限。她告知夫妇俩，在治疗过程中，如果他们希望得到更加详细或具体的财务建议，她会进行转介。首次会谈持续了 50 分钟。会谈结束时，治疗师和夫妇俩达成一致，以后每周进行 50 分钟会谈，目的在于解决他们的财务冲突。

  一周后是第二次会谈。治疗师的关注点一直放在如何与夫妇俩建立治疗联盟上。她没有直接聚焦在问题上，而是询问夫妇俩是如何相遇的，对方吸引自己的是什么，他们在一起会做些什么。在这个过程中，治疗师不断强调他们作为夫妇在一起时的优势和资源。通过简单的开放式提问，夫妇俩描述他们一见钟情，因为俩人的共同爱好都是旅游和美食。会谈中，他们兴高采烈地聊起约会的经历；但在临近结束时，罗伯特提到他们将不再有能力去旅游或者去高档餐厅了，因为他们有了两个孩子而且需要支付的账单在不断累积。这时，会谈的气氛急转而下。玛丽为自己辩护，说她正在努力抚养他们的孩子。两个人都沉默不语，各自琢磨自己对家庭的贡献。治疗师认为，罗伯特面临财务压力，玛丽面临抚养孩子的压力。她认为，这也许是布置家庭作业的好时机。治疗师布置了两份家庭作业，要求夫妇俩在接下来的一周完成。第一个作业，找到度蜜月时的照片，一起回忆他们的旅行。第二个作业，收集重要的家庭财务信息。治疗师要求他们在下次会谈时提供信用报告、信用评分、上个月的银行和信用卡账户对账单以及纳税申报单。为了让他们更容易收集到财务信息，治疗师指导他们如何查询信用评分和信用报告。为了尽量减轻他们的焦虑，治疗师告知他们，如果在完成作业的过程中遇到任何疑惑，他们随时可以给治疗师打电话或者发邮件。

第三次会谈一开始，治疗师就询问罗伯特和玛丽完成家庭作业的情况。两人都表示他们很享受讨论蜜月的过程，但是不乐意看到他们的财务状况。治疗师承认他们在财务方面确实有压力，并解释说这些压力以及焦虑她也经历过。为了进一步说明这种情况十分常见，她告诉了他们关于自己的一段轶事。由于没有正确回答有关安全的问题，她被自己的信用机构拒之门外。这件事让夫妇俩笑了起来，氛围轻松了很多。治疗师看到夫妇俩的信用评分很好，但是他们的账户对账单显示他们在过去的几个月中储蓄消耗很多，因为他们只有一份收入。治疗师也检视了来访者的信用报告、账户对账单和纳税申报表，哪一样都让夫妇俩压力陡增。

随着会谈的继续，治疗师聚焦于如何确保关于财务的交谈是中立的且是非病理性的。但是，罗伯特对他们当前财务状况的态度很消极，对家庭财务忧心忡忡。他多次表示，如果他们继续目前的财务状况，他不知道未来会怎样，如果他被裁员，状况会变得更糟。每当罗伯特表示担忧，玛丽就以一种反应性的方式最小化罗伯特的感受，表示他们会好起来的。她坚持这些假想的问题绝不可能发生，但这种坚持却让罗伯特变得越来越歇斯底里。治疗师指出，他们各自都固守自己的观点。罗伯特说，他们关于金钱的看法本来就不同，并且因为太不同以至于找不到折中之道。玛丽点头，表示赞同罗伯特的说法。治疗师决定挑战这个信念系统，她向夫妇俩提供了一份金钱脚本调查问卷，作为他们下周要完成的家庭作业。她要求每个人独自完成调查问卷，会谈前不要互相分享。

第四次会谈是利用金钱脚本调查问卷家庭作业探索来访者关于金钱的有意识和无意识的信念。夫妇俩非常吃惊地看到，两人的金钱脚本在某些领域的评分非常接近。他们在"金钱是快乐与安全的重要保障"这一项上评分都很高，在"金钱象征地位与权力"这一项上评分都很低。这些相似性为治疗师和夫妇俩建立起工作关系提供了基础。但是，在分析了评分之后，罗伯特和玛丽都觉得调查问卷没有概括对方全部的信念。罗伯特抱怨说玛丽从不担心家庭的财务安全，他独自一人扛起了所有的财务焦虑。相反，玛丽说自己非常担忧家庭的财务安全，但是罗伯特过于关注家庭未来的幸福，而忽视他们目前的幸福。治疗师肯定了罗伯特和玛丽表达的担忧，并再次指出他们之间的共同点。双方都很担心家庭的财务安全和幸福，只是看问题的角度不同。

接下来，治疗师使用了解构式提问，她问罗伯特，他对未来财务状况的担忧从何而来。罗伯特回忆起，他的父亲作为家庭收入的唯一来源者是如何挣扎着养活家人的。他认为，供养家人是他的责任，如果他做不到，那么他就是一个失败者。当玛丽决定不工作，他的收入成为家庭收入的唯一来源时，这种信念被进一步加强。罗伯特的讲述触动了玛丽，玛丽承认她也担心他们未来的财务状况，但每当罗伯特提起这个问题时，她就觉得罗伯特是在责备她不该待在家里。罗伯特则表示他很高兴玛丽在家照顾两个孩子，并认为由此造成的收入减少是值得的。治疗师在整节会谈过程中继续使用解构式提问（例如，"罗伯特，你什么时候开始认为玛丽不担心你们的储蓄？""玛丽，你什么时候开始不再向罗伯特表达你全职在家的矛盾情感？"）和解构式倾听的方法，进一步了解夫妇俩的金钱观念。

接下来的会谈集中在外化夫妇俩对未来财务状态的焦虑上。夫妇俩不再把焦虑视为"罗伯特的焦虑"，而是将其视为正在威胁他们关系的共同问题。他们决定把这个问题称作"未来担忧"。治疗师花了些时间和夫妇俩一起来描述和定义"未来担忧"。"什么时候，关于金钱的未来担忧使你确信，你不能再思考或者再谈论它？""未来担忧听起来像什么？""什么时候未来担忧对你的影响最小？"到了会谈结束的时候，夫妇俩笑了起来，并且准备一起来对抗"未来担忧"。治疗师又布置了一项家庭作业，要他们列出到治疗结束时他们想要

第 14 章
叙事财务治疗——叙事理论视角下的财务治疗

达到的财务目标和伴侣关系目标。

在第六次会谈的过程中，夫妇俩列出了他们想要到达的目标，并将其列入治疗/行动计划。在治疗师的帮助下，罗伯特和玛丽从目标具体性、可衡量性、可实现性、与现实相关性、时间节点（SMART 目标）等几个方面来描述问题。通过这种方法，临床工作者和来访者都能清楚地知道治疗计划是否有效。夫妇俩描述的目标是：

1. 以已削减的家庭收入为基础制订支出计划；
2. 建立储蓄账户，以降低"未来担忧"的影响；
3. 为两人的二人世界式度假而存钱；
4. 每月一次，去一家新餐厅度过约会之夜。

由于夫妇俩还没有相应的预算，治疗师就把这作为家庭作业。

接下来的一节会谈是检查预算，以确保有足够的资金实现他们的目标（如应急基金、美食之旅、约会之夜等）。在讨论支出项目和家庭利益的优先级时，夫妇俩决定了可以缩减的支出项目。治疗师给出了一些有效建议，如约会之夜使用团购券或者存款使用高利率的网上储蓄账户等，但是不会直接给出具体的财务决策。治疗师的角色仅仅是提供选项，帮助来访者设法找到问题的解决办法，帮他们建立起对事务的控制感，这样夫妇俩就能自己应对"未来担忧"了。治疗师可以使用闪光事件提问的方式，帮助夫妻俩克服因无法达成一致而产生的不安。例如，"你过去什么时候为一起旅游存过一笔钱？""玛丽在什么时候比罗伯特感到了更多的财务压力？""罗伯特在什么时候更能待在当下，而不是仅仅关注未来担忧？"这类提问改变了夫妇俩的问题叙事。

最后，玛丽和罗伯特开始执行治疗计划。而大部分工作必须在治疗时间外完成（制定 SMART 财务决策），因此最重要的是获得各方的支持。在会谈过程中，治疗师继续使用外化语言和闪光事件来强调来访者的优势，并肯定他们目前存在的问题及心理感受。但是，在监控进展方面有一个焦点的转变。随着夫妇俩情况的不断好转，会谈的频率开始降低，以便让他们更多依靠自己对抗"未来担忧"。每次会谈一开始就检视玛丽和罗伯特在实现他们的目标方面取得的进展。随着他们不断接近自己的目标，治疗师开始给出观众提问，帮助夫妇俩在社区内获得支持。玛丽加入优惠券折扣俱乐部，帮助她培养新的支出习惯并提供其他可选的购物行为。罗伯特开始和他的兄弟每周见一次，谈论他们身为男人和家庭供养者的压力。这个转变让玛丽和罗伯特在他们的朋友和家人中找到支持，朋友和家人逐步取代了治疗师。最终，罗伯特和玛丽实现了他们的目标，并且战胜了"未来担忧"。治疗在这个时候就结束了，因为夫妇俩已经有能力共同对抗这些问题，而不再需要治疗师的协助。

↳ 结果

通过NFT，夫妇俩能够丰富他们的单薄叙事，从"罗伯特吝啬，过于担忧未来；玛丽对金钱太草率，不考虑我们的未来"，转变为"我们在财务上做出了牺牲，这样玛丽就能待在家里和孩子们在一起，并且我们会为了未来而储蓄"这样的偏好叙事。夫妻俩开始认为他们是一个团队，在共同对抗"未来担忧"，而不是固守在各自的观点上互相对抗。另外，从解构围绕着性别的强大主流话语开始，罗伯特能够在妻子面前更加开放并展露脆弱的一面，这增加了他们之间的亲密度。

对这个案例的描述看起来是一个一步到位的线性过程。但是，在真实的环境下，夫妇俩在前进的过程中会遇到阻碍，会有反复。这很正常。作为临床工作者，最重要的是要灵活，确保问题已经被彻底解构和外化。一些步骤将历经多次会谈，而其他步骤可能只需要15分钟。叙事理论的特征是，没有一个案例、没有一个来访者、没有一个故事是相同的。因此，每次的方法都不尽相同。此外，该案例研究的治疗是从婚姻与家庭治疗师的视角出发的，虽然目标聚焦于财务问题上，但是治疗师的干预更聚焦于两人关系的修复。如果临床工作者曾经是一名理财规划师，那会谈过程可能非常相似，但会谈使用的技术可能不尽相同。虽有不同，但这些技术都是有效的，并且可以应用于NFT。

伦理考量

重视伦理方面的考量对于治疗过程而言至关重要，尤其是不同的专业领域有不同的应用工具和理论框架。临床工作者有必要掌握财务与心理健康领域的标准、责任和伦理准则。财务治疗师也必须明白，不能超出自己的专业实践领域对来访者进行治疗。但是，财务与心理健康领域的临床工作者能够受益于跨学科和整合的方法，努力从整体性的角度进行干预。

未来方向

为了使用不同的财务治疗干预方法来改善来访者的财务行为和财务决策，非常需要发展新的理论框架和方法。另外，也需要通过增加资金、加强研究来拓展当前财务治疗领域的知识。一个方法就是向临床工作者提供这两个领域的方法和模型，以便在他们的临床工作中实施财务治疗干预，更加有效地服务来访者。NFT是一个整合性的、理论性的手册化方法，心理健康工作者和理财规划师都可以将其应用于自己的工作中。但是，该方法还需要更多的研究并通过随机临床试验获得经验证据，以进一步证明实施该方法的合理性。

附录 1

↘ 叙事财务治疗：简明操作步骤

步骤 1：建立和定义关系

目标 1：明确叙事疗法过程，取得新方法的知情同意，定义范围和伦理

目标 2：建立治疗关系，采取非病理性的、正向的和中立的立场

步骤 2：收集信息，建立目标

目标 1：布置家庭作业以收集信息，但要处理潜在的阻碍和焦虑，也要处理潜在的受益

目标 2：使用金钱脚本练习创建解构提问

目标 3：使用外化提问松动有问题的叙事

目标 4：共同制定治疗目标，处理关系与财务担忧

步骤 3：分析资料

目标 1：寻找财务危险信号，并决定是否适合继续工作

目标 2：使用闪光事件提问，放大来访者内在的力量和资源

步骤 4：制订并提出计划

目标 1：共同建立合作行动计划，计划聚焦在偏好叙事的发展方向上

目标 2：继续使用闪光事件提问，克服对自身能力的不确定感

目标 3：继续使用外化提问，以确保计划的焦点是击败外化问题

步骤 5：实施计划

目标 1：监控进展，以确保行动计划如期执行

目标 2：记录日志，以识别外化问题的潜在扳机点

步骤 6：监控计划

目标 1：放大偏好叙事，以确保用新的丰富故事取代单薄描述

目标 2：开始合并观众提问，以获取差异化的消息

第 15 章

女性主义财务治疗
——女性主义视角下的财务治疗

鲁迪·纳萨里尼亚·尼娅；尤兰达·T. 米切尔

女性主义理论

"女性主义理论"并没有一个提纲挈领的、唯一的理论，而是由很多女性主义理论构成，而且它们之间互不统属，并非井然有序。就像有人指出的那样，女性主义理论的各分支之间并不一致，而是相互冲突的。当我们思考女性主义这个术语，思考某些女性主义者如何选择她们的生活时，我们就能看到这些冲突。例如，自认是女性主义者的年轻女性可能追求更高的受教育程度和更好的职业，但是当有了孩子，她们可能会步入不同的生活轨道：有些人会继续工作，把"传统"角色的职责外包给保姆，以减轻工作负荷；而有些人会暂时离开职场，花几年留在家里抚养孩子。虽然她们的职业和个人生活非常不同，但是这两类女性都认为自己是女性主义者。这两类女性的观点都是恰当的，因为女性主义视角多种多样。而这种多样性常常被忽视，因为通常人们倾向于认为，女性主义者都是注重事业的女性，她们不相信婚姻或者不想有孩子。这些习惯性认知来源于以下事实，即女性主义源于社会变革运动并与之相互影响。我们将在本章简要地追溯女性主义理论的历史，讨论女性主义思潮的某些分支。考虑到本章的写作目的，我们对历史的讨论将限定在某些关键人物及其著作上。我们会检视女性主义框架下的假设、概念和命题，思考如何将其融入财务治疗。我们的讨论还涉及女性角色、家务分配、财务依赖，并将其应用于女性主义财务治疗。最后我们会讨论女性主义理论的影响和局限。

↳ 历史

在美国，女性主义理论出现于 19 世纪后期，那时女性权利运动获得了民众的广泛支持。同一时期，女性被鼓励追求更高的受教育程度，女性权利与男女平等是女性主义理论家关注的焦点。1898 年，女性主义理论家夏洛特·珀金斯·吉尔曼（Charlotte Perkins Gillman）出版《女性与经济学》（*Women and Economics*）一书，她在书中指出男性在家庭中拥有经济权力，婚姻控制了女性，因为男性是家庭收入的来源者，而女性操劳家务却得不到任何报酬。20 世纪早期，人类学家玛格丽特·米德（Margaret Mead）提出了更多的女性主义思想，这些思想既包括传统文化中母亲职责的共性，也包括更加开放的性思想。她对女性主义学术研究最大的贡献是提出社会文化因素决定了男性与女性不同的人格特征。与此同时，随着女性主义出版物的发行，在美国越来越多的女性开始追求更高的受教育程度并进入职场。女性在教育上与职业上的追求预示着女性将推迟婚育的年龄。

20 世纪 60 年代，随着女性运动的焦点从关注权利与平等转向关注自由与反压迫，更多的女性主义理论出现了。女性主义第二次浪潮的特征是百花齐放，各种思潮如自由主义、激进主义等理论不断涌现。自由主义的女性主义者，如贝蒂·弗莱顿（Betty Friedan），公开抗议职场女性处于从属的位置，很少有机会在社会中承担重要角色。她们力求性别平等，致力于消除来自法律、机构、个人的妨碍性别平等的障碍。弗莱顿的作品《女性的奥秘》（*Feminist Mystique*）于 1963 年出版，书中抨击弗洛伊德流派关于性与性别的假设，鼓励女性抓住机会改变现有的生活。弗莱顿思想主要来源于她对中产阶级中受过高等教育的同龄人的研究。她指出了怀揣梦想的美国女性对现实的不满和抑郁，其作品虽然以白种人中产阶级为主，但也对非裔美国人和工薪阶级女性产生了影响。无论弗莱顿的著作是否适用于所有女性，毫无疑问，许多美国女性深受这本书的影响。这或许就是她的书被视为第二次女性主义运动先导性因素的主要原因，这或许也是美国大多数女性主义者认为她们是自由主义的女性主义者的主要原因。

激进主义的女性主义强调女性面临的压力源于她们的生理因素以及男性在社会上拥有的权力和权威。例如，在生育控制实施之前，妇女无法有效地控制她们的生育，即使相关药物已获得买卖许可，但是某些地区禁止使用避孕药物。有些女性主义强调在生育和家务劳动方面对女性的剥削，激进主义的女性主义认为男性统治是社会问题。虽然自19世纪末女性主义运动兴起以来，女性在家庭和职场中的角色都已经发生了巨大变化，但是社会上依旧存在性别差距。最明显的是劳动力市场中的性别差异。例如，各种就业理论表明，女性和男性被习惯性地引向具有性别特征的职位，如职业隔离（segregation with jobs）和职业性别隔离（occupational sex segregation），前者是指某些职业被认定只由女性担任并且薪酬很低，后者则是女性被安排到特定的职位（例如，女性是护士而不是医生，是秘书而不是CEO）。有些就业理论甚至把女性的生理特征——生育能力——考虑在内。例如，循环就业理论认为女性因为生育和养育孩子，可能会周期性地进出职场，因而薪酬更低、年资无法累积、被阻挡在更高职位之外的可能性更高。另外，男性优势理论认为男性是家庭最重要的"顶梁柱"，因此需要更高的薪酬。此外，男性在家庭中承担的责任更少，他们的工作安排更具弹性，被提升的可能性更大。以上说明女性的压力源于她们的生理特征和她们在家庭中的角色。文化女性主义可能是最激进的女权主义分支，因为它强调女性本性或女性特质（female nature or female essence）的独特性。

历史上，文化女性主义与自由主义女性主义一直意见相左，因为她们强调女性需要珍视她们的女性特征，而不是和男性争取平等。换言之，当自由主义女性主义为女性的平等权而战时，文化女性主义正在为肯定、认可女性的生理或社会角色而战。虽然各种女性主义理论不是在所有方面都有一致的看法，但有一些通用的假设、概念和命题适用于所有女性主义理论。

第 15 章
女性主义财务治疗——女性主义视角下的财务治疗

> 虽然自 19 世纪末女性主义运动兴起以来，女性在家庭和职场中的角色都已经发生巨大变化，但是社会上依旧存在性别差距。

↘ 假设

所有的女性主义理论都是以女性的体验为核心的，这一点是理解不同女性主义理论主张的前提。从根本上来说，这个前提假设女性在社会中的体验是真实的，而且她们的体验（如想法、感受和行动等）与男性的体验不同，女性有能力做出道德决定并掌控自己的命运。因为是以每个女性的体验为核心，所以女性主义框架内有各种不同的声音。如前所述，在完成高等教育之后，女性主义者在养育孩子方面走上了两条不同的道路。每个女性所选择的道路就其情况而言都是个人化的，但仍然秉持着各自的女性主义立场。

上述不同道路的例子说明，女性主义理论的特点是具有多重声音，女性对时间、地点、文化和生命其他领域的理解决定了其独特性和独特体验，且很有可能个体差异极大，但是她们在追求平等地位和尊重方面是一致的。这两个假设看上去是有分歧的，重要的是我们要意识到，两者之间的冲突性是得到女性主义理论家承认的。女性的整体体验是核心，与此同时，女性的体验又因人而异。这也适用于阐述其他社会边缘群体。例如，非裔美国人群体、女同性恋群体、双性恋群体、男同性恋群体和跨性别群体（LGBT）中的每个人，他们彼此都没有相同的日常体验，一个成员的体验也无法成为其他成员的体验的"代言者"（多重声音），但整个群体环境（作为核心体验）的一致性是存在的。女性主义理论框架的最后假设声称，女性主义理论起到了促进女性解放的作用。这意味着虽然我们认可女性主义框架的个人化特征和群体特征，但是作为一门实践性理论，女性主义也必须揭示压制性的社会安排，如父权制，正是它们让不平等的循环得以延续。

↘ 概念

在理论建构中，概念是一种分类方法，即资料如何被描述、如何被诠释的分类方法。你可以把不同的概念看作是不同的思想，从而使理论得到发展，与此同时，各个概念间的联系则构成了命题。怀特和克莱因描述了构成女性主义理论的四个概念：生物学性别与社会性别、家庭与家务、公众与隐私、性别歧视。根据女性主义的观点，这些概念以某种途径、形式或方式使女性处于男性的从属位置上。

生物学性别与社会性别（Sex and Gender） 女性主义理论框架中最常见的概念就是生物学性别与社会性别的概念。生物学性别是指生物学定义的男性身份或女性身份。社会性别是与生物学性别有关的社会意义和行为。近年来，有三个不同的社会性别维度得到确认。首先，是个人社会性别，这个维度的社会性别关注个体获得他们社会性别的个人建构方式，如女性化和男性化，也指个体的性别认同。其次，是结构性社会性别，以层级结构的方式组织社会性别并对其分类，如某些任务或角色被认定应由男性完成，而某些任务被认定为女性的工作。最后，是象征性或文化社会性别，这个概念指出了如下事实，即男性化或女性化的理想建构因文化的不同而不同，并非静止不变。这三个维度说明社会性别是一个复杂丰富的概念，不仅具有个人意义，而且在不同的文化中被赋予了不同的社会期望。有时很难区分出生物性别与社会性别之间的差异，因为两者紧密交织在一起。在许多方面，生物性别－社会性别的争议是自然－养育的争议，并且会让人思考个人属性究竟是先天的、生物性的，还是习得的、社会性的。

> 社会性别是一个复杂丰富的概念，不仅具有个人意义，而且在不同的文化中被赋予了不同的社会期望。

家庭（Family）**和住户**（Household） 与其他传统理论相比，女性主义理论对家庭和户的定义非常不同。家庭作为一个概念，是用来维持人在社会中的特权的。家庭与住户的概念截然不同，住户这个术语指的是"住宅单元"，而家庭的定义是依据关系哲学解释哪些人应该生活在一起，共享收入并承担一定的家庭责任。关于家庭的概念有一个潜藏的观念，即某些家务是女性的责任，并且女性有照顾孩子的优势，因为她们拥有"天生的生育能力"。

公共与私人 公共－私人的二分法，把男性和女性分成两个不同的领域，男人等同于公共领域，女人等同于家庭私人领域。这两个领域的形成以及男女角色分配的不平等有很多的历史原因。例如，在美国前工业时代，女性在社会上的从属角色是由于她们的生育能力，并且基于生物学性别和男性统治进行劳动分工决定的。工业化早期，对这两个独立领域的理解是，男性的公共工作让他们离开家庭进入工厂，与此同时女性主要留在家庭，并专注于私人领域。近几十年以来，随着更加年轻的一代又一代女性获得更高水平的教育并进入职场，我们看到女性在公共领域的角色已经发生巨大转变。20世纪80年代后期，社会学家阿琳·霍克希尔德（Arlene Hochschild）在其著作《第二班》（*The Second Shift*）中，描述了双职工夫妇生活的现实。通过走访大量的中产阶级家庭，基于家庭妇女最认同的领域，霍克希尔德确认了三个不同的社会性别意识形态。前两个社会性别观点很清晰：传统的（traditional）和平等主义的（egalitarian）社会性别意识形态；在传统的社会性别观点中，妻子认同她的家就是她的领域，在平等主义的社会性别观点中，妻子认同她丈夫的领域。第三个社会性别观点是过渡性的（transitional），是前两者的混合。霍克希尔德推断，女性最认同的意识形态决定了她们想认同的领域（工作或家）以及她们在婚姻中想拥有的权力大小（更少、更多或均等）。霍克希尔德的结论常常被引用，因为她是首批社会科学研究者之一，强调女性在公共领域的工作不会必然抹除她们在私人领域的工作；她揭示女性在家中继续承担大部分责任。最重要的是,她捕捉到大部分美国家庭依旧存在男女分工的现实。

> 性别歧视的概念是指一些人实施的一系列行为,这些人笃信生物学性别——因为它是由基因决定的,然后把各种不利属性归结到具有那个生物学性别的所有人身上。

性别歧视 性别歧视是指一些人实施的一系列行为,这些人笃信生物学性别——因为它是由基因决定的,然后把各种不利属性归结到具有那个生物学性别的所有人身上。性别歧视反映了一种实践或行为,这种实践或行为基于生物学性别的分类,往往意味着对一类人的伤害或损害。例如,女性进入劳动力市场是一种社会现象,经济发展速度越快,女性进入劳动力市场的比率越高。与发展中国家相比,我们可以预测,美国女性就业机会更高。虽然在职场上女性已经与男性"缩小了差异"并且取得了巨大进步,但是与男性相比她们薪酬依旧较低,并且很难获得与同级别的男性同事同等的机会。因此我们认为,女性在职场上被区别对待是因为我们这个社会把女性划归为女性阶层。女性之所以被划归女性阶层,从根本上来说是因为她们的生物学性别,因此这是对女性的性别歧视。

↘ 命题

一个理论不同概念之间的关系构成命题。按照怀特和克莱因的理论,上述概念之间的关系可以构成如下六个命题。

社会性别建构我们的体验 生物学性别决定了男性和女性之间的某些差异。而不同文化所构建的不同的社会性别放大了这些差异。

> 每个社会把社会性别视为不同阶层的基本区别。

社会性别建构所有的社会　例如，从生物学上来说，男性和女性共同孕育一个孩子，差异在于是母亲怀孕并生下了孩子。但是，所有文化在社会层面都建构了双亲在抚养孩子过程中的社会性格差异，即母亲给予孩子的更多是培养，父亲给予孩子的更多是执行纪律。这就是一个关于生理差异如何逐渐升级为持续一生的社会性别差异的例子。

妇女作为一个阶层被贬低、被压制　男性比女性拥有更高的社会地位，因为不论是身体方面还是智力方面，女性都被认为不如男性。这些差异使性别歧视的社会观念根深蒂固，并且推动了父权制社会的发展。

> 家庭是复制压制的中心组织。

"女性文化"是生物学性别和社会性别观念以及历史性延续性的性别歧视和压制的产物。女性文化要素包括和谐、和平、合作和非暴力，它们成为占支配性的男权世界观的另一项选择。这个命题强调社会性别建构和性别阶层差异是如何逐渐促成男权社会形成女性观点的。女性文化的特点是合作和非暴力。换言之，非合作的、暴力的社会是男权价值观的产物。在本章后半部分讨论家庭暴力时，注意到这一点尤其重要。

家庭并非只有一种标准　各类社会功能（标准）被体现到作为一个组织的家庭中，男性和女性认为他们必须遵循这些标准，否则家庭将丧失功能，并且会对社会造成损害。女性主义支持者的研究正是要试图改变这种单一的家庭观念，并推动家庭内部各种标准的多元化发展，如家庭角色、家务分配、性取向等。

> 女性主义者认为，家庭治疗领域在概念化家庭生活时通常会忽略各种社会性别问题，只关注女性作为养育者和照顾者的角色。

家庭是复制压制的中心组织　作为一种中心组织，家庭本身借由社会化和社会期望负责复制社会压制。当女性遭遇到社会压制时，家庭既可以帮助女性摆脱压制，也可以帮助社会压制女性。

女性主义财务治疗

20世纪70年代末80年代初，许多开创性研究指出，既有的家庭治疗模型在两性关系中没有充分重视社会性别和权力差异，忽视了社会性别和模式影响家庭内部关系和家庭生活的社会背景。我们知道，家庭中的权力可以通过多种方式获得，如社会性别、年龄、赚钱能力、声望或恐吓等。在社会环境中，权力的分配并不平等，它取决于性别、阶层、种族、宗教、年龄、性取向、专业和身体健康状态等因素。20世纪80年代后期，对家庭治疗的批评指出，家庭治疗师在治疗过程中往往会加强传统的社会性别角色，折射出更大的社会意识形态。

之后，沃尔特（Walters）等人呼吁重视女性的限制性体验，发展非性别歧视的治疗干预方法，并把社会性别考虑在内。例如，女性主义治疗师质疑各种控制论，其中包括循环因果控制论（一个以多系统为基础的概念，表示在两性关系中一种重复性的相互强化行为的模式），该理论认为在互动过程中的每个参与方都有同等的权力和控制能力。对女性施加暴力的男性拒绝控制论观点，即双方参与到一个互为因果的模式中，这个模式导致了暴力事件。因为互为因果，就没有人该为暴力受指责，因为受害者也是共谋者，他们要么是共同参与了这个过程，要么是继续留在这个关系中。

女性主义者强烈认为，家庭治疗对家庭生活进行概念化时通常忽略各种社会性别问题，只关注女性作为养育者和照顾者的角色。因此，女性主义治疗的目的是在现有社会语境下逐步提升对女性体验的理解，建构适宜女性发展的非性别歧视理论。因为女性主义治疗起初只关注女性的各种需要，而且女性主义的本质是女性,所以人们通常认为女性主义治疗不适用于男性来访者。但是,我们再次提及之前对女性主义理论的讨论,包括生物学性别和社会性别的概念,社会性别建构我们的体验并建构整个社会的多个命题,也建构社会对性别双方不同期待的观点。现在,我们认为男性正在承受比以往任何时候都要大的压力,这些压力不仅来自他们的家庭,也来自社会,他们在家庭及职场中扮演着多种角色。随着更多为人妻、为人母的女性进入职场并持续其职业生涯,她们也期望另一半能分担更多的家庭责任。虽然一直以来女性承担了更多的家务劳动,但是年轻一代的男性在家庭中承担的家务比以往任何时候都要多。

当我们考虑把女性主义理论应用于财务治疗时,主要是考虑到社会性别这一独特的视角。无论来访者的文化背景如何,社会性别都会在社会层面被建构,不同的社会性别、身份及其观点和信念,一直受到其社会性别体验的影响。在下一个小节中,我们将关注关于社会性别角色以及家务分配的研究,并涉及财务依赖和财务依赖对于女性的意义。

> 随着女性越来越多地进入职场,传统的婚姻趋势正在发生改变。

女性主义财务治疗的应用

↳ 社会性别角色及家务分配

自从 20 世纪 70 年代以来,女性,尤其是已为人母的女性进入职场的比率已经远超 20%,最新报告预估已有超过 61% 的已婚女性进入职场。当大部分家庭变成双职工夫妇家庭时,传统社会性别角色已经发生变化——传统夫妻中只有一人工作。美国非双职工夫妇的家庭比例是 30%,其中 22% 是传统的男性养家,7% 是女性养家。而女性比她们的丈夫更期望能够均分家务。

然而遗憾的是,研究指出,越来越多的女性投入职场并获得报酬,但没能促成男女双方在共同分担家务方面更加平等。虽然比起传统婚姻，非传统家庭的丈夫做更多的家务，但是他们仍然不会比他们的妻子做得更多，而且非传统婚姻中妻子拥有收入也没有让她因此对金钱有更多的控制权或者在婚姻中有更多决策权。实际上，无论女性的家庭结构或就业状况怎样，她们承担的家务量仍然是男性的 2～3 倍。

虽然目前男性和女性平分家务的家庭只占少数，但在过去几十年里，年轻一代女性的各种非社会性别态度大幅度增加。实际上，女性进入职场的机会更多、获得收入的机会更多都与社会性别角色态度有关。研究者特别检视了女性就业对家务性别特点的影响。例如，各个社会性别角色态度一直与女性在有偿劳动中付出的时间有关，而男性有偿劳动却不考虑这点。

最新研究表明，家务决策与传统性别角色态度紧密相关。年轻的未婚女性认为她们将比男性伴侣承担更多的家务，尽管双方都致力于建立更加平等的两性关系（至少在分配家务劳动方面）。但是，已有报道指出，年轻的已婚女性认为她们的伴侣承担的家务越少，她们对两性关系的满意度就越低，而年轻的已婚男性对两性关系的满意度却基本不受另一半家务情况的影响。实际上，最近更多的研究表明，在选择伴侣的过程中，人们会自动考虑家务分配这件事。以事业为中心的一方期望承担更少的家务劳动，会寻找以家庭为中心的伴侣。

持非传统性别态度的男性和女性，在家庭系统中各自获得的体验不同。持非传统性别态度的女性之后对婚姻的满意度可能更低，而持非传统性别态度的男性却拥有更高的婚姻满意度。这可能是因为比起持传统性别态度的男性，持非传统性别态度的男性更有可能完成大部分家务，因此有更加幸福的关系。持非传统性别态度的女性更有可能期望在家务上得到另一半的协助，然而，这些期望可能会落空，职业女性只能一个人完成沉重的家务负担。

> 女性主义学者认为，家务劳动的分配和婚姻权力的获得与收入或地位无关，而与社会性别有关。

研究发现，决定家务劳动分配的性别特征可能会一直存在，即使女性和男性在家庭之外的工作时数相同且薪酬相同。值得关注的是，即使女性拥有资源优势或地位优势（收入更高、事业更有成就），大部分女性仍然承担着更重的家务劳动，她们的丈夫则拥有更大的决策权。女性主义学者认为，家务劳动的分配和婚姻权力的获得与收入或地位无关，而与社会性别有关。因此，承担传统男性角色的女性每时每刻都要为她们的选择辩护，而男性却会因他们完成了传统女性角色的家务而受到赞扬。在现实中，这种观点存在于每个人的潜意识中并支配着人们的行为。举例来说，如果爸爸一个人陪着孩子们在公园里玩，那他往往会得到大家的赞扬，但是如果是妈妈这样做，大家则会熟视无睹。和伴侣工作的专业工作者在处理家务分配等问题的时候应该会回想到私人领域和公共领域的各种现实情况，就如同本章所讨论的那样。而只有时间可以说明，更加年轻的一代双职工夫妇是否能够克服不平等的两性关系。

> 财务依赖是女性忍耐受虐关系的关键因素。

↘ 财务依赖

财务依赖是一种金钱障碍，它的定义是，金钱带有附加条件，对于失去非劳动性收入感到愤怒和害怕，并且认为非劳动性收入扼杀了人的积极性、热情、创造力、成功的动力，这种感觉和财务依赖障碍有关。就我们自己与遭受家庭暴力的妇女工作的经验而言，我们知道财务依赖是女性忍受受虐关系的关键因素。一个常见的错误观念认为，某类特殊的"女性类型"容易遭受家庭暴力，并且这类女性愿意留在这样的关系里。而实际情况是，无论她的资源如何（收入、事业、家庭背景），任何一名女性都很容易受到财务依赖的影响。

例如，梅根（Megan）接受过高等教育，收入丰厚，嫁给同样受过高等教育的戴维（David）。虽然戴维从未对梅根实加过身体暴力，但他有时会说些伤人的话。他第一次对梅根使用这类语言时，梅根认为他只是在开玩笑，因为戴维对她一直都很宽容、很友好，所以她没放在心上，认为戴维是因为有压力才这样。但是在孩子出生之后，尤其是梅根开始减少工作之后，他们的关系动力发生了改变。虽然产假期间有收入，但是梅根很难重返全职工作，而且夫妇俩决定让她每周只工作3天。不幸的是，就在这个时候，戴维的愤怒和失望逐渐升级，并且在身体上对梅根施加暴力。梅根再一次认为，戴维是因为对新宝宝的来临和她减少工作感到压力重重才会这样。她认为也许是因为现在生活主要依靠他一个人的收入，这个重担正在影响他。

读到这里，女性主义学者会争辩，父权制导致了女性和男性之间的系统性从属关系并且男性控制女性，正是父权制引发家庭暴力，因为男性内化了父权制的规范。因此，暴力是男性对女性的系统控制和掌控。在这一理论下，我们可以推测，来访者的丈夫必须表现出比他的妻子更优越，以此来让妻子明白是他在掌控。虽然梅根和许多其他的女性家庭暴力受害者相信，压力或者是她们的行为引发了丈夫的施暴，但是女性主义学者指出这毫无根据。

梅根从未想过要离开她的丈夫戴维，她认为家庭破裂是她对孩子来说做的最糟糕的事情。梅根有了第二个孩子，但是戴维的暴力行为并没有收敛。当第二个孩子出生以后，梅根更加依赖丈夫的收入——如果她不想成为带着一个孩子的单身母亲，那她就绝不会想成为带着两个孩子的单身母亲。在我们的社会中，单身母亲这类家庭比其他任何类型的家庭都要贫穷，"贫穷的女性化"这一概念就是由此而来的。梅根很清楚她的生活环境，也清楚如果离开孩子的父亲，孩子们可能会有怎样的生活，于是梅根选择留在婚姻中，直到她的孩子们长大成人。现在她对这个决定表示后悔，但是在那个时候她认为自己没有其他选择。

> 因为传统角色现在成为不言自明的惯例，所以我们继续看到女性在机遇和薪酬方面遭受不平等的待遇。

当检视性别差异带来的经济现实的时候，我们认为有两个原因导致了所有的女性都容易形成财务依赖。首先，如果女性选择生养孩子，由于她们的生物学特征，女性的生活将受到巨大影响。这意味着比起她们的伴侣，女性的就业将更多地受到母亲身份的影响。其次，女性的收入和男性同事相比，普遍存在差距。不仅在女性数量居多的行业，支付给女性的薪水更少；而且和有着同等程度教育背景和经验的同级男性同事相比，女性赚得也更少。这些因素共同导致了女性的财务依赖，并且让她们更有可能留在家庭暴力的环境中。

> 在我们的社会中，单身母亲这类家庭比其他任何类型的家庭都要贫穷，"贫穷的女性化"这一概念就是由此而来的。

伦理考量

所有的理论观点都有局限性，女性主义理论也不例外。因此，当把女性主义理论应用于财务治疗的时候，承认其局限性是很有必要的。这一理论最大的局限性就在于它的命题不能得到实证检验，所以理论框架常常只被视为一种意识形态，而不是一种经验主义理论。第二个局限性是它的理论前提，即针对女性的暴力行为是社会惯例，起码男性是这么认为的。这个假设是有缺陷的，因为我们看到大部分男性认为针对女性施暴是不可接受的，只有小部分男性有针对女性的暴力行为。这个假设也没有考虑同性关系中女性实施暴力行为的情况。极为重要的一点是，当从事个人和家庭咨询时，咨询师要了解这些局限性，并且做出最佳的专业判断。

未来方向

女性主义不止有一个理论；它关注社会变革，致力于创造一个更加平等的社会。在没有社会阶层诸如性别或种族被压制的社会中才能够做到机会人人均等。虽然女性主义的观点各异，但是大部分观点都承认并理解，社会性别建构了我们的社会和我们的体验。虽然今天的职业女性可以承担非传统的性别角色，并且男性开始承担更多的家务劳动，但是事情并没有表面看起来那样平等。不幸的是，这些期望造成了新的不平等，使女性更加脆弱、更具依赖性。无论财务治疗领域的专业从业者本人对于女性主义意识形态的态度如何，我们期望他们能够认识并理解，社会性别如何塑造了我们这个社会的男性和女性的体验。

第 16 章

面向女性的接纳与承诺疗法视角下的财务治疗

乔妮·克朗茨·娲达；布兰德利·T. 克朗茨

引言

虽然早在 2007 年美国心理协会（American Psychological Association）发布的美国压力（*Stress in America*™）年度调研报告就已经显示金钱是排名第一的压力源，每四个美国人中就有三个感受到金钱压力，但是心理学领域却往往忽视金钱问题。金钱与马斯洛（Maslow）需求层次的每一层都有关，即从生理与安全需要（如食物、住所、健康保险、安全环境等）到社会、自尊和自我实现的需要（如归属感、社会认可、实现个人潜能等）。很明显，金钱在个人生活中有着重要的作用，但是许多女性仍然对金钱持负性看法。纽科姆（Newcomb）和拉博（Rabow）所做的一项研究表明，女性不仅对她们未来的财务收入持负性看法，而且还认为看重金钱的人不道德。对金钱持负性看法与消极的财务结果有关。例如，金钱回避这个观念一直与低资产净值和低收入相关，而且是预判紊乱的金钱行为的重要预测指标，这些紊乱的金钱行为包括强迫性购物、强迫性囤积、工作成瘾、财务否认、财务依赖和财务利他。

> 金钱与马斯洛需求层次的每一层都有关，即从生理与安全需要（如食物、住所、健康保险、安全环境等）到社会、自尊和自我实现的需要（如归属感、社会认可、实现个人潜能等）。

研究表明，家庭与传统的社会性别角色渐行渐远，劳动力市场上的女性数量占比已过半数。但是，许多女性还没有为可能面临的离婚、寡居或变老做好财务上的准备。关于女性在金钱方面的社会化研究表明，女性关于金钱的具有局限性的信念阻碍了她们的自我满足，也阻碍了她们依照自己的价值观生活。本章将探究女性在金钱方面的社会化问题，提供相应的财务治疗练习，以帮助女性培养与金钱的健康关系，并介绍以接纳与承诺疗法（Acceptance and Commitment Therapy，ACT）为基础的治疗策略，它包括正念、接纳和承诺以价值为基础的财务目标。

女性与金钱

在帮助女性来访者转变其与金钱关系的过程中，专业工作者要深入探索她们的价值观及其价值观与其财务行为的关联性。研究表明，照顾家庭是大多数女性的首要价值观。女性在一生的大部分时间中都扮演着照顾者的角色，这不仅仅是社会对女性的期望，往往也与她们自己的价值观相一致。大约75%的家庭照顾者是女性。但是，女性一般意识不到，在构建家庭安全、维护家庭稳定方面，金钱所起的重要作用。

> 女性在一生的大部分时间中都扮演着照顾者的角色，这不仅仅是社会对女性的期望，往往也与她们自己的价值观相一致。

如果女性为了扮演照顾者的角色而离开职场，那么把工资、养老金、社会保险和退休金一并考虑在内的话，净损失预计在325 000美元左右。研究指出，如果女性同时承担着多种照顾者角色，她往往不会去思考金钱问题或财务独立。这可能与女性在童年期获得的财务信息有关，这些财务信息暗示金钱应该是男人关心的事，而不是根据她们自身的财务规划、基于她们当下的所见或体验做出决策。大部分女性要么亲身经历，要么亲眼看到女性朋友或亲戚在离婚

第 16 章
面向女性的接纳与承诺疗法视角下的财务治疗

后经历的财务困难，一个人努力地抚养孩子，有时还需要照顾外孙或年迈的父母。因此可以假设，当女性开始意识到，金钱在其照顾者角色中起着重要的作用，财务安全感和财务自由能让她做出更有意义的选择并获得潜在收益，这个时候女性便会自然而然地想要改变自己的财务行为，以更好地符合她们当前的价值观。

尽管职场上的女性越来越多，但贫穷仍然是女性面临的重要议题，这一点对于属于少数群体的女性而言尤为突出。在女性从事的职业中，半数以上无法让家庭摆脱贫困线，总体而言，单身女性的经济状况普遍不好。有人指出，财政政策是潜藏在社会性别贫富差距之下的重要因素，还造成了劳动力分布、职业选择和政府支持力度方面无法弥补的差异。虽然职场上的年轻女性大部分已婚，并在财务上听从丈夫，但还是有大约半数的婚姻以离婚告终，平均寡居年龄在 56 岁。

一篇综述性文章从多个领域探索女性与金钱的关系，这些领域包括性别社会化、双亲的影响、自我效能感、数学能力、财务自信、赚钱潜力的性别差异、子女抚养和经济稳定、财务信念、关系中的权力、女性户主家庭的贫困、老年女性的财务安全（这些不在本章的讨论范围之内）。这篇文献综述提供了清晰有力的证据，表明女性比男性面临更大的财务危机，女性更需要为其财务未来做准备，并在其婚姻中建立起更加平等的角色，以保护她们自己和她们的孩子免于财务匮乏。随着女性年龄的增长，她们在财务方面会变得更加脆弱，老年女性在老年贫困人群中的占比高达 75%。考虑到女性的财务脆弱性，（专业工作者）亟须针对女性进行财务干预，不仅要关注她们如何管理金钱，而且要关注她们如何应对与经济事务有关的限制性想法和负性情绪。

> 女性更需要为其财务未来做准备，并在其婚姻中建立起更加平等的角色，以保护她们自己和她们的孩子免于财务匮乏。

接纳与承诺疗法

以 ACT 为理论基础的财务治疗干预可以帮助女性采取与其价值观一致的财务行为,即便她们仍具有局限性的信念和情绪。ACT 属于行为干预的"第三浪潮",除此之外,"第三浪潮"包括辩证行为疗法(Dialectical Behavior Therapy,DBT)和以正念为基础的认知疗法(Mindfulness-Based Cognitive Therapy,MBCT)。

> 以 ACT 为基础的财务治疗干预能够帮助女性觉察并接纳她们有局限性的财务信念和情绪,帮助女性摆脱这些想法和感受,以实现她们以价值为基础的财务目标。

行为治疗的"第二浪潮"包括认知行为疗法和理性情绪行为疗法(Rational-Emotive Behavioral Therapy,REBT),与"第三浪潮"行为治疗的区别是,后者尽力避免质疑、反对或者消除功能失调或不具适应性的想法。在海耶斯(Hayes)看来,研究证据证实了一个悖论式命题,即竭力改变你不愉快的想法和感受通常只会让它们变得更加根深蒂固。这与动机式访谈的研究结果一致,后者显示面质会增加不和谐,降低改变的可能性。而 ACT 的焦点是接纳内在与外在的体验,降低体验回避的行为,增加行为的灵活性,帮助个体依据其价值观采取行动。据此假设,以 ACT 为基础的财务治疗干预能够帮助女性觉察并接纳她们有局限性的财务信念和情绪,帮助女性摆脱这些想法和感受,以实现她们以价值为基础的财务目标。

研究表明女性关于金钱和她们财务能力的信念常常导致焦虑、抑郁和无助,有鉴于此,ACT 提供了一个实用性的理论基础。因此我们可以推论,女性需要做些什么来获得财务安全感的各种误导性观念以及女性想要回避金钱带来的不适的想法和情绪导致了贫困女性化的社会问题。而来自社会的、关于照

第 16 章
面向女性的接纳与承诺疗法视角下的财务治疗

顾者角色的错误信息与努力回避财务问题的想法相呼应，共同阻碍了女性采取措施保护她们的财务未来，这些措施包括接受提供者的角色，学习储蓄和投资基本原理。ACT 有一个前提，即个体依据僵化且缺乏弹性的信念和规则行事，回避各种体验，逃离令人不愉快的想法和感受，而这导致了以上问题。

基于 ACT 模型的财务治疗干预鼓励女性接纳有局限性的财务信念和相关联的不适情绪，帮助她们识别个人价值观并且推动女性采取行动以实现她们重视的财务目标，以此来处理女性缺乏财务能力的问题。这些干预的目的是教授女性一些技巧，如正念、接纳、与想法保持距离等，使她们更能基于她们自己的价值观和经验做出财务选择，而不是基于他人的财务信念。

ACT 概要介绍

ACT 以功能性语境理论和关系框架理论（Relational Frame Theory，RFT）为基础。RFT 通过大量的研究，描述了人类语言和认知的本质。它的基本原则是，对认知（用语言表达的想法、心理感受、身体感知和记忆）产生影响的是它们发生的语境，而非它们的形式或频率。关于 RFT 的研究指出，言语建构往往具有很强的影响力，即便当言语与人的体验发生矛盾的时候，个体也倾向于相信前者，而非后者。因此，在 RFT 的语境中，一个人的问题就是各种想法、感受和行为，它们需要被掌控、解释、相信或怀疑，而非被体验。

从 ACT 的角度来看，大部分精神病理拥有以下共性：不能有效控制想法、情绪和记忆；以认知而非实际体验为基础感知世界；核心价值观模糊，没有能力依据个人价值观采取行动。在 ACT 看来，行为缺乏有效性和灵活性是心理痛苦的根源。

> 在 ACT 看来，行为缺乏有效性和灵活性是心理痛苦的根源。

ACT 对于负性的或功能失调的想法和感受的看法与其他疗法非常不同。

ACT认为负性想法或情绪本身无害。当个体使用各种策略回避它们的时候，负性想法和情绪才有潜在的伤害性。人们努力回避或减少令人不愉快的想法和感受，既包括物质滥用和其他自我伤害的行为，也包括回避引发负性情绪的人、事、地点。

ACT是接纳（Accept）、选择（Choose）和行动（Take action）的英文首字母缩略词，代表治疗的各个阶段。它的目标是帮助来访者不再试图摆脱不愉快的情绪，而是充分体验并接纳这些情绪，与此同时向着他们个人重视的目标前进。研究发现ACT对诸多心理健康问题有效，包括多药物滥用、重性抑郁、焦虑障碍、精神病、进食障碍，且对其他生活方面的问题也有效，如对公开演讲的恐惧、慢性疼痛和工作压力过大等。

> ACT是接纳、选择和行动的英文首字母缩略词，代表治疗的各个阶段。

金钱回避和金钱否认都与糟糕的财务结果及毁灭性的财务行为有关。为了改变以习惯性回避的方式来应对负性想法和不愉快情绪的倾向，ACT提供了多种方法。在财务治疗中可使用的ACT常用方法包括接纳、认知脱离、活在当下、以己为境和明确价值观。接下来将简要说明这些概念的含义及其怎样应用于财务治疗。

接纳 克朗茨认为羞耻是财务行为改变的重要障碍。ACT财务治疗的重点是，帮助个体接受她们不想要的与金钱有关的想法和感受，如羞耻、愧疚、焦虑和愤怒等，而不是试图回避它们。"接纳"的目标是让个体终止与不想要的想法和感受进行斗争，而不是质疑、改变或消除它们。

认知脱离 认知脱离是ACT的策略，目的在于使个体认识到，试图改变令人厌恶的想法和情绪本身就构成了问题的一部分，而非解决之道。（认知脱离）鼓励来访者放弃对想法和感受进行控制的需要，停止与评价性和指责性思维的斗争。

活在当下　ACT 财务治疗鼓励来访者以非评价立场直接体验正在发生的事情。活在当下促使来访者与其认知原则和信念保持距离，以此提升心理灵活性。在治疗金钱障碍的研究中，克朗茨等人把正念练习作为其治疗模型的一个重要组成部分，旨在鼓励个体非评价性地接纳想法和感受，并且关注当下的身体意识。

以己为境　ACT 财务治疗通过正念、隐喻和体验式练习帮助来访者发展出不同的视角去观察他们与金钱的关系。这个视角推动来访者意识到，他们也许不能控制内在事件（如想法和感受等），但是，他们可以借助多种方式，以更有效的方式来感知他们的内在体验。

明确价值观　ACT 财务治疗鼓励来访者遵循其本来的生命发展轨迹，探索其在不同的领域、里程碑式节点或目标当中选择的财务方向和生活方向。此外，它还帮助来访者意识到，基于经验性回避做出的选择阻隔了其所选择的财务和生活道路。

接纳与承诺财务治疗练习

当女性被迫为自己的财务生活负责的时候，她们往往不知所措。结果就是，她们经常得到糟糕的情绪体验和财务后果。无论是单身女性或恋爱中的女性，抑或是离婚、分居或寡居的女性，她们大多缺乏应对财务问题的知识和自信，无法实现与其价值观和目标相一致的财务健康。接下来将要介绍的财务治疗练习基于以下的研究结果：女性关于金钱的信念、想法和感受与她们对于财务未来缺乏准备有关，这导致了其负面的心理和财务后果。如前所述，ACT 有一个前提，即当个体的行动基于僵化顽固的信念和回避体验，以回避不愉快的想法和感受时，问题就出现了。总体而言，ACT 的目标是让人们与自己的想法保持距离，充分体验自己的情绪，并向更加符合其价值观的方向前进。

> ACT 的接纳与意愿原则用以帮助女性学会识别和接纳她们自身的金钱困境，鼓励她们即便身处困境，也要继续前行。

接下来的财务治疗练习将围绕 ACT 的六大主题展开，以帮助女性做到以下几点，最终克服关于财务健康的心理阻碍：充分接受自己关于金钱的有局限性的想法和负性感受，明确价值观，评估金钱在目标实现过程中扮演的重要角色，准备采取积极的行为步骤来提升财务和心理健康水平。部分练习是特别为小团体设计的，而其他的则既可以用于个体治疗也可以用于团体治疗。练习的最后部分是过程提问。其设计目的是帮助来访者聚焦、确定、深化和强化其洞察力和学习力，练习在小团体治疗中效用显著，因为来访者可以从团体其他成员的经验中获益。

↳ 主题 1：接纳与意愿

ACT 的接纳与意愿原则用以帮助女性识别并接纳她们自身的金钱困境，鼓励她们即便身处困境，也要继续前行。接纳是个体终止与不想要的想法和感受做斗争，而非质疑、改变或消除它们。意愿是选择体验自己的想法、信念、情绪和感觉，而非与这些做斗争。个体不必真的喜欢这些体验，而是要放弃对抗的态度，站在控制或回避的对立面。如果不再把想法、感觉或体验视为敌人，个体就能放弃对抗，释放新的能量，对自己宽仁，改变能够改变的事情。

财务角力 这个练习既可以用于个体治疗，也可以用于小团体治疗，它有助于在个人与金钱的关系中阐明 ACT 的接纳与意愿原则。在治疗团体中，治疗师需要把成员分成两个小组；在个体治疗中，治疗师需要扮演来访者的对手。在地板上用绳子做好标记，如果想要赢，就需要跨过绳子。双方都将戴上标签，其代表关于金钱的恐惧和对恐惧情绪的评判之间的内部争斗。一方的标签上写着会谈早期识别出来的基于恐惧的财务信念（例如，"你将成为一个无家可归的女人""女孩不知道如何掌管金钱""如果你在乎钱,你就得不到爱")。另一方戴着的标签是当令人不适的想法或感受出现时,浮现出来的判断(例如,"你不应该有这种感觉""如果你有这种感觉,你就应该做些什么""停止这样想,这很愚蠢")。然后,对抗双方就进入角力的游戏中。在一方就要获胜之前,停止练习,指示所有参与者放下自己这一方的绳子。

练习之后就是提问的部分,治疗师需要帮助参与者梳理活动过程中学习到的东西。你在放下绳子之后,发生了什么?在放下绳子之前和之后,你的体验有什么不同?练习的哪个部分表明了你的意愿?你认为,在你自己的生活中,"放下绳子"会怎样?留在争斗中可以得到什么?放下绳子有什么好处?这和你与金钱的关系有怎样的联系?

财务沼泽 这个练习的目的是通过使用穿越沼泽这一体验性隐喻,把"意愿"和"摸爬滚打"(wallowing)区分开。沼泽代表着横亘在我们与目标之间的、不可回避的障碍。这个练习的目标是帮助来访者理解,接纳与意愿并不意味着喜欢或宽恕,而是意味着接纳我们必须经历些什么以达成我们的目标,意味着愿意经历些什么并达成目标。

治疗师给来访者(在团体治疗中则是给每个团体成员)六个标签,让他们写下三个财务目标(如财务独立、为退休储蓄等)和三个实现财务目标的障碍(如恐惧、知识储备不足等)。如果是团体治疗,就把团体成员分成3个小组。A组代表沼泽(戴上障碍标签),B组代表目标(戴上目标标签)。C组的任务就是爬行穿过沼泽。当C组成员竭尽全力从一方爬向另一方时,A组(跪着或趴着)将使劲拖她们的后腿,B组则给C组加油鼓劲。在个体治疗中,目标标签将钉在对面的墙上,障碍标签别在治疗师身上,治疗师以某种方式阻碍来访者向前爬行。

练习结束后需要讨论以下问题:为什么你决定进入这个沼泽?为什么不想进入这个沼泽?通过这个练习,你是如何理解接纳的?又是如何理解意愿的?

这个练习和你与金钱的关系有怎样的联系？

女性的财务行为和信念　这个练习在回顾并讨论与女性和金钱有关的人口统计学趋势之后，鼓励女性接纳自己的财务现实。在个体治疗或团体治疗中，治疗师围绕着女性面临的财务问题、财务问题产生的原因、对财务问题的解决、财务问题对女性财务健康和心理幸福感的影响及其依据，鼓励来访者积极发言。

- 50% 的婚姻以离婚告终。
- 美国女性寡居年龄的中位值是 59～60 岁。
- 老年女性独自生活的比例（37%）几乎是老年男性的两倍（19%）。
- 在离婚和寡居之后，女性独自生活的概率大约是 85%。
- 尽管有极大的困难，研究表明，在离婚或丈夫去世的时候，大多数女性的反应是猝不及防、毫无准备，这导致其财务状况变得十分糟糕。
- 根据社区生活协会（Association for Community Living）的调研，65 岁以上男性作为户主的家庭的收入中位值是 27 707 美元；而 65 岁以上女性作为户主的家庭，收入的中位值是 15 362 美元。
- 在超过 65 岁的贫穷人口中，女性的占比是 72%。

↳ 主题 2：认知脱离

关于认知脱离的相关练习，其目的是探索女性金钱信念的起源，并引入认知脱离这一工具，以改变个体的重复性思维及与之相关的不想要的情绪之间的关系。认知脱离有助于女性识别出自己的信念和情绪，这些是过去承受痛苦的来源，也有助于识别出她们应对这些的惯常方式。在处理一个人的想法和信念方面，认知脱离是一个有效的方法。认知脱离是 ACT 的一个策略，用以帮助个体认识到，试图改变自己不想要的想法和情绪这种做法本身就是问题的一部分，而非解决之道。认知脱离鼓励来访者放弃控制想法和感受的意图，终止与评价性和指责性思维做斗争。带着这些不想要的想法和情绪，来访者仍然可以依据他们的价值观和目标行事，用一种比喻的说法就是，这些想法和感受"在搭顺风车"。认知脱离的概念可以通过实践练习加以阐明。

女性关于金钱的各种信念和价值观　　这个练习是为了帮助女性识别其金钱信念的来源。基于纽科姆（Newcomb）和拉博的研究，治疗师和来访者一起回顾关于女性与金钱的陈述，并就女性具有限制性和摧毁性的财务信念的起源及内容展开讨论。讨论可以包括如下的过程提问：关于金钱，你的母亲是怎样教导你的？关于金钱，你的父亲是怎样教导你的？如果你有兄弟姐妹，父母亲对他们的教导有何不同？父母给予你的金钱方面的教导如何形成了你的金钱脚本？这些信念如何影响了你与金钱的关系？你期望父母在金钱方面给予你怎样的教导？

- 父母的教导是成年女性形成有局限性的财务信念和自我效能感的主要原因之一。
- 父母常常通过期望孩子对家庭做出怎样的贡献，传达出他们期望孩子具备怎样的财务信念。
- 父母向男孩和女孩传达出迥然不同的金钱期望。
- 父母期望儿子知道如何工作和储蓄，并且期望儿子比女儿更早了解家庭的财务状况。
- 与女儿相比，父母更期望儿子有份工作，并很少向儿子提供经济支持。
- 在金钱方面，女性比男性更具有冲突性，这种冲突大多是负性情感；并且女性大多担心自己赚的钱比父母多，这会令她们产生罪疚感。

蒂奇纳（Titchener）的牛奶练习和便携卡　这个练习可以帮助来访者打破语言错觉，意识到语词仅仅是声音和感觉，语词的背后并没有什么含意。它可以用在个体治疗或团体治疗中。这个练习的目标包括：能够带着有局限性的想法，继续向着自己的目标前进；意识到想法仅仅是几个语词，并不必然影响行为；通过某些方法，觉察到想法并不会"黏附"在含义上。

来访者将拿到一张小卡片，需要写下两到三个与金钱有关的限制性想法，这些想法是她们在成长过程中形成的，如"女性不应为钱担忧""财务概念太难以至于无法理解""我绝不会有钱"等。然后，来访者们向大家分享这些想法，与此同时治疗师会把这些想法记录下来（如写在白板上）。治疗师将从这些想法中概括出一个语词，这个语词和分享的想法很接近（如无助、依赖、无能等）。来访者要尽其所能地大声且快速地根据语词说出想法，并持续45秒。接下来，治疗师会问来访者，她们是否可以带着限制性信念卡片，以不同于卡片所说的方式做事。

接着治疗师向参与者提出如下的问题：你在这个练习中的体验是什么？语词的含意是什么？在你第一次和最后一次说出某个语词的时候，该语词的含意有什么变化？这个练习如何阐明了脱离的概念？这个练习和你与金钱的关系有怎样的联系？

认知脱离　这个练习的目的是让来访者体验到认知脱离，适合于个体治疗和团体治疗。治疗师和来访者一起探索以下技术列表，这些技术可以帮助她们与想法和感受保持距离。治疗师帮助来访者选择她们最喜欢的技术或者设计她们自己特有的技术。

- **如果它有颜色**　识别与金钱有关的痛苦经历，并回答以下问题：如果它有颜色，它会是什么颜色？如果它有大小，它会有多大？如果它有形状，它会是什么形状？
- **慢慢地说**　慢慢地说出限制性财务信念及与之相关的痛苦感受。

- **创作一首歌** 用你的限制性财务信念制作一首歌，或者修改一首流行歌曲的歌词，你自己填词。
- **弹出思维** 想象你的限制性财务信念就像弹出的气球，飘浮在你的头顶上。
- **想法不是借口** 如果信念控制了你的行为，想一想"有没有可能即便有这个信念，仍然可以做……"，在做的时候有意识地反思这个想法，即便这个想法对你说不行。

主题3：自我、环境、女性、金钱和关系

以下练习的目的是为了探索人际关系中的金钱动力，帮助女性从不同的角度看待她们的想法和感受。以己为镜这个概念可以通过体验性和对话性练习加以说明。以己为镜鼓励来访者通过正念、隐喻和体验性练习形成看待生命的不同视角。这些视角帮助来访者意识到，她们也许不能控制内在事件（如她们的想法和感受），但是她们可以用一种更有益的方式感知她们的内在体验。

女性、金钱与关系 这是一个意识提升的练习，目的是阐明女性的金钱动力。治疗师检视以下关于女性、金钱和关系的研究，和来访者讨论这些现实问题的形成原因以及它们对于女性财务健康的影响。

- 与男性相比，女性对自己的财务能力更不自信。
- 47%的女性（对应的是30%的男性）感觉自己对投资一窍不通。
- 《金钱》杂志进行了一次涉及1 000对伴侣（500位丈夫，500位妻子）的调研，发现66%的男性表示他们在投资中愿意冒更大的风险，而仅有31%的女性表示她们愿意冒更大的风险。
- 关于财务责任，男性比女性承担得更多，包括投资决策（男性73%：女性22%）、退休计划（男性66%：女性25%）和购买保险（男性60%：女性34%），而女性在日常金钱维持方面承担更

多责任，如支付账单（女性 57%：男性 42%）、制定预算（女性 59%：男性 33%）和日常支出（女性 64%：男性 22%）。

- 虽然金钱保留在日常生活中很有用，却无助于提升长期的财务安全感，尤其是在晚年的时候。
- 女性常常把长期的财务决策权让渡给男性（如投资理财、退休计划等），因为她们害怕承担风险。
- 因为承担着大部分的辅助性财务任务（如结算支票簿），女性可能忽略了财务规划中更加重要的某些方面。

棋盘隐喻 这个练习旨在以不同的方式看待一个人的问题和限制性想法。通过帮助来访者练习以己为镜，帮助她们把自己视为想法和情绪的外在抱持者，从而避免内在的挣扎。这个练习可以在个体治疗或团体治疗中使用。

A 组从"积极"袋里，取出写着关于金钱的积极情绪或表述（如财务独立、快乐、自信、财富等）的标签。B 组从"消极"袋里，取出关于金钱的负性情绪或表述（如负债、贫穷、恐惧、抑郁、"我打算露宿街头"等）的标签。团体成员们戴上标签，A 组站在棋盘的一方，B 组站到另一方。（治疗师）指导参与者们作为一个团队要尽力击败对方。团队成员将共同决定每个参与者将代表哪类棋子（如为数众多的小兵、为数众多的骑士、皇后、国王等）。

为了击败对方，A 组和 B 组的较量将持续一段时间（如 15 分钟）。在个体治疗中，标签直接作为棋子，治疗师和来访者各执一方。治疗师会把游戏说出来（例如，"焦虑向前一大步""干掉抑郁我就能胜利"）。

接下来是对于这个过程的提问清单。在国际象棋的游戏过程中，你想成为游戏的哪一方，为什么？例如，你想成为"快乐"吗，因为那是你最重要的价值观？你想要成为棋手吗，因为他有对全局的控制权？你想拥有所有的积极词汇吗？你想要成为棋盘吗，因为这个角色"有利可图"（例如，你承载所有的棋子，能够看到战局，却不必加入任何一方，你能更冷静或平静）？什么能让你确认自己是"积极的"或"消极的"？这个练习如何阐明了脱离的概念？这个练习和你与金钱的关系有怎样的联系？

主题 4：活在当下和女性、收入、孩子与财务困境

以下练习的目的是探索更加深刻的女性主题，包括男女薪酬的不平等、抚养孩子对女性财务独立及其整体财务困难的影响。正念在学习如何应对痛苦的想法和情绪方面特别有效。通过体验性练习和家庭作业可以对正念这个概念有所了解。ACT 中活在当下的理念鼓励来访者以非评价性立场直接体验正在发生的各类事件。活在当下帮助来访者与她们的认知规则和信念保持距离，从而提高心理灵活性。

冥想指导：觉察

以下是财务治疗师可以在团体或个体治疗中使用的冥想指导语："找到一个舒服的坐姿。闭上双眼，放松，做几个深呼吸。现在，慢慢地把你的觉知带向你的手指。注意你手指的指尖。手指轻轻地相互揉搓。它们有怎样的感觉？柔和光滑，还是粗糙？现在，把你的注意力带向你的双手和双臂。它们的感觉如何？它们是放松的，还是沉重的？无论是怎样的感觉都是可以的。不加判断，仅仅是观察。会有一些酸痛吗？如果有，就只是注意这个痛或不舒适，仅此而已。现在，注意力转向脚趾。脚趾抓一抓。是穿着袜子，还是光着脚？它们感觉怎样？温暖还是冰凉？把觉察带向双脚，注意感觉的变化。现在，把觉知带向面部。它来到你的前额。怎么样？平滑还是皱着眉头？现在，觉察你的鼻子。吸气，呼气。呼吸轻松吗？鼻腔阻塞还是畅通？注意空气从鼻腔呼进、呼出的感觉。现在，觉察你的胸腔和腹部。随着呼吸注意胸腔的一起一伏。呼吸是缓慢的还是急促的？感觉如何？注意你的腹部。它的感觉是怎样的？有点儿胀吗？它发出什么声音了吗？现在，做一个切换，想象一条如画的小溪。小溪周围绿草如茵，小溪的水面上漂浮着星星点点的树叶。思考你的金钱信念，

当它们出现时，就把每个信念放在一片树叶上，看着它顺水流漂而去。如果出现其他的想法、感受或身体感觉，留意它们，不做判断，把它们一一放在每片树叶上，看着它们漂浮在水面上顺流而下。不做判断，仅仅是观察树叶平稳地在水面上漂浮。你准备睁开你的双眼了吗？"

当下时刻：水面上的树叶 这个练习的目的是帮助来访者练习正念，以应对负性想法和情绪。练习之前，来访者需要识别出她们关于金钱的固有想法和信念（使用活动挂图）。接下来，以让自己感到舒适的姿势坐下。然后，从觉察练习开始（如上）。在觉察练习之后，治疗师让来访者想象一条小溪，树叶漂浮在水面上，顺流而下。当她们能够描绘这个景象之后，让她们思考之前识别出来的有关金钱的想法，当想法出现的时候，在内心里想象把每一个想法放在一片树叶上，看着它顺水漂流。当其他想法、感受或身体感觉出现的时候，治疗师指导来访者注意它们，不做评判，把每一个想法或身体感觉放在其他的树叶上，看着它顺流而下。这个练习大概用时10分钟。结束后提问，以下是一些示例：这个练习对你来说是怎样的？你注意到哪些想法或感受？练习过程中你能做到不加评判吗？在应对财务压力或限制性想法的时候，你如何使用正念练习？作为家庭作业，治疗师鼓励来访者和孩子们或其他家庭成员在一起的时候练习正念，实际上，也可以在吃饭、支付账单或工作时练习。治疗师鼓励她们注意自己完全地活在当下的时候，她们的体验会发生怎样的变化。

↘ 主题 5：价值、老年妇女和金钱

以下练习的目的是探索女性的价值观及其与财务安全感的关系。探索将围绕老年女性展开，因为老年女性常常表示对她们过去的财务决策感到遗憾和懊悔。价值观这个概念将被融入体验性练习和家庭作业中。ACT 的价值观概念鼓励来访者遵循其本来的生命发展轨迹，探索其在不同的领域、里程碑碑式节点或目标当中选择的财务方向和生活方向。此外，（ACT 财务治疗）还帮助来访者意识到，基于经验性回避做出的选择阻隔了其所选择的财务和生活道路。

练习：参加自己的葬礼　这个练习可以帮助来访者认清自己的价值观，并确认财务安全感是如何成为其价值观（包括关系和照料）的重要组成的。治疗师让来访者闭上双眼，并说道："想象你在自己的葬礼上，听你生命中的其他人正在谈论你。在你的悼词中，你想要听到哪些内容？你想从你的配偶那里听到什么？你的孩子们呢？你的老板呢？你的同事呢？你的朋友呢？你的左邻右舍呢？你信仰的宗教团体呢？你想让他们说什么？在你与金钱的关系方面，你想听到怎样的评价？你教导女儿有关女性与金钱的关系，她对此会说些什么？基于你所听到的，你认为什么是你最重要的价值观？财务稳定性和不同价值观的关系如何？"

练习后询问以下问题：财务稳定性和你的价值观之间有怎样的关系？对你来说，最需要财务稳定性的领域是什么？与你今天识别出来的价值观一致的财务目标是什么？

主题 6：承诺行动、承诺改变女性角色和财务角色

这个练习的目的是探索承诺行动在改变女性财务未来方面的重要性。对于女性而言，重要的是学会如何接受她们的限制性想法和不舒服的感觉，同时仍旧依据她们自己的价值观采取行动。ACT 承诺行动的概念被融入体验练习中。承诺行动就是能够承受内心的不安，与此同时坚持自己的价值观。承诺行动的诺言不是生活变得更加容易，而是一个人感到更有活力。

爬山　这个练习可以在个体或团体治疗中使用，其目的是帮助来访者识别出小目标以及实现目标的途径，从而为她们的财务未来做好准备。来访者在一张纸上画一座山，接着来访者回答如下问题：如果你不得不登上这座山，你的感觉是什么？你会有些什么想法？下一步，治疗师请来访者画上台阶，从山底直达山顶。然后，治疗师向来访者提问：如果你不得不登上这座山，你的感觉是什么？你的想法呢？是什么让这些变得不同？你需要哪些"阶梯"，来帮助你实现你的财务目标？之后，沿着来访者的价值观方向，让她识别出五个小的

财务目标。

最后，提出以下问题：当你把一个大目标切分成多个小目标的时候，你的想法和感受会发生怎样的变化？你在财务领域的小目标是什么？当你向着你的财务目标前进的时候，会出现什么想法和感受？当这些想法和感受出现时，你将如何应对？

伦理考量

ACT 以包括 DBT、CBT 和 REBT 在内的多种行为和心理理论框架为基础。理财规划师通常不会接受这些专门的培训。其实，接纳与承诺财务治疗理论和技术在许多方面不需要专业的心理健康培训，也可以在顾问或教练的过程中被采用，以帮助来访者提高财务健康水平。而在精神障碍和金钱障碍的治疗中，如囤积障碍、强迫性购物障碍或赌博障碍等，专业工作者必须是有资质的心理健康从业者。财务治疗师如果打算采用财务治疗 ACT 模型，就需要学习模型的基本假设，并且准备好向来访者推介适合的心理健康或财务专业人员，因为财务治疗师自己的专业知识应该限定在来访者关心的财务领域上。在团体治疗中，保密也是一个重要的伦理考量。治疗师应该在采用团体治疗的来访者中努力建立与保密有关的指导原则，在治疗开始的时候就要求来访者同意其他团体成员的保密要求，并讨论违背其他团体成员的保密要求时可能的风险，以及如果出现这类问题时将有怎样的后果。

未来方向

对本章内容感兴趣的读者可以继续翻阅娲达（Wada）的论著，从而能了解更加全面的文献综述，文献内容涉及女性与金钱、ACT 的理论基础和方法以及其他针对女性的接纳与承诺财务治疗练习。理财规划师和财务治疗师都可以使用本章介绍的理论和方法，以提升来访者的财务健康水平。但是，如果是治疗金钱障碍，则应该由接受过心理健康专业培训和认证的财务治疗师负责。

女性最常见的财务信念是什么，与之有关的情绪和行为结果有哪些类型，围绕着这些问题展开的研究将是未来研究的方向。如前所述，研究发现，ACT 能有效地治疗多种问题，包括物质滥用、抑郁、焦虑、精神病、饮食障碍、对公开演讲的恐惧、慢性疼痛和工作压力。财务治疗练习虽然源自 ACT 的技术，但是对其进行研究很有必要，因为可以通过对其的研究，确定它们是否能够有效地改善女性财务健康、使其在实现财务目标上取得进展、减少关于财务的令人不快的情绪出现的频率和强度。

第 17 章
心理动力学财务治疗
——心理动力学视角下的财务治疗

理查德·特拉赫特曼

引言

韦氏在线词典（Merriam-Webster）把精神动力学（psychodynamics）定义为关乎心理或情绪动力或发展过程（尤其是在儿童期早期）及其对行为和心理状态的影响的心理学。它运用心理或情绪动力及其发展过程的术语（对行为或心理状态）进行解释或诠释，特别关注无意识层面的动力。在心理治疗领域，心理动力学通常指发展和人格的各种理论，它们源自西格蒙德·弗洛伊德及其追随者的精神分析理论。弗洛伊德开创的、被称为经典精神分析的治疗已经在很大程度上被修改为现在被称作精神分析取向的心理治疗。现在的精神动力学或精神分析取向的心理治疗已经不是弗洛伊德创立的精神分析，不同精神分析取向治疗师所采用的方法也不尽相同。尽管如此，这些治疗师都认同以下理论或观点：潜意识动机（被称为快乐原则），被称为本我、自我和超我的心理结构，这些结构之间的冲突。接下来的内容涉及弗洛伊德的理论，也涉及他的为数众多且观点迥异的追随者的理论，尤其是本章作者的老师们的理论，并且作者根据其经验、视角和倾向，对这些理论进行了修改和加工。

现代社会的每一个人从婴幼儿时期就或多或少地开始和金钱打交道，因此财务管理迟早会成为一个人的必备技能。本章将从精神动力学视角讨论财务管理。本章既涉及精神分析的一些常见概念，也涉及精神动力学的其他核心概念，如强迫性重复、修通、认同、同一性、客体关系、移情和反移情等。本章还将引入一个社会学概念——金钱禁忌（money taboo）来解释人们为什么在金钱方面难以沟通乃至难以理性思考。这些概念能够帮助我们理解一个人的行为，并且能够向来访者提供更好的服务。本章将通过一些简要的案例片段来阐述上述概念，并在最后给出一个全面的案例分析。

理论概念

潜意识

在精神分析理论中，潜意识是核心概念。绝大部分动机和行为被认为是基于潜意识想法或事件记忆，因为它们是创伤性的或不可接受的而被强力压抑。部分事件无法成为有意识的记忆，不是因为被压抑，而是因为它们是生命早期的体验以至于无法被言语化。确实，潜意识记忆非常难以接近，因为把它们带入意识将导致焦虑，或者因为它们发生的时间是在孩子具备描述它们的语言能力之前，即根本无法用言语表达它们。

> 在精神分析理论中，潜意识是核心概念。绝大部分动机和行为被认为是基于潜意识想法或事件记忆，因为它们是创伤性的或不可接受的而被强力压抑。

有些记忆或想法是前意识的，而不完全是潜意识的。它们一直被压制或搁置，而不是被压抑。它们也令人痛苦或不安，而且一旦被触及，就会脱离意识的觉察范围；它们仍然与个体当前的动机有联系，结果就是个体常常重复非适应性行为，即便其知道这些行为是不合理的。

有一位女性，在她很小的时候，她的父母总是对金钱非常担忧，这在前意识层面决定了她不想像父母那样有金钱方面的担忧。所以,她发展出了一种富饶心态(cornucopia mentality);不会挥霍无度,却不假思索地购买任何她想要的东西。她不为将来打算,不会为退休存钱或投资。退休之后,她意识到自己的资产持续不了很久,于是开始不安。但是,她仍旧不能面对她的财务状况或者做预算,因为财务管理让她心烦意乱。通过压制而非面对,她试图回避处理令人不安的感觉,而在她很小的时候,父母一直被这种感觉所困扰。

在心理治疗过程中,部分被压抑或压制的记忆会被带入意识之中,与这些记忆关联在一起的各种令人不安的感觉会被修通,那么个体当下的行为就不会再受它们控制。

  安妮特(Annette)总是和吝啬且情绪抑制的男性有情感纠葛。除了觉得有些男友小气之外,她并未将他们与金钱联系在一起加以考虑。有一天,她和治疗师谈及她守寡的母亲给了她一大笔现金,她担心自己可能要支付赠予税。(母亲会支付赠予税,但是那个时候来访者和治疗师都不知道这一点)她也担心,如果没有申报这些赠予,她可能会被美国国税局处罚。治疗师感到她的担忧可能与金钱有关,于是询问她关于金钱的最早记忆。她回想起她还是小女孩时候的一件小事,她的父亲把一美元攥在拳头里,告诉她如果她能把这一美元从他这里拿走,钱就属于她了。她乞求父亲给她,但徒劳无获。接着,她试图把他的手指掰开。当这样也没用的时候,她咬了父亲的手迫使他松开拳头。父亲勃然大怒,给了她一巴掌,治疗师对这个故事的解释是:"为了拿到父亲拳头里的钱,你想尽一切办法让父亲松手,却受到父亲的惩罚,所以今天你害怕接受母亲双手送上的礼物。"

安妮特的记忆没有被压抑。当她被问到有关金钱的具体记忆的时候,它们很容易就进入了意识。虽然治疗并未聚焦在她的过去或她与父亲的关系上,尽管她之前一直对男性有诸多抱怨,但是她从未想到提及这件事,表明这个记忆及与之相关的父女关系受到压制。因此,它被保留在前意识的觉察领域,直到她的记忆被不经意地提及。虽然治疗师的解释——她和治疗师讨论有关对美国国税局的担忧——的确减少了她在接受母亲财务赠予时的焦虑,但是揭开这段记忆,即她父亲拒绝给予她金钱和对她的惩罚性行为,没有改变她的被剥夺感或她反复破灭的希望——希望男人满足她的需要。

本我、自我和超我

在精神分析理论中,本我与生俱来,是各种原发冲动的储藏室,这些原发冲动可以划分为两大类,即性驱力和攻击驱力。新生儿的心理运作是依据快乐原则:满足自己的需要或欲望,回避痛苦或不适。他没有延迟满足的能力。所欲即所得,任何延迟都会引发暴怒。

> 没有金钱,父母无法提供适当的照料。父母如果因财务上的各种担忧而焦虑、抑郁或心烦意乱,就无法全心全意地照顾孩子。

本我不考虑外在现实,也不考虑金钱或财务。那金钱和财务从哪里进入本我呢?从某种意义上说,金钱和孩子的原发需要无关。它不是食物,也不会带来温暖。它无法缓解屁股湿漉漉的不适感,也不能舒缓肠绞痛。金钱是一个抽象的概念,具体表现为硬币、支票、银行账户等。它仅仅是一个社会公认的价值符号。但是,在物质上,它表现为能够购买食品、尿布、其他商品或服务,这些能满足人的需要,令人愉快或者缓解痛苦。金钱影响父母的情绪和物质能力,这些能力决定了他们是否能够为婴儿的身体和情绪发展提供足够好的环境。父母如果因财务上的各种担忧而焦虑、抑郁或心烦意乱,就不能全心全意地照顾孩子。

心理咨询中的财务议题

在发育的过程中，经过足够好的养育，婴儿会开始注意环境，逐渐发展出自体感和控制机制。这些连同对外在世界的感知和对因果关系的理解共同构成了自我。自我使个体能够管理环境，接受延迟满足——等待合适的时机，并且个人获得满足的程度受到合理限制。自我也发展出所需的执行功能，能够回应本我需要并对其进行一定的控制，最后自我也回应超我要求并对其进行一定的控制。

在这个过程中，孩子认识到外部世界到处都涉及金钱。首先，在弗洛伊德看来，孩子把金钱与粪便联系了起来。这个联想解释了为什么金钱常常被认为是肮脏的，被称为"臭钱"。对于弗洛伊德的这个想法，费尼切尔（Fenichel）认为，钱可以象征一个人能够给予或索取的任何东西，包括喂养、婴儿、精液、阴茎、自我保护、礼物、权力、愤怒或堕落等。对此，特克尔（Turkel）补充说，在当今社会人们的观念中，金钱也是财富、能力、自由、声誉、男子气概、控制力和安全的象征，所有这些都可以成为冲突领域。

对于心理治疗师或财务顾问而言，以上这些意味着什么？金钱的意义不在于金钱本身，而是其个体的自我投射到我们称为金钱的抽象概念上的各种特殊含义；或者，投射到金钱的物质表征物，如美元或银行账户。当被问到金钱对布伦达（Brenda）意味着什么时，她脱口而出："自由。"还是一个小女孩的时候，她只能和冷漠的母亲生活在一起，母亲甚至都不会给她一美元买玩具或糖果。

当她还只有十几岁的时候，她就找了份工作，离开了家。她记得那是她生命中最快乐的时刻，因为她有足够的钱逛街，买任何她想要的东西。所以，她认为金钱代表自由。但是，接着她重新思考并回答说："也许，如果我的妈妈给我一点儿爱，我就没有必要那么小就离家去工作了。"显然，购买自由的钱其实是爱的替代物。

和自我类似，超我的发展也是对环境的回应。在这种情况下，传递社会价值观和行为标准的那部分环境受到父母和其他权威人物的影响，最终体现为被个体接纳或拒绝。超我的禁止部分，包括各种"不应该"指令，被称为良知。个体无视良知的指令会导致其罪疚感。超我还包含人的各种理想，即各种"应该"指令，它们被称为自我理想。个体未能达到自我理想会导致其羞耻感。

过度发展的超我会变得僵化、苛刻，并导致焦虑、抑郁、低自尊、愧疚、羞耻或完美主义。这些情绪通常与金钱和财务事务关联在一起。但是，人总是觉得这些情绪事出有因、合乎情理，并且将继续追求完美或者因为没有达成完美而斥责自己。或者，他可能把责备投射出去，对他人吹毛求疵，因为他人没有达到他的高标准，因为他人阻碍了他，或者因为他人没有支持他。这类做法不可能让他获得帮助，而其他做法却有可能让他获得帮助。当个体情绪痛苦的来源被从内在加以识别，而不是投射到他人身上，这种痛苦就可能成为改变的动力。本章最后关于高迪（Goldie）的案例分析，说明来访者一旦识别出其痛苦来自其内在，就会积极寻求改变。

强迫性重复和修通

要理解重复性失败，就需要了解强迫性重复（repetition–compulsion），同时修通（working through）这个概念将有助于我们理解如何慢慢克服重复性失败。强迫性重复是指一个人试图重建令人失望的或创伤性的事件的无意识动机，以期会有不同的结果。这符合常被引用的爱因斯坦对精神错乱（insanity）下的定义："一遍又一遍地重复做同一件事，却期待会有不同的结果。"在安妮特（Annette）的案例中，她反复依恋不能或不会满足她需要（财务或其他方面）的男性，期望这个人会不一样。在有些情况下，男性并不见得是拒绝给予，但是她期望他们这样，并且找出她能找到的任何证据来证实他们不会满足她的欲望。然后她变得愤怒，他们就会却步。这种关系象征着原初父女关系，而原初父女关系从未被追溯。

> 强迫性重复是指一个人试图重建令人失望的或创伤性的事件的无意识动机,以期会有不同的结果。

治疗师如何帮助来访者克服冲动——重复事与愿违的行为?治疗师需要耐心、反复地帮助其识别并确认这个模式,理解这个模式是试图重建创伤事件,同时期望结果不同,帮助其理解并接受这种尝试的结果是徒劳的,并哀悼期望的丧失,因为那永远不可能实现。而所有这些都需要时间。直到这个过程完成,来访者才不会继续。

理解这些概念能为财务顾问提供哪些帮助?这些概念使财务顾问能够理解,在已经为来访者提供了理性资金管理的认知工具和建议之后,若来访者仍然重复一个行为,那很有可能是一种强迫性重复,它只有通过治疗才能被克服。理财顾问能够以一种敏锐且有策略的方式指出重复性,并且提出这类行为通常源于某些未被识别的情绪问题。如果来访者多多少少能够承认有问题,那么顾问就可以将其转介给在财务治疗方面有经验的其他治疗师,以帮助其识别和解决潜藏的问题。

> 在已经为来访者提供了理性资金管理的认知工具和建议之后,若来访者仍然重复一个行为,那很有可能是一种强迫性重复,它只有通过治疗才能被克服。

↳ 认同和同一性

同一性,对于理解一个人是谁及其动机是什么至关重要。同一性是如何形成的?自我和本我是理解其形成过程的关键。在精神分析理论描述的众多冲突之中,其中一个是个体自我理想的"应该"指令及其同一性之间的冲突。前者是基于个体对父母价值观的认同,他人期望其应该是什么样的人;后者是自我——正确或不正确地——评估自己实际是什么样的人。那这和金钱与财务有什么关系呢？金钱是人类社会的产物，是一种重要的文化力量，我们如何看待我们自己，常常反映了我们对金钱的态度。"账户"这个术语指一个人有多少钱。关于金钱的态度和信念被内化之后，它们就成为同一性的一个面向。因此，一个人可能认为价值就是财富，并把人分为有"账户的"或"没账户的"。我们也会使用其他形容词描述自己，如"慷慨的""节俭的""负责的""能赚钱的""投机者"或"挥霍者"。而一个人的金钱身份反过来将对其财务行为产生深远的影响。当一个人以某种特定的方式看待自己的时候，比起"这就是做事的方式"的想法，"这就是我"的想法更强有力，也更难改变。对于人的同一性这类行为，改变起来就像要一个人脱胎换骨。在这种情况下，虽然学习改变行为有可能逐渐转变一个人的自体感，但是首要的治疗任务是帮助来访者改变其对自己的看法，而不是改变其特定的行为。

一位艺术家一直怀疑其自我价值，对其作品的出售十分悲观，以至于他回避在营销方面投入必要的时间和精力。而售出作品不仅能证实作品的价值，也能证实他自己的价值，如果他一直无法售出作品，他就会对自己从事的工作产生质疑。随着我们对他自我怀疑和被动行为潜藏原因的分析，以及他在治疗中感到被重视和被关心，他的悲观和被动都得到了缓解。他开始努力地展示他的作品，让作品进入某个重要的场所，将一幅巨幅绘画出售给一家博物馆，说服一家广受欢迎的餐馆悬挂他的作品，让很多人都看到他的作品。

↳ 客体关系

在精神分析理论的早期就发展出了潜意识、本我、自我和超我等概念。随后，在精神动力学理论框架之下出现了许多新的概念。其中最重要的就是客体关系理论（或者更准确地说，自体–客体关系）。按照这个理论，婴儿天生就有满足需要的冲动，自体之外不存在母亲（原初客体）或他人的概念。其他人的存在仅仅是作为自体的延伸，形成所谓的自体－客体。情绪是原发的——满足带来快乐或者挫败引发暴怒。快乐源于"好的"自体－客体，暴怒直接指向"坏的"自体－客体。逐渐地，婴儿开始认出自体之外的部分－客体。乳房是原初的部分－客体，母亲的脸也是。这时的母亲仍然不被认为是有着自身需要和感受的完整、独立的人，而被认为是服务于自体需要的存在（也就是，仍然是一个部分－客体）

在一个人正常健康的发展过程中，通过分离个体化过程，孩子慢慢承认母亲和其他客体有他们自己的权利、需要和感受。如果发展顺利，孩子将成为有共情能力的成年人，也能尊重他自己的需要和欲望。如果发展过程存在缺陷，个体就会陷入自恋，他人仍然被定义为好的、满足需要的自体的延伸，或者是坏的、令人挫败的敌人。

一位严重自恋的来访者告诉我，当他不能出席和我的一次会谈时，他就想象我会一直蜷缩在我的桌子底下，直到他在下一次会谈时出现。当这位来访者要求我出席一个社交活动，我没有同意并试图让他理解我不同意的原因时，他小声地嘟囔了一句："我要杀了他。"这位男士是一家公司的计算机技术人员，他要求加薪却没被通过，他的反应是破坏了公司的计算机系统并跑去度假。

> 自恋的人倾向于把他人的财富、金融机构或金钱本身视为满足其需要的客体，认为这些都应该服务于其自身的需要。

客体关系理论与财务治疗有什么关系？自恋的人倾向于把他人的财富、金融机构或金钱本身视为满足其需要的客体，认为这些都应该服务于其自身的需要。他们很可能在追求金钱和物质财富时不惜以牺牲家人的福祉为代价。

尽管男孩父母各自的薪酬收入很可观，但是他们还是在晚上和周末忙着赚更多的钱，以至于过于忙碌而无法照顾他们十几岁的孩子。所以他们把孩子送到年迈的外祖母那里，但外祖母不能提供足够的照料和监管。当男孩父母意识到孩子出现问题的时候，男孩正整天跟着一群问题少年到处逛荡，但是他没有真正的朋友，对学校也没有兴趣。他们就把孩子带到我这里，在确认了男孩会按时参加治疗会谈后，他们说自己太忙没法亲自过来。即使我清清楚楚地告诉他们，他们的出席对孩子的治疗很重要。

在和男孩早期的一节会谈中，我问他："如果你可以有三个神奇的愿望，你想要什么？"他的回答是钱、房子和岛屿。当询问细节的时候，他说他想要足够的钱，就再也不用跑出去，他要独自一人住在一座孤岛上的房子里，邀请很多人，大部分是女孩，邀请她们来却不允许她们在此过夜。这个回答可以被看作是他自己的自恋性反应，因为父母忽视了他对爱的需要。金钱就像是一个乳汁源源不断的乳房，成为主要的满足其需要的客体，而人际关系只不过满足了其部分临时的需要。他不能理解和另一人的亲密关系。

严重自恋的人可能很聪明，能够理解社会环境的现实性。他也许表现得有吸引力，看起来很友好。但是，他的超我是有缺陷的。在财务交往方面，他有可能是那个布下庞氏骗局的人，欺骗客户或合作伙伴，还会在离婚时隐藏资产状况。从治疗的角度来看，很不幸，这样的人并不想做出改变。但是，轻度自恋的人可以从治疗中受益。他们做出改变的动机部分是想要让他们的需要得到满足，为了实现这一点，他们认为必须要考虑他人的需要。他们意识到自己得不到期望中的亲密关系，但其他人却可以得到，他们期望能够真实地体验到爱另一半或爱孩子。在这种情况下，有效的方法就是帮助来访者检视其金钱信念和金钱态度，以及其如何在与他人的关系中使用金钱。

桑迪（Sandy）来治疗是因为感到孤独和痛苦。他的女友离开了他，他也不能和朋友们维持良好的关系。从某种意义上来说，这是因为他感到赚不到足够的钱。所以，他迷上了一个投资项目，期望自己名利双收。他把大量的空闲时间（晚上和周末）都投入在这个项目上。他假定女友很支持他这么做，从未考虑过她会感到被冷落。当意识到自己一直在做什么的时候，他悲伤地说：“我怎么那么自私，没有为我的朋友们腾出时间，甚至没有问问我的女友想要什么？”经过治疗，他了解到他想要名利双收，部分原因是一种报复性幻想，他在童年时期曾遭到比他更富有的表哥的冷落，并且遭到同学们的妒忌。他开始意识到，实际上从事这项商业投资本身就是令人满足的——更甚于大笔财富进账。他的工作节奏开始变慢，能腾出时间见见老朋友，更加关注正在和他约会的女性的需求。

↳ 移情与反移情

移情这个术语描述了一个常见的现象：一个人许久之前对某个人的想法或情感转移到当下的另一个人身上。例如，一个男性可能把他还是一个孩童时对母亲的非评判态度转移给未婚妻。后来，他又把他青少年时期对母亲的批评，转移给他现在已婚的妻子。虽然上述情况有某些客观依据，但是理论上，当下态度的主要原因是潜意识移情，从早期的一个人身上转移到当下的另一个人身上。如上所述，安妮特把过去在父亲那里感受到的剥夺感转移到了目前她生活中的男性身上。

弗洛伊德使移情分析成为至关重要的精神分析技术。他创造了许多条件，这些条件有利于神经症来访者发展出对分析师的强烈移情（他称之为移情神经症）。于是这个移情神经症就可以被分析，揭示来访者神经症以及相关症状的真实起源。在经典精神分析中，来访者躺在沙发上，背对着分析师。分析师几乎不怎么说话，仿佛是一个空白屏幕，来访者把他的各种潜意识期望投射在上面。

现在的精神分析取向治疗师不再使用这项技术（虽然精神分析师们仍然使用）。但是因为治疗师的风格，许多来访者仍然抱怨治疗师和他们说得不够多。不论哪种情况，精神分析取向治疗师承认移情的存在，它们常常以某种形式存在于大部分关系中。移情是一个常见现象，而不仅仅是一个理论建构，所以所有派别的治疗师都要承认移情的存在，对移情保持警觉，当移情出现时，应审慎地分析相关表现。如果治疗师做不到这一点，则很可能破坏治疗。

反移情也是如此（治疗师向来访者投射他自己预设的某种态度和信念，这些源于治疗师自己早期的人际体验）。治疗师有时会对某些来访者有某种预设，这些预设受到治疗师以往经验的影响。如果治疗师不承认这一点，并且不能检视自己对于来访者的态度和感受，以便更好地理解它们的起源，治疗师就不能理解自己的这些体验对于治疗的潜在影响。未能识别早期特定人际关系导致对特定的人的反应（也就是反移情），治疗师就像是戴着眼罩做治疗，常常会对来访者产生不利影响。

> 一个来访者抱怨她的家庭治疗师对她的家庭毫无帮助。她告诉我，因为丈夫比她赚得多（她是一名作家，在家写作，全职照顾孩子），所以他觉得应该由他控制财务，而不必向她做任何解释。任何讨论财务状况的要求都会令他感到愤怒并引发争执。当来访者请我接手治疗的时候，我首先让她允许我和她的治疗师谈谈，她的治疗师是一位有名的女性主义者。当我告诉治疗师这个来访者的请求时，她回应："让她去吧。她是一个可怕的女人，认为自己不必赚很多钱，却可以告诉丈夫如何支配他赚的钱。"
>
> 在我接手治疗之后，我了解到，一方面，来访者的丈夫认为一旦妻子质疑他的决策就表明不信任他。另一方面，来访者很难理解财务问题。她只是想要参与财务决策，这有助于她理解为什么他们的钱应该按照丈夫说的方式使用。她特别希望丈夫能考虑一下她的某些支出需求，如送女儿参

加夏令营。

在我看来，显然之前的治疗师的不理解源自于她自己的女性主义信念，这个信念使她确信女性应该在财务上与男人平等，不应该依赖男人。在之前的治疗师看来，来访者既然是一个全职妈妈，就没有权利要求平等的财务决策权。这个观点可能根植于她自己的童年经历和她的女性主义立场。这个反移情导致了中立性的缺失，妨碍了治疗师探索妻子的立场背后的原因，以及妻子的好奇和参与家庭支出决策的愿望为什么令丈夫感到被冒犯。

> 任何一种理论流派的治疗师都有可能看不到他们自己的反移情，所以有必要让质疑自己对于每个来访者的感受和动机成为一种习惯。

任何一种理论流派的治疗师都有可能看不到他们自己的反移情，所以有必要让质疑自己对于每个来访者的感受和动机成为一种习惯。

甚至连西格蒙德·弗洛伊德也很难看他自己在金钱和财务方面的问题。关于费用管理，他向新手分析师们提了一些非常好的建议，并阐明了来访者与金钱的关系体现在不同形式的精神病理中。但是，他回避探索他自己与金钱的关系。关于他父亲在经济上的挫败，他承认他宁愿选择压制，也不愿探索它们对他的影响。关于艰难岁月，他写道："关于它们，我认为没有什么是值得记住的。"早期精神分析的关键是探索男性来访者的童年期创伤记忆，这是值得注意的陈述。这个陈述表明，在处理金钱问题的时候，我们都会面临困难。

不仅仅是治疗师应该考虑移情和反移情现象，财务工作者也应该认识到这个现象的存在，并用它来分析神经症，理解来访者陷入的某些困境。拒绝接受财务建议的年轻来访者可能把理财顾问当成了过度控制的父母，或者理财顾问过度保护年轻的来访者，而后者却想在财务决策中保持独立并承担风险。承认诸如此类的可能性，本身就有助于改善顾问 – 来访者之间的关系。

> 金钱禁忌（money taboo）是指心理治疗师和普通民众一样不会对金钱进行讨论。

↳ 金钱禁忌

金钱禁忌（money taboo）是指心理治疗师和普通民众一样不会对金钱进行讨论。承认这个文化现象很重要，它涉及自我和超我的发展。几乎每个美国人，以及世界许多其他地方的人们，如果被偶然认识的人，哪怕是相熟的朋友问到"你赚多少钱"，都会感到不舒服。并不是所有文化或国家都有这个禁忌（如挪威、越南等国家就没有金钱禁忌）。在美国，当被问到这个问题或者问别人这个问题时，人们的典型反应是："这样做不恰当，不礼貌，不尊重人，侵犯个人隐私。"一个人如果问了这样一个问题，其超我就会引发其罪疚感或羞耻感。在这种情况下，自我和超我共同抑制了本我满足好奇心的冲动。

这个禁忌的结果就是有用的且重要的信息没有被讨论或分享。人们常常在不知道对方债务的情况下就结婚。配偶双方有时不知道另一方的支出情况，花了多少钱，花在哪些地方。孩子们也不知道父母有多少钱。如果父母非常富有，当孩子突然接受巨额遗产时，心理上却没有做好管理财富的准备。这时孩子可能会有愧疚感，并试图放弃接受遗产。其他一些人可能挥霍无度，因为他们没有发展出延迟满足的心理机制。有些不太富有的人，可能太过窘迫，接受工作时没有办法和公司协商合适的薪酬，或者工作之后要求加薪时会有胆怯心理。他们不愿意和同事交换意见，无法了解他们的技能对应的合理薪酬应该是多少。金钱禁忌使人们甚至不愿意向心理治疗师或财务顾问提及金钱问题。因为生活在相同的社会环境中，许多心理治疗师也受到金钱禁忌的影响，避免询问金钱相关问题，担心谈论金钱会让来访者不适。因此，来访者很难获得金钱相关问题的心理帮助。

> 当治疗师将讨论金钱的相关论文的主题限定在费用及其管理上时，金钱禁忌问题变得更为复杂。

当治疗师将讨论金钱的相关论文的主题限定在费用及其管理上时，金钱禁忌问题变得更为复杂。本章作者曾主持过一个非正式研究项目，其结果显示，社会工作专业的课程、心理学研究生的课程和精神科实习项目都没有涵盖关于金钱与内在心灵、人际发展及适应能力的课程。因此，专业工作者本身得不到必需的训练，就无法充分理解并帮助其服务的对象：来访者。如果金钱禁忌抑制了治疗师对其自身金钱信念和金钱感受的思考能力和理解能力，他就没有能力充分理解治疗关系的关键要素：反移情。

案例研究

接下来的案例研究可以帮助读者更加深入地理解治疗师是如何与来访者一起工作的。虽然治疗并未局限在精神分析方法上，但是精神分析发展理论和技术为本章给出的方法提供了依据。无论来访者的问题是否与财务有关，治疗师都要处理各类与财务有关的问题，只有如此才能充分地满足来访者的需要。以下案例就是这样。

↘ 背景信息

格尔迪（Goldie）年近70岁，表现出诸多症状。她最初的症状并没有表现在财务议题上。她是一名离异的65岁左右的双性恋女性，总是难以维持亲密关系。这令她极度孤单、抑郁、伤心，甚至有些模糊的自杀念头，感到自己"像断了线的风筝"，这些引发了巨大的焦虑。

第 17 章
心理动力学财务治疗——心理动力学视角下的财务治疗

↘ 个案概念化与干预

在治疗上述症状以及后续与财务有关的症状的过程中，我的基本立场是保持一种好奇的共情态度。我以分析性的方式探索她的个人和家庭历史，探索她的梦、当前活动、人际关系、不同的想法和感受。我经常做出解释，帮她深刻理解潜藏在她的情绪问题之下的原因，帮她理解她为什么以这种方式看待和回应这个世界。同时，我也在她遇到问题时提供支持，就她遇到的各类问题给出实际建议，例如，怎样在她的菜园周围修建一个防土拨鼠的篱笆。我这样做，是在帮她培养一种胜任感，这在她的童年期从未得到过培养。

在治疗的过程中，格尔迪发展出了对我的强烈的正向移情。我代表温和的、关心她的且值得信任的父母，她以前从未有过这种体验。在很长一段时间中，这是一个非常依赖的移情。她进入会谈时心烦意乱，离开时感觉好多了。但是如果我不在场或者她预料我不会马上出现在那里，她的好感觉就维持不了多久。她所有的痛苦，看起来像是她想要这些痛苦永无止境。我反复提醒她，她的悲伤是暂时的，她也确实能在某些时刻或者时段乃至某些天感到快乐或满足。确实如此，尤其是在她写作、从事园艺工作、散步或者划着皮划艇观鸟的时候。她的自我可以感受到这些现实，超我也变得不那么具有惩罚性。她开始意识到，如果投入到自己喜欢的那些活动中，不快乐感将会减少，自己也就不必再沉浸在孤独里了。她有一些老朋友，也开始寻找新的友谊。

我们也反复讨论（帮助她完成修通的过程）她对父母的失望与愤恨。尽管童年时期缺少良好的养育，最终她还是原谅了他们。同时，她接受了这样一个观点，即她自己不是令人失望的且不值得的孩子，虽然她曾经认为自己就是那样。总之，她的自尊得到了提升。

财务治疗的过程与上述过程类似，不过是变成处理格尔迪与金钱的关系。她有一笔信托基金，但即使在合理的范围内并且她能够负担，她也不愿意在自己身上花钱。部分原因是她在童年期建立的依赖性。信托基金可以让她维持这种依赖性，不必全靠自己。但是她的财务问题也与此有关。尤其是冬天的时候，问题就显现了出来，她会关掉恒温器，以至于不得不穿上三四件毛衣，即便如此她还是感觉很冷。对她个人历史的探索结果表明，她的母亲对她的情感十分疏离，无论格尔迪要什么她都极度挑剔——即使是一份餐间点心，以至于格尔迪认为自己无权提出任何需要。

在她还是个小女孩的时候，她的父亲非常溺爱她，之后却不再资助她追求表演艺术。而表演艺术是她热爱的方向。但是，父亲不认可女儿把这个职业作为未来的事业。结果，她既悲伤自己失去了父女早期的亲密关系，也愤恨父亲，并感到被父亲背叛了。她的父亲是一家商店老板，盈利颇丰，但对待黑色人种店员的态度却很糟糕。格尔迪把黑色人种店员看作是受害者，并不认可父亲赚钱的方式。她对父亲的这些反应，促使她发展出强烈的社会责任感。这也促使她不愿在冬天使用燃料来供暖，因为她不想造成碳污染。

当父亲为她建立信托基金的时候，父亲告诉她，她可以用这笔基金满足她的需要，但是实际上是想把这笔钱留给格尔迪的孩子们。一旦她为自己花"他的钱"，她就感到自己不配，为自己的贪心而感到羞耻，使用以虐待黑色人种店员为代价赚得的钱令她感到愧疚。格尔迪当前的问题来自挑剔且严苛的超我，同时伴随着低自尊。

格尔迪在我之前见过其他治疗师，其中一个治疗师的专业领域是金钱与人际关系，但我关注的重点是她不愿花钱（这些钱现在是她的）和她童年经历之间的联系。治疗没有立刻带来好转，但是随着时间的推移，我们看到她在自我否认之下潜藏的原因，并帮助她修通问题。我帮助她认识到，她认同父母对她的期望，即她没有自己的需要，并且想通过自我否认达到这些期望。我帮助她承认并放弃了她的幻想，即她可以通过自我牺牲来赢得父母的赞赏与爱，即使父母已经去世了。

我还帮助她现实地思考，她既可以为自己花钱，也能够为她的孩子们留

第 17 章
心理动力学财务治疗——心理动力学视角下的财务治疗

下遗产——从而支持了自我的现实检验功能。我给她转介了一位合适的财务顾问，顾问帮她做了一份评估，并让她放宽为自己花钱的限制。

接下来是某节会谈的情况，这时距离格尔迪接受治疗已有数年。这天来治疗的时候，她感到焦虑，觉得自己愚蠢，没有责任感。她透露说她想把她的珠宝拿去做评估，于是就去她的保险箱存放地，准备取出珠宝。在她把珠宝从保险箱中拿出来并回到家后，她认为她在这段路上弄丢了两个钻石戒指。在找到戒指之前，她不断责问自己："我怎么那么不仔细，弄丢了这么贵重的物品？"

我从未听说过珠宝的事，于是进一步询问。原来不是几件珠宝，而是整整一大袋黄金、钻石戒指、珍珠和镶嵌着一圈钻石的蛋白石，诸如此类的珠宝。当我指出在我们讨论她的财务问题的时候，她从未提起过她的资产中有这么重要的一笔时，她说这笔珠宝不是给她的。那是外祖母传给她的孩子们的，就像外祖母传给她一样。我回答（知道她可以接受一点温和的讽刺，不会当作是针对她个人的）："所以它们将被存放在保险箱里，以便传给他们的孩子们，他们的孩子们也将继续把它们保存在保险箱里？"她领会到了我的意思，笑了起来。

尽管如此，我还是进一步询问。听起来，这些未见天日的珠宝的现金价值相当可观。我问她，如果她仅仅是打算把珠宝存放在她的保险箱里，为什么要去做估价？如果是为了保险起见，这就意味着她打算必要时拿出来用。估价的另一个目的是想要知道它们可以卖多少钱。我建议说，虽然某些珠宝难以估价卖出，但是如果我的判断是正确的，那黄金的价格现在在高位，她可以问问她的财务顾问，她是否可以出售部分黄金以增加她的现金持有量（也许能够/也许不能够减少她对支出方面的担忧）。

她也同意，说如果价格合适，卖出部分黄金可能是个好主意。但是她补充道，她不想全部出售，因为这是从外祖母那里传下来的，是唯一留给她的不带任何附加条件的赠予。所以她想估价，更好地理解外祖母对她的慷慨。我回答:"这是你的遗产中一个重要的部分。"

会谈结束时,她谈起她虽然身材很好,并且的确喜欢穿着打扮,但是常常对自己该如何打扮没有任何想法,并且没有精致优雅的穿衣风格。如果她可以出售部分珠宝,她想要买一些日常穿戴的漂亮服装,挑选部分珠宝来搭配她的新行头。一个人的穿着常常反映了一个人的自体感。我认为,她想要穿有吸引力的衣服并且佩戴爱她的外祖母的珠宝,这可能反映了她当前的自尊,也有助于增强她的自尊。

还有一个方面我尚未提及,那就是咨询费用的问题。它具有财务上的重要性,并对来访者和治疗师双方都具有象征意义。为了能够向老年人提供服务,我注册成为医疗保健提供者(Medicare provider)。这就意味着我必须接受较低的咨询费用,不能向医疗保健成员收取高额费用,即使那些人负担得起。在格尔迪的案例中,她有一份完善的医疗保健补充保险计划,所以她不必自掏腰包支付治疗费用。

结果

经过几年的治疗,格尔迪慢慢好了起来。当我们开始讨论结束治疗的时候,已经距离她潸然泪下、郁郁寡欢好几年了,那时她曾想过自杀或者感觉自己像断了线的风筝。她还是感到孤独,抑郁和焦虑也还会发作,但是她能够理解这些状态是暂时的,她可以控制它们。这时,我向她指出,她的治疗已经达到预期;并且我告诉她,如果她的治疗不再有医疗上的必要性,我就不再继续向医疗保健机构收取咨询费了。她同意这个看法,但是害怕没有我的支持,她会回到原来的状态。我们讨论了她对结束的恐惧并且同意暂停会谈三个月,看看她会怎样。如果她仍然想要见我,那么我们可以再讨论。三个月之后,她说她还是有一些问题,但是现在能够自行解决。她擅长写作并且有一些朋友,她努力维持着这些关系。但我是她生命中一个重要的人,她想要保持这段关系。

她询问她是否可以一个月见我一次，不是为了治疗，只是为了讨论她的想法。而且在我没有提议的情况下，她提出愿意支付比医疗保健机构更高的费用。显然，格尔迪不再对自己的需要和欲望感到羞耻，可以使用金钱来满足自己了。

伦理考量

没有哪种心理治疗方法胜过另一种。本章作者最初是一名精神分析治疗师，但是在治疗过程中，他使用了多种心理治疗理论和技术——认知行为、面向解决方案、家庭系统等，具体使用哪一种取决于来访者的需要。快速轻松的改变，仅适用于非常有限且通常比较表面的问题。当问题源于个人经历和人格特点时，改变就需要花费很多时间和工作。

> ……研究生课程看起来滞后了，不愿意承认并且把金钱作为一个重要的心理学议题来教授。

心理治疗师，包括精神动力学心理治疗师，大多不愿意和来访者讨论除了咨询费用之外的任何与钱或财务有关的议题。虽然金钱是一种重要的文化力量，塑造了一个人的内在心灵，反过来影响着一个人的情绪、人际关系和行为，但是本章作者的非正式研究表明，在社会工作、心理学和精神病理方向的研究生课程中，没有与金钱相关的课程。以此可以大胆地猜测，理财规划师的培训课程也缺乏理解金钱心理方面的培训。

未来方向

许多变化已经发生了。过去 10 年，涉及金钱和心理治疗的论文越来越多。然而，大多数研究生课程看起来滞后了，不愿意承认并且把金钱作为一个重要的心理学议题来教授，这一观点并没有被广泛接受。同时，在大众化期刊上，也接连不断地出现关于个人心理与金钱和财务关系的文章。这些文章多数是由财经新闻记者或财经专业人员撰写的。

对于未来我们有怎样的期待呢？我们应该推动心理健康教育工作者认识到金钱和财务的重要性，它们是心理和人际发展的重要影响因素；反过来，财务顾问的老师们也要宣传这样一种观点，即人际心理和人际关系也影响了人们在金钱和财务方面的行为方式。

在未来的心理精神健康工作者的研究生课程中，心理发展、精神病理学和治疗技术领域的课程，包括应用心理动力学取向以及其他治疗方式，应该包括案例研究方面的阅读和课堂讨论。这些案例将阐明我们是如何学会并使用金钱的，以及当涉及金钱和财务议题时我们的所作所为。最终，接受过这类研究生课程的教育证明应该被视为临床工作者财务治疗实践的先决条件。

我们期望，理财规划师和其他财务专业工作者的培训也发生类似的变化，以帮助他们理解个人心理和个人经历对财务行为的影响，并且了解当在为来访者做财务咨询与理财规划遇到心理问题时，他们可以做什么、不应该做什么。

第 18 章

自体心理学财务治疗
——自体心理学视角下的财务治疗

玛吉·N. 贝克；塞西尔·菲利普斯·里昂

> ……一个人对金钱的内在感知与人际动力学的相关性尚未对临床心理学的通用实践产生重要影响。

引言

虽然金钱在经济社会中是一种客观存在，但我们每个人对金钱都具有独特的主观体验，这种体验是随着时间的推移慢慢形成的。很多时候，这种体验表现为各种压力。无论是富有的还是贫穷的、成功的还是失败的、身处顺境的还是逆境的美国人，都声称金钱是他们首要的焦虑源。

行为经济学和神经心理学表明，当我们要做出决定并采取行动的时候，我们对金钱的情绪体验比我们的认知能力或分析性专业知识更加重要。这种体验是自体的组成部分，表现在我们的信念和行为中，并最终决定我们是蒸蒸日上还是举步维艰。

> 现有研究有力地支持了心理动力学取向治疗的有效性。

但是，一个人对金钱的内在感知与人际动力学的相关性还没有对临床心理学的实践产生重要影响。许多临床工作者回避这个问题，因为它会引发他们以及来访者的焦虑，有证据表明，比起其他领域的专业工作者，在精神健康工作者中，患有金钱回避型金钱障碍的人数更多。

我们将通过一个具体的案例阐明自体心理学取向治疗是什么，并提供一些指导，帮助治疗师和理财规划师更好地理解来访者，从而形成更加清晰的个案概念化、更加稳定的治疗联盟，在某些情况下使其转化为治疗和干预的有效方法。自体心理学的关键是通过治疗性关系、自体–反思（self-reflection）和自体–审视（self-examination）帮助来访者识别有问题的关系模式，以缓解其情绪痛苦。为了阐明自体心理学是如何应用于财务治疗的，本章在两个独立案例之后，紧接着会介绍在其他领域中与自体心理学相关的现有治疗成果。

自体心理学及治疗结果

现有研究有力地支持了心理动力学取向治疗的有效性。一篇综述回顾了涉及 160 份心理动力学治疗研究的 8 个元分析和其他包括服用抑郁药在内的心理治疗的 9 个元分析。在这篇综述中，谢德勒发现：

> 随访结果的效应值更大的一致性趋势表明，在动机心理过程方面，心理动力学心理治疗带来了持久的改变，即使治疗已经结束……相反，对于最常见的障碍（如抑郁、广泛焦虑等），其他（非心理动力学）经验支持疗法带来的好处倾向于随时间衰退。

综述追溯的 1975 年第一份治疗结果研究表明，大部分元分析支持心理动力学心理治疗的有效性。谢德勒回顾认知行为治疗的结果研究，他注意到许多 CBT 有效因素来源于心理动力学疗法。他认为，CBT 的特质——直接教导和权威取向而非共情地理解来访者体验——是效果最差的干预措施。回顾总结时，谢德勒概括了心理动力学疗法的基本要素：关注情感和情绪表达；探索回避痛苦想法和感受的行为；识别反复出现的议题和模式；讨论过去的体验（关注发展）；关注人际关系；关注治疗性关系、移情和同移情（co-transference）；探索幻想生活。自体心理学包含了上述基本要素。

谢德勒的发现具有重要意义，因为健康保险成本管理看重各种"以证据为基础"的心理治疗方法。而学术界和健康保险业一直持有错误观念，认为心理动力学治疗缺乏实证支持。这种观点显然不正确。

> 自体心理学关注情绪痛苦的心理学根源。它的基石是自体－反思和自体－审视，治疗师和病人之间的关系只是一个窗口，双方借此进入来访者生命中有问题的关系模式。其目标不仅是减缓显而易见的症状，而且帮助人们更加健康地生活。

如前所述，自体心理学是心理动力学疗法的一个分支，对于大部分心理健康问题都有效。自体心理学关注情绪痛苦的心理学根源。它的基石是自体－反思和自体－审视，治疗师和病人之间的关系只是一个窗口，双方借此进入来访者生命中有问题的关系模式。其目标不仅是减缓显而易见的症状，而且帮助人们更加健康地生活。接下来的三个研究展示了自体心理学治疗结果。

在一项临床试验中，史蒂文森（Stevenson）和米尔斯（Meares）究了自体心理学取向心理治疗的有效性，样本是30个患有边缘人格障碍（Borderline Personality Disorder，BPD）的来访者。BPD无疑是最难诊断治疗的病症，而治疗结束一年后，30%的样本不再符合BPD的诊断标准。此外，根据之后的随访研究，这些来访者5年之后状况依然很好。这项研究的重要缺陷是没有控制组。

史蒂文森和米尔斯在随后的一个研究中弥补了这一缺陷。他们重复了1992年的研究，但新设了一个等待组，即BPD来访者在等待12个月之后再接受治疗（那时，在澳大利亚通常会等待17个月）。接着他们对等待组和接受自体心理学治疗的治疗组进行对比研究。判定治疗效果的标准基本上是客观的测量数据，如就医的次数、不工作的时长、自杀意图的有无、暴怒或更极端暴力的频率。对比结果清楚表明，治疗组能够从心理治疗中受益，症状明显减少，心理健康得到改善。之后，史蒂文森等进行了第三次研究，发现在1999年的研究中接受了一年自体心理学治疗的治疗组，从统计学意义上来看，其治疗效果在5年后依旧显著（$p < 0.001$），这次研究的客观的测量数据包括服药的频率、住院或就医的次数、不工作的时长、暴怒的频率、暴力或自伤的次数。

案例研究：第 I 部分

↘ 保罗向咨询师的陈述

保罗是一位50多岁的专业销售人士，长期生活在不安全感之中。他苦苦挣扎于两个都爱他的女人之间、他父亲的影响和他想要的个人自由之间以及他经济上的成功和内在的自我破坏性之间。保罗拥有一家保险代理公司，收入水平在同领域中居于中位。虽然他有机会赚更多，但是他没有欲望或方法和公司客户维持长久的关系。不过他对寻找新的潜在客户和投资机会很积极。

起初，保罗和妻子凯伦都工作时，他们的收入足以支持他们温馨而美好的田园般生活。当凯伦把越来越多的注意力放到两个孩子身上时，他们的婚姻开始出现问题。在凯伦辞职做全职妈妈后的一周，保罗被解雇，并收到了5个月的薪酬作为遣散费。

保罗用大部分的遣散费开了一家保险代理公司。在他创业的同时，他发现马蒂（Marty）——他办公室的一位年轻女性——很聪明，注重细节，并且愿意全力支持他和他的公司。最终，他离开了妻子，并把两个孩子——5岁的女儿和年幼的儿子——都留给了妻子。

凯伦无条件地相信并爱着保罗，认为他的出轨源自童年遭受的痛苦。她让保罗回家。抛妻弃子令保罗充满罪疚感，他回家住了一段时间。他喜欢和孩子们待在一起，但是凯伦无法唤起他一丝一毫的浪漫欲望。他再一次回去和马蒂住在一起。几个月之后，他渴望和孩子们在一起的愿望变得强烈，于是再次回家。这次保罗在家住了10个月。很显然，此时的他被困住了，无法在女朋友和孩子之间做出选择。

最后，保罗心力交瘁。一方面，他继续偿还和凯伦的家庭住房贷款，并尽其所能地帮助她。另一方面，虽然马蒂支付了保罗和她自己的房租，但保罗还是入不敷出。他让自己的财务陷入走钢丝般的境地，一直寄希望于下一笔生意。不幸的是，任何一笔新的收入很快就被逾期的债务耗尽，或者被花在一个新的消遣上，如他雄心勃勃地想要成为一名一流的摄影师。当他几乎放弃了工作去照顾他快要死去的姑姑时，他的现金流彻底枯竭了。

尽管和马蒂公开地生活在一起，但保罗仍然认为自己是一个有责任心的父亲。他下定决心要和凯伦离婚，但是凯伦不愿意结束他们的婚姻，于是他同意和她一起进行婚姻治疗。他们接受了基于自体心理学视角的财务治疗，治疗师帮助保罗深刻觉察自己的感受和行为，干预也很有效。

理论思考：第 I 部分

↘ 弗洛伊德及粪便假设

类似于保罗这样的来访者，金钱问题几乎不是他的唯一问题。它不是简单的记账错误、支付疏忽、赌博或者购买不应该购买的东西。金钱问题是行为模式的一部分，其中潜藏的动力会对一个人生命的诸多领域产生影响。在大部分情况下，这些模式都能从其早期的童年经历中找到根源。

> ……自体心理学提供的理论框架，有助于整合情境，全面理解个人金钱动力，进而形成促进问题解决的方法。

弗洛伊德有一个著名的观点，即一个人经济行为的发生，与其在婴儿时期的第一件产品——粪便的产生是同步的。婴儿对粪便这一"产品"从"制作""交换的权力"到"获得报酬"的过程十分自信，乃至自豪，是其早期性心理发展的一部分。在弗洛伊德看来，这种早期体验建立起了一个人最终的金钱态度。

但是，我们也要承认在财务功能性失调方面，过去的体验、当下的体验和将来的体验之间具有的复杂性。在关于金钱主观体验的研究和财务治疗实践中，自体心理学提供的理论框架有助于整合情境，全面理解个人的金钱动力，进而形成促进问题解决的方法。

科胡特：共情及自我体验

关于一个人在婴儿时期发生"粪便"经济行为的研究，相较于弗洛伊德，海因兹·科胡特（Heinz Kohut）的观点更加重视人际动力学。科胡特的自体心理学没有否认弗洛伊德驱力理论及后续发展任务，如肛欲期（克制与排出）对孩子与金钱关系的影响。但是，他强调，因为粪便经济行为，孩子逐渐习得学习、控制的能力，变得成熟起来，性格也变得健全，在这一过程中，照料者的回应至关重要。

按照科胡特的观点，最重要的发展性问题是对这个产品（粪便）的回应，是欣赏与接纳还是厌恶与责备。在《自体的分析》（*The Analysis of Self*）一书中，他详细阐释了促进健康心理发展的与生俱来的三个发展性需要：镜映、理想化和孪生。这要求照料者及时回应孩子的需要——这些需要会持续一生，并随着年龄的增长发生变化。

镜映是指照料者能够与孩子保持情绪的同调，传达出照料者对孩子的全然接纳，以及因孩子的独特存在而喜悦。理想化是孩子对照料者的反应，即认为照料者可以依靠，并可以为其提供安全、稳定和支持。孪生带给孩子一种参与感，体验到与他人相似并共享相同的目标。随着孩子的社会接触从核心家庭向外扩展至更宽阔的人类社会，孩子开始尝试社会角色和群体认同，而这是孪生反应的一种表达形式。关于被接纳和归属感的内在体验——是否属于某个运动队、教会团体或街头帮派——就是孪生体验。

如果充满爱意的照料者能够共情地认可且始终如一地满足这些与生俱来的发展需要，孩子就能形成稳固而自信的性格。如果照料者的回应与孩子的需要不匹配或者照料者没有回应，孩子就会产生被剥夺感，不自信，或者感到被抛弃。

↳ "我很好"：自体 - 客体体验

当照料者能够共情地回应孩子的需要，孩子不会觉得照料者是一个与之分离的独立的人。照料者的主要功能是满足孩子对爱、安抚、安全等的需要，且照料者自身的需要没有覆盖其对孩子的回应。这就形成了孩子的自体-客体体验。正是照料者满足孩子的功能属性，而不是照料者自治的自体，创造了自体-客体体验，并帮助孩子建立其内在的自体-结构。

自体-客体体验更像是多音和弦，而不是单音单调。当和弦协调一致时，其与孩子内在需要产生共鸣，其中许多小节的和弦又激发了对于自体-调节和内在动机的回应。另外，如果照料者不能很好地回应孩子关于镜映、理想化和孪生的需要，甚至完全无法回应，则成长中的孩子很可能感觉自己很糟糕、不够好或不讨人喜欢。

科胡特的理论认为，在这种情形下，孩子极力表现得完美、乖巧或者挑衅、糟糕，以尝试弥补潜意识体验到的回应缺失。"修复"缺失的尝试反映出孩子感知到自己出了问题。但他们潜意识地认为，镜映、理想化或孪生回应所以缺乏，是因为自己不够好。

但是，"修复"过程中出现的防御机制有可能强化甚至固化孩子成长中的夸大表现癖自体（科胡特的专业术语，指未受约束的、不成熟的自体），从而导致孩子偏离健康成熟的发展进程。孩子将丧失其发展出真实性的健康潜能，并难以在以下两者之间取得平衡：一方面，是我行我素的目标、目的和雄心；另一方面，是人类社会中展现出来的特定的理想价值观。我们每个人都有一个或多个理想价值观，一些被认为是健康的（如诚实、奉献、忠诚等），另一些被认为是不健康的（如剥削、独裁主义、通奸等），因为后者给个体及社会造成双重毁灭性后果。我们在这些价值观和我行我素的目标之间权衡后最终决定我们的行为。例如，我们是否会在竞选时贿选，或者是否会超出实际需求去过度消费。

↳ 自体感的发展

当共情同调"足够好"（不存在完美同调），随着孩子发展出维持幸福感、保持复原力和激发成长的能力，其对自体 – 客体的需要就会减少。健康成熟的孩子建立起多种方式让过分沮丧或过于激动的自体平静下来，从对完美持续的关注的非现实需要成长为自信的、偶尔需要别人赞赏的个体，但个体对自体 – 客体的需要不会彻底消失。

在自体心理学理论中，逐渐发展并维持自体感被认为是个体与生俱来的动机需要，其功能是创建所需的内在心理结构，以维持个体的同一性和创造性。这一需要不仅是重要的，而且是首要的，这意味着它是比弗洛伊德假设的性驱力和攻击驱力更强有力的动力。自体感就是当我们说"我感到如此这般"或者"我这样或那样做"时的"我"。个体通过确认并认同我们是谁、我们是怎样一个人，展现欢乐情绪、统整感和生命力。

科胡特于1971年逝世，之后史托罗楼（Stolorow）、阿特伍德（Atwood）和布兰德卡夫特（Brandchaft）聚焦主体间性问题——个体之间共享主观状态以及心理能量在各方之间移动，自体心理学继续向前发展。他们的理论建构源于临床实践，源于和来访者的直接交流。这些临床工作已经得到相关研究的证实并有所发展，毕比（Beebe）和拉赫曼（Lachmann）、利希滕贝格（Lichtenberg）、斯特恩（Stein）、安思沃斯（Ainsworth）、斯霍勒（Schore）等人做出了积极贡献。想从自体心理学视角思考保罗的养育如何影响了他的发展性需要和成熟过程，那么回顾他如何向治疗师描述其生活背景就很有意义。

案例研究：第 II 部分

↳ 保罗的背景信息

保罗成长于一个充满焦虑的家庭。回顾过去，他和父亲从未有过任何亲密的接触，母亲也从未给予过他任何身心的安慰。实际上，他从父母那里基本得不到正向的关注，他们只是把他视为一个讨厌鬼。2岁时，他曾经被发现只穿着内衣裤，戴着牛仔帽和手枪套在街上闲逛。一个好心的邻居把他送回了对他漠不关心的母亲那里。关于金钱的战争是家庭的焦点。在他14岁的时候，他的父母终于离婚了。

保罗认为父亲理查德（Richard）不负责任，缺乏是非观念，曾毫无廉耻地声称拥有保罗的成年礼礼金并将之拿走。青少年时期，保罗在父亲的广告公司工作，他感受到了父亲强烈的好胜心，父亲总是打击保罗正处在发展中的胜任感。例如，尽管保罗展现出过人的艺术天赋，理查德还是扼杀了儿子对艺术事业的追求。保罗还抱怨父亲从他每周200美元的工资收入中扣减50美元，但从未支付扣减工资时要缴纳的工资税。

保罗认为自己是这个吝啬家庭的牺牲者。他说他感到怨恨，但是对他而言，体验这种负性情绪很难，所以他关闭了体验，并让自己变得麻木，以回避情绪上的痛苦。而他表达这种负性情绪的方法通常是漫无目的地开车，或者拿着一把手枪直愣愣地盯着空白的墙。他倾向于让感受变得麻木，这导致他难以处理并修通情感困难，尤其是处理金钱议题的时候。

在个体会谈治疗的早期，治疗的关注点是保罗面对金钱时的行为和态度。一切顺利的时候，冲动且缺乏财务规划将他置于危险的财务境地。身处逆境的时候，对不断累积的负债的担忧以及随之而来的"他人压迫我"的感受令他的处境雪上加霜。如何支付治疗费用也成为治疗的一个议题。治疗师同意接受分期付款。在个体会谈治疗一年之后，保罗参加了一个治疗团体，大大地削减了他不断累积的治疗费用。

> 在自体心理学中，治疗师的人格和在场是治疗成功的关键。

理论思考：第 II 部分

↘ 治疗师的核心功能

在自体心理学中，治疗师的人格和在场是治疗成功的关键。科胡特认为治疗师有三个主要功能：在主体间性环境下，理解来访者的情绪体验（即来访者对治疗师有怎样的反应，治疗师对来访者有怎样的反应）；阐明来访者－治疗师的沟通方式；使用科胡特称之为"体验－贴近"的方式（对比最初由弗洛伊德提出的客观、分离的方式）诠释沟通的意义。

史托罗楼和"主体间性理论家们"比科胡特走得更远，他们认为处于主体间性环境下的个体持续受到彼此的影响并共同创造出彼此的体验。就如照料者影响孩子一样，孩子也影响照料者。史托罗楼等人相信，在来访者解决了自体－客体需要的问题之后，治疗师也应该着手分析主体间性体验中的重复性和冲突性的元素。在保罗的案例中，在其年幼的时候，他的父亲不是共情地回应他的需要并给予他鼓励，而是一再破坏他的成功并贬低他的成就。保罗内化了童年的这种模式，现在这种模式也呈现在他成年后的行为中。无意识地"听从"父亲的回应破坏自己的成功。

↘ 曲折生长的嫩枝……

因为与早期照料者的关系影响着来访者的心理和行为，导致来访者一再重复特定的行为方式，因此治疗必须围绕史托罗楼所称的恒定组织原则展开。这些组织原则在童年早期形成，那时自体也处在逐步形成的过程中。童年时期无意识接收的关于自身的概念随时间的推移逐渐发展为自体－感知，如"我是好的、强壮的、健康的"或"我什么也做不对，我没有价值"，并成为恒定组织原则的内容表达。

举例来说，假如你正在参加一个会议，紧挨着你的那个人开始和其他人说话。你可能想："哦，他选择不和我说话，因为他认为我不值得交谈。"或者你可能想："谢天谢地，他没和我说话；我烦透了被人打扰。"或者你压根就没有注意到你旁边的这个人在和他人交谈。

如果是第一种情况，你的潜在信念可能是"我是没有价值的、愚蠢的、被人忽视的"。在第二种情况下，你的无意识组织原则可能是"我既特别又出色，根本不需要他人的关注"。第三种回应可能暗示着积极的信念或原则，类似于"我很好，是个有价值的人，很自在地做我自己"。在以上情境中，个体不仅会体验到自己的恒定组织原则，还会增强和强化它们，因为这些组织原则被认为是与生俱来的。这些组织原则可能完全是潜意识的，在意识觉察范围之外，但它们也很少被反思，如果我们花一些时间反思，我们就能意识到它们。

> 无论是潜意识的还是未经反思的，在期望有任何感受或行为的改变之前，来访者的恒定组织原则必须被带到意识层面。

如前所述，在治疗关系中，来访者和治疗师构成了一个主体间性系统，双方持续影响由双方共同创造的独特环境。在治疗师和来访者的对话过程中，如果由来访者的自体－客体需要（镜映、理想化和孪生）和重复性冲突体验（例如，保罗的自我破坏模式源自他与父亲一起时的非共情性体验）驱动的问题模式得以解决，那么来访者就能实现成长。决定双方对话有效性的因素不仅包括来访者将什么内容带入会谈，而且包括治疗师如何回应该内容呈现的语言信息和非语言信息。无论是潜意识的还是未经反思的，在期望有任何感受或行为的改变之前，来访者的恒定组织原则必须被带到意识层面。

↳ "自体－复原"自体

当个体拥有健康的自体感以及清晰一致的体验和行为模式，并能内在地调节自尊、保持平静或激励自己时，即便是身处极端的压力环境中，个体仍觉得自己是人类社会的一部分并与之保持联结。由于这种有效的内在结构，他人可能只需以一种成熟而有限度的方式充当个体的自体－客体。相反的情况是，当个体的自体感虚弱或整合不佳时，个体将极度依赖他人的回应，以避免难以承受的破碎感、被剥夺感和抑郁体验。

例如，保罗看起来善于社交且开朗外向。与他人互动的时候，他富有热情且能带来欢乐，包容且擅于合作。然而，当治疗师建议他给自己一些独处时间，充分思考他过去的经历和当下的选择的时候，他拒绝了。他说，孤独令他感到抑郁、不知所措且无法应对。当保罗通过女友马蒂的眼睛体验到自己的良好品质时，马蒂成为一面"好镜子"；当他通过妻子凯伦的眼睛体验到自己的不良品质时，凯伦成为一面"坏镜子"。经由好镜子和坏镜子之间的持久张力，他长期处于精神混乱状态，这有助于他回避潜藏着的被剥夺感、抑郁和自我憎恨等感受，这些感受在他独处时就会浮现出来。显然，保罗没有与自己的内在达成一种健康的平衡，但从他自己的视角来看，他正倾其所有、竭尽所能地做到最好。

↳ 对自体感的损害

在科胡特构建自体心理学基础的过程中，健康自恋是较晚发展出来的一个重要概念。他提出，智慧、幽默感和创造力产生于维持完全不成熟的自恋（如过度信赖他人的肯定、特权感、对他人缺乏共情等）和选择的理想价值观（对自体和他人具有肯定性和建设性）两者间平衡时的张力。最好的情况是，即使显而易见的矛盾增加了两者之间的张力,两者却都有益于自体统整感。但是,当早期发展因创伤中断或者因双亲和环境自体－客体受损而中断,个体就更易于失去自体统整感,结果就是损害个体获得更加成熟的自体感的能力。

> 当早期发展因创伤中断或者因双亲和环境自体－客体受损而中断,个体就更易于失去自体统整感。

在自体心理学看来,个体因自体感整合不良而表现出的各种症状应视为其为维持或恢复内在统整与和谐而做出的最大努力,以符合人类与生俱来的、努力获得健康的"自体－复原"的倾向。那些看起来目光短浅甚至自我－摧毁性的行为,其实是来访者为了获得稳定感而做出的持续努力,直至真正的非防御性修复得以完成。例如,保罗努力赚钱,赋予金钱以权力,努力建立利润丰厚的事业,从凯伦、马蒂和孩子们那里寻求持续的肯定,这些都是他为了实现内在统整、平衡和成长而做出的努力。但是,他所做的这些努力并未奏效,因为他未能恰当地反思并调整自己混乱且矛盾的情感状态、信念和认知。

在我们磕磕绊绊地构建自体统整感的过程中,某些欲望和行为会被潜意识地压抑,因为我们从未从重要他人那里获得对它们共情、同调的回应。例如,想象一个5岁的小女孩,她兴奋地告诉父亲,她用1元买的糖果,0.5元卖给朋友们,她是个很棒的生意人:"就像你一样,爸爸。"她的父亲皱起眉头看着她,用一种厌恶的语气说:"像我?你要学的还多着呢,孩子!"父亲不能提供镜映,所以女儿很难为自己骄傲。

> 自体心理学理论框架下的心理治疗有三个确定的目标:深入理解生命早期在满足各类发展性需要上的失败;承认并尊重个体做出的各种自我保护的努力;提供安全的治疗联盟,以促进真实自体的成长。

这类负向的令人沮丧的回应被嵌入潜意识，因此当她为史托罗楼等人所称的自体－界定而努力奋斗的时候，成为企业家的愿望很有可能被压抑。在她努力找到一条有意义的生命之路并进一步界定自身的过程中，成为企业家这一事业方向也被排除在外，因为这条道路已被封存于潜意识之中。如果她对过去有更加深刻的洞察，她也许能够让成为企业家的愿望"复活"并重新界定其成长过程中的自体感。

理论思考：第 III 部分

↘ 治疗如何疗愈自体

保罗的整体情况十分复杂，既有外在的财务功能失调，又有内在的情感冲突。显然，采用纯粹的财务治疗方法不足以解决他的问题。

通过聚焦于潜意识领域和童年成长过程中出现问题的复杂性，自体心理学取向提供了治愈的可能性。自体心理学理论框架下的心理治疗有三个确定的目标：深入理解生命早期在满足各类发展性需要上的失败；承认并尊重个体做出的各种自我保护的努力；提供安全的治疗联盟，以促进真实自体的成长。

临床工作者自身的技能、天赋和知识，以及治疗的特殊性，共同制造了一个独特的机会（在其他关系和环境中基本不可能获得这样的机会）去探索来访者内在的和人际间的动力，因为它们常常在治疗性的对话中被识别出来（内在动力与一个人的内在心理有关；人际间动力是指人际间在行为模式和情绪上的相互依存）。治疗师作为自体－客体，通过共情、安全、同调、澄清、诠释以及双方共同体验到的领悟与成长，帮助来访者重新开始受阻的发展进程。

不可避免的是，治疗师有时无法做到充分的同调和共情。来访者可能把这些失败感知为其发展必需的与治疗师之间的自体－客体关系被中断了。但是，如果双方讨论并理解了这些中断，自体－客体关系就能得到修复，来访者将继续投入治疗。澄清、中断和修复这个过程最终形成转变性内化——科胡特的术语，指吸收一个人的精神所需物（在这种情况下，是从治疗师那里吸收），就像我们的身体从食物中吸收必需的营养物质并舍弃它所不需之物。在这个辩证的过程中，我们就有可能改变原有的恒定组织原则，推动个体朝向真实性和情绪成熟的方向发展。

↳ 组织原则的重要性

保罗的组织原则围绕着他是无价值的和糟糕的这一想法展开。当有压力时，他就陷入这种思维方式之中。这已经成为他探索自身存在意义的方式。

根据自体心理学，意义–形成系统以组织原则为基础，可以在我们的自我对话中被识别出来，这些自我对话涉及我们想象中的我们的自体是怎样的、我们在这个世界上将体验到什么。这些设想能够迅速快捷地建立起我们对自己和他人的期望，并且诠释我们"此时此地"的感知。依据自体心理学，我们不会把这些组织原则视为有待验证或可能被推翻的假设，而是把它们作为我们的现实。所以，我们的组织结构即便没有创造我们的现实，也影响了我们的现实。

虽然每个人的思维、行为方式源于其婴儿早期的互动经验，但是组织原则经常因新的主体间性体验而被重新构建。认知发展也让我们有机会改变理解过去的方式。以上这些是自然而然发生的。过去的某些要素似乎难以改变，尤其当它们具有创伤性的时候。从本质上来讲，它们是如此顽固，以致人们注意不到当下的生活已经提供了新的可能性，就像保罗的案例所展现的那样。而在某些环境下，如果个体持续经历创伤，则几乎没有机会重新建构组织原则。

> 有些组织原则缺乏持续性、顽固僵化、事与愿违，个体基于这些原则而产生的行为和信念往往导致其不想要的结果。

重点在于，虽然我们认为自己在如其所是地感知世界，但是我们只能通过众多的组织原则来建构自己的内在体验——这些组织原则是经年累月形成的，并将我们的生理、所学知识、当前关系和即时观察到的事件整合在一起。"测量装置由观察者建造，"量子力学之父维尔纳·海森堡（Werner Heisenberg）提出，"……而且我们必须记住，我们所观察到的不是自然本身，而是暴露在我们探究方法之下的自然。"

有些组织原则缺乏持续性、顽固僵化、事与愿违，个体基于这些原因而产生的行为和信念往往导致其不想要的结果。这就是保罗的情况，虽然这些非成长性模式是幼稚的或不成熟的，但是它们通常反映出个体为了维持、恢复或修复自体结构所做的最大努力。当治疗师首先共情地认可了这一最大努力后，来访者常常可以开始反思，接着意识到（因为他们感到被理解和被支持）自己的方式并不那么有效。这个觉察促使来访者积极寻找组织自身体验的新方式。换言之，他们从僵化的组织原则中发展出了灵活性，因而有可能生成新的组织原则，这将使他们以更加有效的方式与他人互动并看待他们自己。对保罗而言，他显然要尽力取悦孩子们、应付妻子的需要、赢得马蒂的肯定，理解到这些可以帮助他开始处理他正面临的长期而言岌岌可危的情境。

既然我们已经回顾了自体心理学的核心要素，那么我们就回头看看保罗的案例，自体心理学如何阐释潜藏在他的财务行为之下的动力。

案例研究：第III部分

↘ 治疗师的分析

保罗肆意挥霍，入不敷出，加之他很难对其背后的动机和其他不良行为进行反思，因此他非常适合接受团体治疗。在团体治疗中，他可以直接得到支持并受到挑战，与此同时又能保持与治疗师的治疗联盟。保罗的个人魅力和聪明才智令他受到了团体的热烈欢迎，而且他对支持和挑战他的成员都能做出良好的回应。

在财务治疗的开始阶段，治疗师的方法是"追踪金钱踪迹"，探索保罗如何体验他与金钱的关系("我是一个牺牲者""我欠谁的,就受谁压迫"),他实际用金钱做什么,以及与保罗的金钱主观体验和客观体验交织在一起的情绪、态度和信念。例如,保罗的治疗师要求他记录每月的支出与收入。当他们一起检视清单的时候,保罗变得防御、愤怒,似乎难以承受。清单引发的情绪和自由联想成为之后会谈的素材。

如前所述,保罗在金钱方面过分铺张。虽然他拥有很多能给他带来传统意义上的成功的品质,但他倾向于自我破坏,收支平衡(更别提盈利了)看起来遥不可及。研究者提出,个体与金钱的关系通常在童年早期就建立起来了。保罗也不例外,虽然他与金钱有关的清晰记忆开始于青春期早期。他形容自己是一个勤劳的孩子,那时就能够自给自足。他的故事中并没有流露出这种能力令他感到满足或者觉得自己有价值。更确切地说,他的故事里藏着一股怨恨的暗流,怨恨父母都对他不闻不问,所以他不得不自谋生计。

保罗关于自己成长的叙事预示了其之后抱负上的冲突。他描绘自己的父亲不择手段、与自己的儿子竞争,只在乎钱,为了确保自己的选择自由而不顾忌家庭的稳定。他形容自己的母亲是有同情心的,虽然在描述她的依赖、诱惑、敌意和反唇相讥的时候,这个同情心消失了。他说自己的确认同母亲"以赚钱为傲"的想法,但是他没有反思她为何如此,也没有思考她如何使用金钱。显然,保罗没有从自己之外的世界获得有效地管理金钱的理念,无论是父母还是社会都没有教授他这些。换言之,他把自己锁在未被处理的童年期重复性冲突和过去的负向组织原则之内,并受其"压迫",导致他认定自己是一个没有价值、无能且贪婪的人。

> 自体心理学理论认为镜映、理想化和孪生是发展的基本要素。

被保罗内化了的双亲影像在某种程度上反映了他对父亲随心所欲的自主性的嫉妒以及对母亲依赖性的抗拒,这导致他以不受责任束缚为目标,满足于缺乏尊重与责任的权力。与此背道而驰的是，他渴望成为与他父亲完全不同的、自己孩子们的父亲。

如前所述，自体心理学理论认为镜映、理想化和孪生是发展的基本要素。虽然这三者共同发挥作用，但是镜映在发展复原力、效能感和坚韧性方面尤其重要，而理想化塑造了一个人诸如真诚、自律、感恩之类的性格特征。保罗在其性格形成时期缺乏镜映（别人对其天赋的欣赏）且理想化过程也是负向的，这使他即便到了50岁仍然觉得自己（拥有的）不"够"并且永远都不"够"。结果，他在潜意识中假设金钱可以证明自己的价值并且能够解决自己的各种问题，从而导致了关于金钱的恶性循环。换言之，金钱充当了他的父母未能恰当提供他的自体–客体。虽然他对其童年期感受到的匮乏很愤怒，并且想成为与父母不一样的人，但是他很容易重演那些早期的体验，因为他认为自己不能胜任，不配拥有，是个"被压迫的牺牲者"，与此同时，他还认为金钱能把他转变成一个值得他人钦佩和尊重的男人。

保罗的孩子们也深受其害，即便保罗的本意是想保护他们，做一个好父亲。只有当保罗和孩子们轻松自在地玩耍时，他们才能从父亲的欣赏（镜映）中受益。因为保罗所秉持的价值观与那些他亲身感受到的价值观截然对立，所以保罗没有能力为孩子们提供建构理想化的机会，这令孩子们很痛苦。这就是典型的矛盾："依我所言，勿仿我行。"

有效的干预涉及多个层面。在治疗关系中存在着包括自体心理学提到的至关重要的照料者在内的诸多恢复性潜能，但这些在保罗的发展过程中都缺失了。帮助他重新思考各种功能失调的金钱主观体验，能够深化并加快治疗进程，潜在地让他的财务生活变得更有成效、压力更小。

针对金钱问题引发的不安，里昂（Lyons）的质性研究识别出了人们常用的应对策略。研究表明，其中的回避策略和强化特征性态度和行为策略是两个无效的策略。回避是期望环境变化将改变财务事实。强化特征性态度和行为是试图强调建立自尊的价值观，以此解决各类问题并减轻痛苦情绪。

保罗的行为恰恰包含了这两种无效策略，结果是显而易见的，即它们加剧了他当前的各类问题。他的回避策略表现在以下方面：感情中的游移不定，对摄影的追求，放弃赚钱的各种机会却要照顾他的姨妈。尽管这些行为能让保罗感受到被赞赏、被肯定，但是动机的冲突性却令其对任何潜在的财务满意度大打折扣。

保罗的行为还包含里昂指出的第二个无效策略：为了应对财务痛苦，过分夸大特征性态度和行为。具体表现在，他不断强化自己天生擅长社交并能给他人留下深刻印象的能力；夸耀自己不但有一位仰慕他的年轻且有魅力的女性陪伴着他、一位忠诚专一的妻子，还能无私地照顾年迈的姨妈。在工作中，他逐步扩大生意网络，把注意力放在拓宽合伙人圈子上，而不是跟进已有的交易或者管理现金流。具有钻营盈利的能力且可以创收是他最大的自尊来源。

保罗深信他的社交能力和给他人留下的好印象构成他全部的价值，这种想法强化了上述的恶性循环。他既需要金钱也需要被吹捧，但是没有哪一样能令他感到满足，他内在调节功能的失效导致外在的管理不善。例如，当因任务繁重艰辛而感到挫败或者需要自我约束的时候，他的内在缺乏自我安抚的能力。从外在来看，他一直在追求冲动的短期解决方案，却导致了更大的压力、更多的问题，这些都是因为他依赖回避策略并逐步升级功能失调行为导致的结果。

依据史托罗楼等人提出的恒定组织原则理论，从保罗的自述中我们可以推测，把金钱视为安全、地位和成功的标志可以暂时缓解他的绝望感。当一笔新交易带来的财务层面和精神层面的"高峰体验"重新落入低谷时，他将再次陷入绝望，这让他更寄希望于下一笔交易来扭转困局。

值得注意的是，保罗仅有的转瞬即逝的平静时刻是他仔细盘算每一笔现金收入的时候。"金钱（作为）快乐之源不是一种谬论，"他写道，"因为如果我欠我自己的钱，而不是欠其他人的钱，我就还是个完美的人。"虽然我们认为他的这些应对策略是无效的，并且可以感知潜藏在他的组织原则之下的假设是有缺陷的，但这些却是保罗作为"不成熟的内在小孩"的基本生存机制。

里昂的研究发现，现实中的很多核心价值观被归结到了金钱上，而且其中一部分还被广为接受，如金钱象征权力、安全、爱与自由等。此外，还有一些有影响的观点，如金钱代表胜任力、荣誉和变通能力等。要理解这些象征，（我们）先要明白，每一个象征既包含正向的解释，也包含负向的解释，其效用既有功能正常的部分，也有功能失调的部分。保罗的案例展现了人们通常是如何把某些价值观归结到金钱上的，其中某个价值观高于其他的价值观，成为决定性的象征。保罗在治疗中坦言："它（金钱）就是自由……让我感到强大……仿佛我掌控了一切。它也标志着成功。"金钱就是转变一切的力量，这一歪曲的信念最终成为他的决定性价值观，决定了他与金钱的关系。

里昂指出，每一个核心价值观都有其固有的从毁灭性到建设性的连续谱系。在这一转换性连续谱系的功能失调端，金钱要么被视为是恶毒的（类似于堕落并带来不幸），要么被视为是一种救赎（获得自由、赞美并创造快乐），保罗的信念系统属于后者。保罗宣称金钱代表自由和权力，并且暗示金钱与胜任力有关，或者用他的话来说，金钱与"成功"有关。但是，这一潜藏的信念——金钱天生具有魔力，能改变他的一生、解决所有问题、证明他的价值——导致他的行为一直很活跃，即便他的体验与行为恰恰相反。他确信他拥有的永远都不"够"，这让他感到无力、混乱，在追逐成功的道路上备感气馁。

在这一转换性连续谱系的建设端，合理的希望、机会和信念都可以被实现。上述论断也适用于解释人与金钱的关系。金钱关系中的痛苦和恐惧，就像保罗持续体验到的那样，是因为一个人的金钱取向导致的匮乏感或者在需要与欲望、愿望及野心之间无法协调一致。这就是科胡特在阐释成熟自恋时描述的辩证关系。

虽然保罗的社交魅力一定程度上令他的自体感充盈夸大，但是这一能力永远不足以填满他隐匿的深渊——自体感的匮乏或认为自己毫无价值。他厌弃父亲的声名狼藉，渴望成为有钱有势的人，然而却一再屈服于自我放纵、逃避责任、寻求即刻满足。他的行为表明他陷入了青春期自体-专注，不愿意面对生活中的挑战，因而无法超越童年期的痛苦和欲望。

以上的痛苦情形让保罗陷入了由内在不协调引发的不安状态，在有效的心理治疗的干预下，他鼓起勇气，努力应对正在撕扯着他的生活的两个极端。只有深入地探索这一不协调并且直面寻找解决方法的挑战，保罗才能消除内心的不安，获得自我掌控感，减少羞耻和绝望的情绪，发现新机会。

保罗决定离婚，而不是被动地等待凯伦或马蒂离开他，这在他为自己负责的方向上迈出了一大步。他也在逐步地努力改善自己财务管理和债务状况。作为工作伙伴，马蒂与他有很多互补之处，而凯伦则和他有很多类似的缺点。最后保罗承认，"为了孩子"重返家庭只能继续带给孩子们和凯伦痛苦，并且阻碍凯伦过自己的生活。

结果

如前所述，自体心理学视角的心理治疗有三个目标：深入理解生命早期在满足各类发展性需要上的失败；承认并尊重个体做出的各种自我保护的努力；提供安全的治疗联盟，以促进真实自体的成长。

在保罗的案例中，这些目标实现了吗？当然，保罗理解了在生命早期他的需要产生于何时以及如何没有得到满足。而这个理解仅仅是推动他进行反思的一个开始，从而改变其组织原则的内容，从没有价值的、被忽视的、"被压迫的"牺牲者成长为有价值、有能力并且负责任的人。

> 财务治疗是一个新兴领域，把治疗技术与对金钱的作用及其意义的理解结合在一起。

第二，团体治疗干预以及团体中的治疗联盟，挑战了他的自毁行为，与此同时向他提供了他所需要的支持，让他能够放下自我保护的枷锁，并且通过使其变得更加脆弱，让其变得更加愿意改变。

第三，深刻感受到与团体成员和治疗师的联盟帮助保罗最终做出决定，即和理解他并给他带来安全感的马蒂共度余生，在商业方面，马蒂也可以和他取长补短。这个选择并没有令他摆脱伤害妻子和孩子们的愧疚感，但是让他有勇气承担这一切，而不是变得一蹶不振。

保罗正朝着拥有更加积极的自体感和真实性的方向发展。不同于由数字与事实构成的精准的静态世界，人类的发展和成长是一个多层次的、混乱的、动态的、持续的过程。我们相信，通过持续努力并继续投入治疗，保罗不仅将成为一名更负责的金钱管理者，也将成为一个阅历更丰富、更自信的人。

伦理考量

财务治疗是一个新兴领域，把治疗技术与对金钱的作用及其意义的理解结合在一起。临床工作者必须遵守的基本伦理规范不仅包括掌握自体心理学的理论和技术，也要熟悉金钱方面的工作——外在（投资、预算与储蓄）与内在（信念、态度、情绪和个人意义）兼而有之。迄今为止还没有关于财务治疗师的标准许可准则，但我们这些较早开展财务治疗的临床工作者需要自我监测并保持警觉，尤其是当我们失去焦点或者对来访者的反应带有主观情绪的时候，就需要寻求督导。

自体心理学方法的基础是共情及与来访者的共情交流，修通来访者内在以及来访者和治疗师之间的强烈情感反应。金钱作为亟待解决的核心议题，来访者会就金钱产生各种大想法、大野心或创业计划，治疗师很容易受到来访者宏大计划的诱惑。来访者也很容易把治疗师的共情回应理解为对其想法的赞同。治疗师要守住其价值系统和治疗边界，利用治疗技术追踪共情回应对来访者的

第 18 章
自体心理学财务治疗——自体心理学视角下的财务治疗

影响，这是至关重要的伦理准则。

治疗师承认自身的专业限制是重要的伦理准则之一。有些治疗师（并不是所有的治疗师），也是理财规划师。在这种情况下，双重关系和责任的问题就需要严肃谨慎地对待。虽然治疗师有可能给出更适合的财务建议，但是也要注意到来访者的目标与治疗师的财务偏见有可能缠绕在了一起。另外，治疗师可能了解到了特定商业信息的内情，并且在个人投资中利用了这些信息。这两种情况既不符合伦理准则，也不合法。

双重乃至多重关系问题也是伦理考量的一个要点。保罗在一次线上团体治疗中遇到了他的治疗师，等到他决定接受该治疗师治疗的时候，治疗师就不再参与这个线上团体治疗。假如治疗师留在线上团体治疗中，那就构成了一个双重关系，这个双重关系对保罗及其他团体成员无疑都极具破坏性。另外，团体治疗的时候，保罗与妻子有几次夫妻会谈，也构成双重关系。治疗师判断，同时参与伴侣治疗和团体治疗是有成效的。

> 由于自体心理学强调理解并重视建立治疗联盟，所以尤其适合针对金钱议题开展工作。

最后，治疗师在使用来访者案例的时候，必须得到来访者的书面同意，并且模糊或修改个人信息，保护好来访者的隐私，这些是所有从业者的伦理责任。在保罗的案例中，他很高兴成为案例研究的对象，因为这让他感到自己特别而且重要。治疗师有责任保护这样的来访者不因其渴望而放松隐私保护。

未来方向

财务治疗常常需要处理根深蒂固的、基于羞耻的自毁行为。由于自体心理学强调理解并重视建立治疗联盟，所以特别适合针对金钱议题开展工作。此外，理解、反思和领悟在本质上是转变和持续改变的关键，这是自体心理学的前提，也是其他心理动力学治疗方法的前提。是不是仅仅借助于辅导，保罗或其他人就能从关于金钱的根深蒂固的功能失调或复杂情绪当中走出来，迈向健康的财务实践呢？干预策略仅仅集中处理一个人的金钱想法和行为，就足以进一步影响一个人其他的生活领域吗？保罗慢慢意识到他的金钱动力并做出修正，这能够提高他应对各方面的关系能力吗？这些问题还有待进一步的研究。

　　讨论金钱能够激起强烈的情感反应，特别是当个体存在金钱功能失调的时候，所以它充满了各种情绪困境。既然大部分人必须在婚姻或伴侣关系中处理财务事务，那么为了伴侣之间能清晰、准确而有意义地讨论金钱，理解并发展不同的策略就成为一个重要的研究领域。

第 19 章

人本主义财务治疗
——人本主义心理学视角下的财务治疗

L. 马丁·约翰逊；凯莉·H. 高泽

引言

　　金钱障碍是一组新近被识别的、需要使用心理治疗的行为紊乱。《精神障碍诊断与统计手册》尚未将金钱障碍列为单独的章节，而且除了赌博障碍和囤积障碍之外，其他金钱障碍都没有作为正式的精神障碍被纳入该手册。最近的研究已经尝试区分不同的金钱障碍，并对它们进行了分类。"金钱脚本"导致金钱障碍这个理论虽然在治疗上更加偏向认知的方法，但它们在整体上更多被视为个人的不一致性。在人本主义心理治疗中，精神障碍被视为一个人的内心的不一致性。这个不一致性可以是认知的、行为的或情绪的，也可能同时涉及这三个方面。虽然人本主义心理治疗师是在一个比较宽泛的情境下看待这个不一致性的，但这不影响它成为人本主义治疗方法的一个有用概念，用以理解并治疗金钱障碍。以下是一个案例。

　　珍妮弗（Jennifer）是一名 23 岁的女性，目前在一家顶尖的广告代理公司担任助理客户经理，职位高但薪资低。她聪明、有魅力，大学毕业，具有不可限量的职业前景。她最近开始和米切（Mitch）约会，随着两人的关系变得更加正式，她却变得紧张不安，因为她不知道该如何把她有 8 400 美元的信用卡债务这件事情告知米切。信用卡债务的大部分被她用来购买了新衣服和珠宝，也有部分用来支付一辆好车的分期付款，她认为这些都是年轻的客户经理的必备之物。但是，如果客观地看待珍妮弗的财务状况，就会发现她总是入不敷出。

> 人本主义心理学被称为心理学领域的"第三势力"，发展于20世纪50年代和60年代，是主流的弗洛伊德心理动力学治疗流派和华生（Watson）行为主义治疗流派之外的第三种心理治疗流派。

珍妮弗成长于一个比较富裕的家庭，习惯于得到任何她想要的东西。因工作的缘故，父母出差频繁，每次回来，他们都会为珍妮弗带回昂贵的礼物。

珍妮弗前来治疗源于和米切的一次争吵，起因是有一场她期盼已久的演唱会，米切购买的却是廉价票。演出票是米切送给珍妮弗的生日惊喜，但珍妮弗却很失望并且感到很受伤，认为米切不关心她。当她说出这些时，米切变得生气，并反驳说她不知好歹。珍妮弗震惊不已，随后的激烈争吵令她失去了理智。这场争吵之后，珍妮弗出门买了一双长靴、两条长裤和价值250美元的化妆品，这些都是用信用卡支付的，她习惯性地这样做，只为让自己感觉好受一些。

简短的面谈之后，治疗师认为强迫性购物行为显然是珍妮弗问题的一部分。本章将反复提及珍妮弗及其治疗案例，以探索人本主义的心理疗法的不同方面。首先，本章将简要综述人本主义方法是如何用于心理治疗的，并提供实证基础。其次，本章将简要介绍人本主义疗法一些常用的方法，并讨论每一种方法是如何应用于财务治疗和珍妮弗案例的。

> 人本主义者认为，人本主义心理治疗推动了个体的自我探索、自我表达和自我掌控，使个体能够走向独立，相信自己，并在与他人和环境的关系中更加自信。

第19章
人本主义财务治疗——人本主义心理学视角下的财务治疗

人本主义的心理疗法的定义及综述

人本主义心理学被称为心理学领域的"第三势力",发展于20世纪50年代和60年代,是主流的弗洛伊德心理动力学治疗流派和华生行为主义治疗流派之外的第三种心理治疗流派。虽然许多人都对人本主义理论的发展做出了贡献,但人本主义心理治疗的发展在很大程度上却要归功于卡尔·罗杰斯(Carl Rogers)和亚伯拉罕·马斯洛(Abraham Maslow)。人本主义方法相信人天生向善,且具有与生俱来的成长趋势,只有把人视为一个动态的整体而非简单的部分之和,才能充分地理解人。人本主义心理治疗并不关注精神病理学,而是关注健康、人的潜能以及任何阻碍一个人自然成长趋势的不一致性。个体被认为具有自愈力和自主性,具有深刻地理解其所体验到的人类需要,与此同时寻找其意义、目的和归属。因此,人本主义心理学承认每一个人的独特性,并且认可每个人建构其现实的方式。该取向认为,个体在努力更好地理解"我是谁"的过程中,会基于这些方法形成自己的意义。

人本主义取向的基本前提是,无论身处何种情境,人都具有自我实现和自我成长的内在趋势。人具有强大的内在推动力,以维持其自体感并充分发挥其潜能。为了实现成长,人具备利用内在体验和外在资源的能力。治疗师的工作就是要信任这种内在成长趋势,并帮助来访者移除阻碍这一成长的不一致性的障碍。著名精神分析学家卡伦·霍妮(Karen Horney)十分了解这个过程,她写道,就像橡子必然会长成一棵挺拔的橡树,人类与生俱来的潜能必然得到发展。一旦障碍被移除,这个内置的成长和自我实现趋势就能促使一个人变得成熟并充分实现自我,或者成为情绪、情感上和谐而稳定的人。

> 人本主义方法的基本前提是,无论身处何种情境,人都具有自我实现和自我成长的内在趋势。

人本主义者认为，人本主义心理治疗推动了个体的自我探索、自我表达和自我管理，使个体能够走向独立，相信自己，并在与他人和环境的关系中更加自信。通过这个过程，个体学会仰仗自己的能力和自我能动性，或者相信有能力改变自己的生活，并移除阻碍自然成长趋势的障碍。

人本主义疗法的核心是提供一个共情、真实、关心来访者的环境。这些是通过人本主义疗法促成个体治疗性改变和成长的充分必要条件。治疗关系中持续保持这些条件就能创造一个安全的环境，这个环境为来访者提供一种氛围，促使其走向自我理解与自我成长。人本主义治疗师确信，通过提供这些必要充分条件，来访者将自然而然地表露出其内在的各种失调。随着这些失调的表露，治疗师就可以和来访者一起探索并修通这些议题，直到其成为更大整体感的一部分而不再失调。

在该因（Cain）看来，人们通过自己叙述的方式推动他人成长。在这个过程中，治疗师首先从来访者的视角理解其世界及其对之的体验。接着，治疗师将这些体验反馈给来访者。这个过程使来访者可以破译其情绪状态中不清楚的部分，从而了解他们的动机、欲望和需要。来访者体验到被认可、被重视和被支持，就能进行更加深入的自我理解，并且认识到这是成长过程的必要部分。人本主义疗法的目标是理解一个人此时此刻如何感知他自己，并通过发展其内在的一致性（即和谐或一致），促进其自我实现。

人本主义的心理疗法的结果研究

卡尔·罗杰斯是一位人本主义者，是以人为中心疗法（Person-Centered Therapy，PCT）之父，是第一个研究心理治疗过程及其效果的学者。他的关注点是弄清楚治疗中什么在起作用，换言之，是什么导向了成功的治疗效果。他主导了最早的一系列疗效受控研究，在心理学领域开创了疗效研究的传统。

通过对来自不同国家、不同医疗机构的127份研究进行元分析的结果显示，所有体验性疗法都是有效的，其中就包括以来访者为中心的体验性疗法；在对比中还发现，所有的疗法有相同程度的有效性。此外，疗效研究令人信服地指出，治疗技术不是治疗成功的决定性因素。比技术更重要的是治疗关系以及治疗师激发来访者潜能、促成其自我疗愈的能力。兰伯特（Lambert）和巴利（Barley）的研究综述涉及 100 份心理治疗结果研究，他们指出，治疗关系的形成和维持是治疗成功的首要因素，治疗关系还提供了特定技术可以发挥影响的环境。

> 疗效研究令人信服地指出，治疗技术不是治疗成功的决定性因素。比技术更重要的是治疗关系以及治疗师激发来访者潜能、促成其自我疗愈的能力。

在诸多的研究论著中，仅有一篇关于人本主义取向财务治疗的论文。在涉及 33 位来访者的临床试验中，克朗茨等人观察了来访者的积极心理和财务结果，这一财务治疗方法被描述为"体验性疗法和财务规划的整合"。体验性疗法是克朗茨等人研究的"核心治疗模式"，它以人本主义 – 存在主义理论为基础。虽然人本主义财务治疗领域有许多亟须研究的议题，但最重要的研究议题是把人本主义心理治疗确立为一种循证治疗。

共同因素

大量的定量研究试图回答是什么促成了有效心理治疗，以及哪种治疗模式最有效。但这些研究的结果却大多令人困惑，这种困惑被描述为等价悖论——发现不同的治疗模式同样有效。而关于疗效的实证研究进一步发现，不同治疗模型的成功治疗具有相同的因素。这些共同因素按其影响排序，包括来访者或治疗之外的因素、治疗联盟、希望和期望、模型和技术。

罗森茨魏希（Rosenzweig）在 1936 年提出了共同因素的概念，之后哈勃

（Hubble）等人和华波尔德（Wampold）更加深入而详细地探讨了这个概念。找到这些共同因素的目的是为了界定心理治疗中起作用的是什么，这一点很重要。一系列的研究发现，一些治疗师比另一些治疗师的治疗更有效。治疗师建立的治疗联盟越好，疗效就越显著，治疗师治疗效果的可变性与治疗联盟的可变性有关。在对疗效显著的治疗师的性格和行为进行分析的过程中，发现有一组因素是他们共同拥有的。首先，来访者或治疗之外的因素最重要。这些因素包括来访者关注改变、视来访者为改变的第一动因、了解来访者的优势和资源。仅次于这些因素的是治疗关系。来访者对治疗联盟的评价越高，治疗越有可能获得成功。

元分析表明，来访者-治疗师的关系与疗效密切相关。治疗联盟是一个强共同因素，各种治疗取向都体现了这一点。更重要的是改变，正如普罗查斯卡（Prochaska）和狄克莱门特（Diclemente）所论述的改变阶段那样，治疗师在来访者所在之地与其相遇并与其展开合作，共同努力，以达成改变。

但是，并不只是治疗联盟这一个因素就决定了治疗的成功与否。治疗联盟还取决于某个具体疗法的工作方式。换言之，为了引发改变，对于治疗师而言，重要的是理解并巧妙利用他们使用的治疗取向的"技巧"，让来访者体验到的治疗关系越牢靠，治疗成功的可能性越高。

人本主义疗法

人本主义心理治疗"家族"包括多种具体的治疗方法。每种治疗方法都可以被用于财务治疗。我们先列出部分重要方法，随后对它们进行更加深入的探讨，并在珍妮弗的财务治疗中阐释如何应用这些方法。

- PCT 由卡尔·罗杰斯创建，强调只要治疗师提供恰当的治疗环境，来访者就能在这个环境中实现个人成长。
- 格式塔心理治疗源自于伦茨·皮尔斯（Frits Perls）的理论，它强调，领悟与治疗改变的切入点是逐渐增强来访者对当下体验的觉察。

- 聚焦取向心理治疗（focusing-oriented psychotherapy）由尤金·简德林（Eugene Gendlin）创建，它是一个与个体的体会工作的体验性过程，一种贴近身体-意识关系并与之工作的一种方式。
- 存在主义心理治疗源于法国存在主义哲学，包括多种心理疗法。治疗焦点是发现个体的生命、痛苦、存在和死亡的必然性的意义。迄今为止，情绪聚焦疗法（Emotion-Focused Terapy，EFT）是最安全的以实证为基础的方法，这要归功于该疗法的创建者，也就是莱斯利·格林伯格（Leslie Greenberg）的研究。EFT，正如名字所示，直接针对情绪，这就需要识别"过程标记"或者不完整的情绪过程，然后使用特定的技巧探索并解决这些情绪问题。

> PCT认为，一个人成长的和发展全部潜能的趋势与生俱来。

以人为中心疗法

PCT认为，一个人成长的和发展全部潜能的趋势与生俱来。但是，某些生命体验可能阻碍并扭曲这个自然趋势，特别是当理想自体、感知自体和真实自体之间发生不一致的时候。理想自体是我们认为我们应该具有的样子；感知自体是我们认为我们现在的样子；真实自体是我们实际的样子。让个体走向内在的和谐一致是治疗的最终目标。更具体地说，随着自体的这三个方面趋向一致，个体往往能够降低焦虑，拥有一致的行为和更加平衡的整体感。

卡尔·罗杰斯无意于发展一种全新的心理学理论。相反，其初衷是想更加

心理咨询中的财务议题

深入透彻地理解已经被科学证实了的心理治疗过程。他从有效治疗的客观经验性证据出发，相信通过持续、严谨的努力，可以从主观经验性现象中找到意义和次序。正是本着这种精神，通过对心理治疗的调查研究，罗杰斯促进了心理学领域的研究发展。罗杰斯的 PCT 可以追溯至他在 20 世纪 20 年代最早的论著，他在论著中提出将聚焦来访者作为改变动因的理论。他的理论引发了一个重要改变，即从重视来访者表达的问题转变为聚焦来访者这个真实的人以及来访者体验到的感受。简而言之，来访者的想法和行为不再是治疗的主要关注点。

罗杰斯指出，治疗师的态度——尊重和信任来访者有能力自主成长——非常重要，治疗师还要提供一个安全的环境，来访者在这个环境中能够充分探索并理解自己是谁。治疗师不是一个研究来访者生活资料内容的专家，不会指导会谈的讨论过程，而是一个过程专家，一个有理解力的倾听者、接纳者，并向来访者反馈他们的体验。值得注意的是，这个反馈的目的不仅是鹦鹉学舌般地把来访者说的内容重述一遍，而是既要表明治疗师对此的理解，也要展现治疗师的共情，同时允许来访者能够确认或修正治疗师的理解。按照这种方式，治疗师和来访者都能够越来越清楚地理解来访者的各种表现。

> 罗杰斯发现，在成功的心理治疗中，治疗师（治疗环境）拥有三个共性特质：真诚一致；无条件的积极关注；共情理解。

罗杰斯强调治疗师的态度胜过技术，并且把主要焦点放在治疗关系上。与以技术为焦点的行为疗法和精神分析取向不同，罗杰斯的阐述表明治疗关系对改变过程最为重要。跨取向的疗效研究一再证实了这一观点。研究一致表明，来访者对治疗关系质量的满意度与积极的临床结果呈正相关。通过对其个人与他人研究的回顾，罗杰斯发现，在成功的心理治疗中，治疗师（治疗环境）拥有三个共性特质：真诚一致；无条件的积极关注；共情理解。

真诚一致　最重要的是治疗师应当保持真诚一致，换言之，在与来访者的关系中展示自己是谁、是怎样一个人。治疗师不能扮演某个角色或者戴上面具。她应该充分且准确地觉察自己在与来访者的关系中每时每刻的体验。这种感受的可获得性、倾听以及不带评判或恐惧地接纳内在变化的能力，使治疗师能更好地在场并更好地与来访者产生共情联结。这种对个人理解和个人体验的信任，无须分析或判断。罗杰斯相信，除非治疗师在治疗关系中保持真诚一致，否则来访者不可能获得显著的成长。治疗师在治疗关系中越真诚一致，就越能够使来访者自主地走向属于其自己的真诚一致。

> 拥有真诚一致、无条件的积极关注和共情理解的治疗师能够建立起稳定的治疗联盟，增强来访者与生俱来的成长趋势并促使其走向自我实现。

无条件的积极关注　治疗师要保持真诚一致，除此之外，还需要对来访者保持一种温暖、积极而接纳的态度。这种对来访者的关心不是占有或评判，没有附加的价值条件。无条件的积极关注是对来访者整体的接纳与无条件重视。这并不意味着完全赞同或容忍来访者的行为或行动，而是说，治疗师如其所是地接纳了来访者的优缺点。具有讽刺意味的是，在来访者走向属于其自己的内在真诚一致的过程中，这种如其所是的接纳为来访者创造了某种自由，这种自由是个人得以成长的必备条件。

共情理解　共情理解是指治疗师有能力理解并感受来访者每时每刻的想法和体验。治疗师像感受和理解自己的内在世界那样去感受和理解来访者的内在世界，同时时刻意识到来访者是不同于治疗师的独特存在。重要的是，在与来访者建立共情联结的同时，治疗师要保持其作为治疗师的身份的独立性。当治疗师能够共情地体验到来访者的内在世界之后，接下来将其对此的理解反馈给来访者就变得很重要。这类富有洞察力的共情，即治疗师不做分析、不带评价地理解来访者所述内容对其意味着什么、感受如何，是来访者走向自身的真诚一致和自我实现的条件。随着治疗师越来越理解来访者的生活体验并准确地反馈其理解，当来访者对治疗师理解的准确性接纳或拒绝的时候，来访者就可以更加清晰深入地理解他们自己。

罗杰斯认为，拥有真诚一致、无条件的积极关注和共情理解的治疗师能够建立起稳定的治疗联盟，增强来访者与生俱来的成长趋势并促使其走向自我实现。接下来让我们回到珍妮弗的案例，并将 PCT 应用于财务治疗。

如果珍妮弗寻求 PCT 财务治疗，治疗师首先需要通过与珍妮弗的痛苦保持共情来建立安全的治疗环境。治疗师的共情理解、无条件的积极关注和真实兴趣让珍妮弗感到安全，她发现自己能更加开放地谈起令她痛苦不堪的生活体验。当珍妮弗和治疗师设法理解她的体验的时候，她认识到了自己的模式，即她将一个人的价值等同于其从自己和他人那里获得的物质财富。

珍妮弗的理想自体是一位有钱、有魅力、受追捧的女性。她的真实自体是事业与人际关系都刚刚起步的一位年轻女性，且处在一种不安全感和不确定感中。她的感知自体认为自己是个没人欣赏的赝品，毫无价值，绝望地避免有人发现她是个骗子——一个被吓坏的小女孩装扮成精致老练的广告客户经理。为了回避内在不一致导致的焦虑和痛苦，为了强化其理想自体，珍妮弗要么苛责他人不欣赏自己，要么购买自己负担不起的东西。

> 对于格式塔治疗师而言，治疗的焦点在于"此时此刻"，尤其是来访者对其与自己和他人的联结的觉察。

慢慢地，随着对自己的真实自体越来越熟悉，珍妮弗认识到自己理想自体的需求非常不现实，并将理想自体调整得更加现实。当这么做之后，珍妮弗发现自己的焦虑变少了，不再像以前那样沉溺于购物"疗法"，也不再需要他人用礼物来满足自己膨胀的理想自体感。

值得注意的是，在以人为中心的治疗中，治疗师基本不会把治疗内容指向过度支出或任何其他特定方向。相反，治疗师坚信治疗过程将使一个人能够面对其内在的不一致性。在获得内在真诚一致的过程中，个体将体验到更少的焦虑和痛苦，拥有更多的整体感和真诚一致。随着成长过程的继续，当前的症状会慢慢消失。

↘ 格式塔疗法

格式塔疗法是一种现象学的和过程导向的方法，创建者包括德裔精神病学家和心理治疗师弗雷德里克·"弗里茨"·皮尔斯（Frederick "Fritz" Perls）、他的妻子劳拉·皮尔斯（Laura Perls），以及美国作家和哲学家保罗·古德曼（Paul Goodman）。"格式塔"这个术语的意思是整体的各个部分或成分的整合与统一，当整体被割裂和分化，它就无法被理解。只有作为一个完整的整体，人才能健康快乐。格式塔疗法具有一种整体观，关注的焦点是完整的人这个有机体的智慧，并且十分强调来访者对此时此刻的觉察。这个方法坚持"我们**就是觉察**"，而不是"我们**拥有觉察**"。因此，当一个人觉察到了当下的体验，就与自身的存在保持了联结。

对于格式塔治疗师而言，治疗的焦点在于"此时此刻"，尤其是来访者对其与自己和他人的联结的觉察。人际接触感是对于自我与他人之间边界和差异的体验。内在人际接触指的是自我不同方面的相互作用，或者像格林伯格等人定义的那样，是自我各个部分相互作用的呈现，以及对当下这些相互作用的感受体验。

格式塔疗法能够推动成长的过程并促进潜能的发展。它要求个人认同并聚焦体验性自我，同时保持有意识的觉察并时刻与当下相联结。正是通过这种觉察和关注此时此刻，变化得以发生。当一个人成为他之所是，而不是努力成为他所不是，变化就发生了。换言之，一个人越努力想成为他所不是，就越是原地踏步而无法改变。由此可见，心理健康源自个体对整体自我的认同，并使整体自我与环境最大限度地进行互动。

格式塔疗法的关注点是觉察此时此刻正在发生什么。它包括一个人的想法、情绪、态度、信念和记忆。觉察具有治疗效果，因为有了充分的觉察，你能觉察到人这个有机体的自我调节，你可以让这个有机体自动发挥作用，不加干涉，不予打断；你可以完全信赖这个有机体的智慧。皮尔斯认为，人这个有机体的自我调节在治疗上很重要，因为明显的未完成的情境将浮现出来。我们不必进一步探究，一切就在那里。换言之，随着个体朝着整体性和自我接纳的方向发展，自然而然地就会出现觉察、面对、问题解决的趋势。典型的扩展觉察的格式塔方法是转变一个人觉察的形象和背景。也就是说，将觉察之外的事物带入注意力的中心，并被探索、被整合。一旦达成整合，有机体就能自动发挥作用，实现自我照料。当对真实自我的信任和对此时此刻的觉察共同导向健康、活力和成长的时候，控制就不再是内在或外在的一个因素了。

> 格式塔疗法的主要目标之一是使个体变得成熟，超越环境支持，达成自我支持。这是成长的应有之义。

因此，问题来自于个体试图实现自己应该是谁，而不是使自己以真实面貌得以存在——是自我实现，而不是自我形象的实现。这通常会呈现出僵局或关键点，此时没有环境支持或内在支持，且尚未获得真实自我的支持。思考、谋算、规划、关注"应该"使个体远离体验并变得筋疲力尽，充满困惑。相反，如果一个人能够意识到困惑、愤怒、焦虑或者任何其他的体验，并且能够停留在体验之中，其自我调节就会自动发挥作用并让自己得以平静。另一方面，试图通过谋算和规划解决困境或者"黏着点"只会增加困惑、挫败和"黏着"。让体验引导自我，就能让个体通过学习进行探索并逐渐信任自身。

治疗关系具有真实性，治疗师必须在场，并把自我带入和来访者的治疗性相遇。治疗师的整体与来访者的整体建立联系。这种相遇将导致觉察和成长。

第 19 章
人本主义财务治疗——人本主义心理学视角下的财务治疗

格式塔疗法的主要目标之一是使个体变得成熟，超越环境支持，达成自我支持。这是成长的应有之义。当一个人能够居于真实自我，摘掉面具，卸下伪装，摆脱环境提出的"应该"，获得自由，那么这个人必然会实现自我成长。自然界的动物或植物不会阻止其自身的生长，人类也是如此。从这个观点来看，病理性被视为成长障碍。一旦成长这个自然过程可以继续，那么个体将拥有自主的体验，并做出自主的选择。

以下将使用格式塔视角来呈现与珍妮弗的财务治疗工作。

当珍妮弗和她的治疗师坐在一起时，他们的关注点是她此时此刻的体验。她知道了自己对米切有多愤怒。当她表达这种愤怒的时候，她感到米切不是像她想象的那样深切地爱着她，感知到这一点让她的意识中浮现出悲伤和痛苦的感受。治疗师帮助她，询问她对这些感受的当下体验，浮现到珍妮弗意识中的是，她深信自己配不上自己想要的爱。当她开始探索自己的不胜任感时，治疗师注意到她无意识地抚摸着自己的项坠，那是金项链上镶嵌的一块宝石。这是她在和米切吵架之后买给自己的。治疗师把这带入她的注意力范围之内，让她继续轻抚项坠，并询问她轻抚项坠的体验是怎样的。

珍妮弗一开始很困惑，但是当她把这个无意识的动作带入意识中，她慢慢觉察到它是如何安抚到自己的，实际上，它的功能就像是安抚孩子的安全毯或泰迪熊。这让她觉察到，她是如何使用各种外物安抚其不胜任感带来的痛苦并支撑其自我价值的。几次会谈之后，珍妮弗意识到，用外物对自己安抚的模式超过了自己与米切的关系能带给自己的安心，这种外物安抚是其生活的主要模式。在与治疗师工作的过程中，珍妮弗把自己的觉察扩展到因父母情感缺失而感到的痛苦，她很看重父母的礼物，把它们视为父母爱她和她自身具有价值的证据。当这些痛苦和长期被压抑的感受被带入觉察、得到修通和接纳的时候，珍妮弗的不胜任感开始被一种新的自我价值感和自我接纳所代替。

她越觉得自己值得被爱，就越能直接且全然地感受到米切对她的关注和爱慕，并且更少注意为自己花钱的多少。过度支出这个主要症状在强度方面得以减轻，在频次方面得以减少。最后，珍妮弗和她的治疗师说，她和一位理财规划师见面了，这让她对自己感到很满意。她认为现在自己与她作为一名年轻专业人员的身份相一致了。

在这个案例中，格式塔财务治疗师关注珍妮弗此时此刻的体验，并且把治疗焦点放在将其无意识的感受、想法或行为带入意识，从而逐步提升珍妮弗的自我觉察。

↘ 聚焦取向 / 体验心理治疗

聚焦取向的心理治疗方法由尤金·简德林提出，它是一种体验性过程，强调具体的感受，聚焦身体－意识交界领域的体验。该聚焦旨在向内关注身体，并时刻关注个人体会（felt sense）。体会指的是身体内在有意义的感受。这种身体体验既不是想法，也不是情绪，而是在想法或言词出现之前的，身体上独特清晰的感觉。例如，现在花一些时间，头脑中想象一个你最亲爱的朋友，留意从这个想象中升起的身体感觉。也许，你的内在感到有些温暖、轻松，或者紧张的面部肌肉变得放松并浮现出柔和的微笑。现在，再想象一个和你曾关系紧张或者发生过冲突的人，再次留意从想象中升起的身体体验。以上就是体会的例子。体会是复杂情境下的内在体验，想法、情绪或言词不能对其进行充分的描述。当某个情境发生的那一刻，身心健康的人能在意识层面觉察到对此的体会，随后的反应是模糊、不清晰而处于意识边缘的。接受心理治疗的来访者的自我概念和观念一定程度上不同于身心健康的人，他们的体验也与身心健康的人不同。体验可以被理解为内在感受到的体会过程，或者身体上的各种感受。

> 聚焦取向的心理治疗方法强调具体的感受，聚焦身体－意识交界领域的体验。

第 19 章
人本主义财务治疗——人本主义心理学视角下的财务治疗

该理论认为，体验受阻导致压抑和痛苦的感觉，通过关注体会可以消除这些感觉。因此，来访者在治疗中发展出一种能力，可以共情地觉察他们的体会，除了感受到的体验之外，还能觉察到尚未清晰表达的体会。该治疗把来访者从内容（来访者分享的信息）引向过程（来访者如何连接他们的体验）。来访者被要求时刻关注他们的身体性体验过程。

在聚焦过程中，来访者－治疗师之间的关系最为重要。治疗师先是采取共情倾听的态度，类似于罗杰斯的方法，然后象征化来访者的体验，并检视其对于这个象征化体验是否有身体上的回应。在治疗过程中，可以有话语、想象、姿势或新的动作出现，随后治疗向前推进，穿过过程中的各种阻滞。最终，来访者不带评价地接受所有信息，从而带来体会的改变——在身体层面可收放自如地跟随个人的体会过程。来访者的变化与成长是因为在其自我理解和体验方面发生了多重微妙感受的转变。我们回到财务治疗的案例上，从聚焦的视角来看看。

当珍妮弗谈起米切购买音乐会门票的情境时，治疗师共情地倾听她的体验。一开始她主要关注内容（也就是她做了什么，她如何回应，以及随后发生的争吵），但是她也谈到感到受伤和困惑。她的体验受阻，并感到压抑和痛苦。治疗师通过聚焦提问引导珍妮弗把注意力转向她的体会，这让珍妮弗开始把注意力转向其身体感觉（例如，"现在你的身体整体上是什么样的感觉？"）。她字斟句酌地描述她的体会："我感到胃部空无一物。""我的喉咙很紧，好像我正在把眼泪憋回去。"珍妮弗开始与她的体验直接接触。她从关注内容转向如何与体验建立联系。她注意到了自己有怎样的感觉。

随着治疗的继续，珍妮弗变得更能连接她的身体－体会，也更能觉察意识边缘正在发生什么。她能够关注自己当下浮现的体验中模糊未明的意义，能够利用这个扩展的觉察创造有意义的解决方案。

通过这个过程的展开，珍妮弗开始以一种新的方式理解并体验她自己以及她与金钱的关系。她更加依赖自己的体验性视角并且能够自我觉察,并让自我觉察来指引她的想法和行动。

> 存在主义关注各种体验,包括成为谁这个过程的体验、成长和变化过程的体验、通过承担责任来重新定义自我的体验、在走向个人命运以及最终自由的过程中做出各种选择的体验。

值得注意的是,扩展觉察十分重要。觉察聚焦于个体即刻体验的体会,随着觉察的扩展,个体可以体验到更大的意义感以及自我与体验更大程度的整合。

存在主义心理治疗

存在主义心理治疗通过帮助来访者更加清楚地理解他们在这个世界上的生活体验,同时联结超越自我的生命和体验,从而协助个体实现成长,并充分发挥个体的潜能。在治疗过程中,治疗师需要始终保持好奇和尊重,并邀请来访者体验并反思自己的存在。这个方法不关注症状,而是关注解释症状的潜在意义,目的是从中获得启示,活得更加坦率并充分体验每一个当下。

存在主义心理治疗主要受到丹麦哲学家和神学家索伦·克尔凯郭尔（Soren Kierkegaard）的影响,在着力理解自我和生命意义的过程中,他特别关注人类主观的体验,而非客观的科学真理。克尔凯郭尔关心社会去人性化的演变趋势,并且反对任何把人视为纯粹的物的企图;但是,他也反对只包括个人现实的主观感知。简言之,他既相信人的体验的重要性,也相信体验中的人的重要性。

存在主义关注独立个体的存在状况及其情绪、行为、责任和想法。人们终其一生都在找寻他们是谁、他们具体是怎样一个人并基于个人体验、信念以及对自己、他人和周遭世界的理解而做出各种选择。更进一步说,存在主义关注各种体验,包括成为谁这个过程的体验、成长和变化过程的体验、通过承担责任来重新定义自我的体验、在走向个人命运以及最终自由的过程中做出各种选择的体验。人与世界联结一致就能完成整合,获得健康,担负职责。相比之下,失去与自我和世界的联结,结果就是异化、孤立和焦虑。

正是从这个哲学源头开始,形成了存在主义心理治疗。存在主义心理治疗最杰出的奠基者也来自于欧洲,包括卡尔·雅斯贝尔斯(Karl Jaspers)(1883—1969)、路德维格·宾斯万格(Ludwig Binswanger)(1881—1966)、梅达德·博斯(Meddard Boss)(1903—1990)、维克托·弗兰克尔(Victor Frankl)(1905—1997)。早期存在主义方法确认了寻找真实自体的意义及其首要地位。通过人际的相遇、自我的反思以及之后的自我觉察,个体能够居于其真实自我,度过人生的各种危机。成长来自于一个人真实地活着,并与他人真实地相遇。在治疗过程中,治疗师和来访者的关系及其坦诚开放胜过任何治疗技巧,每一个来访者的个人体验是真实信息的首要来源。

虽然是罗洛·梅(Rollo May)把欧洲的存在主义浪潮引入了美国,却是作为精神病学家、精神分析治疗师和教授的欧文·亚隆(Irvin Yalom)为存在主义心理治疗这一流派创建了清晰连贯的结构。存在主义心理治疗提出,内在冲突是一个人对抗存在的结果。更具体地说,亚隆相信,大部分心理问题根源于人的体验中的四个重要的存在性议题,即死亡、自由、孤独和无意义。它们常常在一个人的内心形成冲突,但随之而来的想法、情绪和行为可能是适应性的,也可能是非适应性的。

将存在主义取向应用于财务治疗,对于阐明来访者如何理解金钱、财富或贫穷的意义十分有帮助,因为这些都与来访者立身于世的自我感受有关。接下来是存在主义心理治疗方法在珍妮弗案例中的应用。

存在主义心理疗法在一开始有点类似于 PCT。但是,治疗师会对珍妮弗的焦虑、她的花费及其通过花费拥有或期待的意义表现出更多的好奇,因此,治疗工作将集中在这些方面。治疗师可能会询问米切购买低价票对她意味着什么，如果购买高价票对她又意味着什么。同时，治疗师会探索她对成为一名年轻的专业人员的恐惧和焦虑，以及如何将其与她的归属感联系在一起。此外，治疗师还会探索负债的意义和体验，以及它们如何与她的自由和效能感相关联。通过探索焦虑及其意义，珍妮弗很有可能获得新的理解，不仅是对金钱和花钱有了新的理解，而且对内在的自我价值和归属感也有了新的理解。当获得这些新的理解后，她的症状就很有可能得到缓解。

就具体方法而言，存在主义疗法可能与其他同类型治疗方法类似。存在主义的特征是在检视、创造人类生命体验更深刻的语境和意义的过程中解决焦虑问题的。

> EFT 的目标是让来访者重返并信赖其原发情绪的适应性潜能。但是，来访者必须首先回到他们感到受伤、悲伤、愤怒或者任何其他情绪的黏着点，然后才能离开黏着点并继续前行。

↳ 情绪焦点疗法

EFT 认为情绪既是治疗的首要目标，也是重要的促变因素。EFT 整合了PCT、格式塔和体验性疗法，而把重点放在共情性同调和治疗关系上，同时关注任务–聚焦、关系导向的格式塔治疗风格以及身体层面的体会。作为一个以持续了 25 年的心理治疗研究项目为基础的经验支持方法，EFT 把自主、持续体验、成长、整体论及真实性等价值观念和情绪理论对情绪根本适应性特征的尊重整合在一起。

个体一旦在情绪层面对内在和外在的体验做了充分的处理，其健康功能运作就会自然运行，因此从体验中获得的意义就能够适当地引导体验。情绪能够帮助一个人了解在某个情境中什么是重要的，揭示一个人想要什么或者需要什么,并有助于其决定应该采取什么样的恰当行动,以满足那个需要。换句话说,情绪被视为意义、方向和成长的核心来源。EFT 的目标是让来访者重返并信赖其原发情绪的适应性潜能。但是,来访者必须首先回到他们感到受伤、悲伤、愤怒或者任何其他情绪的黏着点,然后才能离开黏着点并继续前行。想做到这一点,治疗师就要唤起来访者此时此刻的情绪并让其予以体验,这样才能让其理解、处理情绪,并且使其从功能失调的情绪反应转变为有待处理的原发适应性情绪。

EFT 的特点是,识别会谈中的治疗标记并对其中来访者已准备好改变的部分进行干预。主要标记包括但不限于:有问题的反应,表现为对特定情境的情绪或行为反应感到困惑;未明的体会;冲突分裂,指自我的一个面向批评另一个面向;自我中断分裂,即情绪表达被自我的一个面向打断;未竟事宜,即朝向一个重要他人的感受被阻断;脆弱性,指一个人在情绪上感到易受伤、不安全。每个治疗标记都可以使用特定的方式进行干预。具体来说,针对有问题的反应,可以使用体验唤起的方式,使来访者再次体验特定的情境及反应,以便最终理解情境的意义。这种方式可以让治疗师和来访者更加深入地理解来访者对于情境的反应及随后出现的自我功能的新视角。未明的体会可以通过体验性聚焦进行处理,来访者聚焦并把注意力内转,允许其感受当下正在发生的身体层面的体验,以便推动身体体会发生转变。这个体会的转变将创造新的意义。冲突性分裂的干预方法是利用双椅技术,通过彼此对话的方式,让自我的两个面向直接接触,以推动整合和自我接纳。自我中断分裂,可以利用双椅演出技术进行干预,请来访者在身体层面、隐喻方式或口头表述等表演过程中断的方式。接着,要求他对自我中断的面向做出反应和挑战,以便充分感受之前受阻的体验。未竟事宜可以使用空椅干预的方式,来访者激活其对重要他人的态度,分别进入双方的体验,表达他们未解决的感受和需要。这既能够转变对于自我的态度,也能够转变对于他人的态度,使来访者承担起对他人的责任并且加深其理解，或者原谅他人。脆弱性则需要通过肯定性的共情确认方式进行干预，治疗师需要共情地同调来访者对于体验的某个面向的深度羞耻感或不安全感。通过确认并正常化脆弱体验，来访者能够发展出更加稳定的自体感。

　　EFT治疗师把以人为中心、标记-引导、过程-导向式关系立场整合在一起，其中过程-导向式关系立场是指在来访者的讲述和治疗师的过程引导之间来回切换。作为过程顾问，治疗师引导来访者进行自我反思、自我理解并重新评估其情绪图式——把心理感受、身体感觉、认知和行为整合在一起的复杂组织结构可以帮助我们理解自己、他人以及周遭的世界。有时，情绪图式被描述为内在的声音，它自动化地影响一个人的行为，并且无法被人直接觉察。而治疗主要是在安全的治疗环境中帮助来访者接近其情绪图式，并且尽量彻底地处理这些情绪图式。当来访者通过觉察、情绪表达、调节和反思理解了其情绪的意义时，改变就发生了，并引发了转变和情绪的校正性体验。接下来，我们从EFT财务治疗的角度来看一下珍妮弗的案例。

　　情绪聚焦财务治疗在一开始有点类似于以人为中心的治疗师的非指导性风格。但是，随着珍妮弗开始探索她的痛苦，治疗师也开始寻找不同的治疗标记，它们标识着未解决的情绪。在这个案例中，父母常常出差不在家的状况，贯穿了珍妮弗整个童年期和青春期。他们几乎不会用语言表达对珍妮弗的爱，取而代之的是在出差路上为她购买昂贵的礼物。这样一来，珍妮弗发展出了悲伤而且孤独的情绪图式；但是，父母的礼物会暂时让她开心起来。直接向父母表达原发适应性的悲伤情绪令她感到不安全，因为她害怕他们会因此不喜欢她，甚至把她推得更远。所以，珍妮弗从未表达或处理这些情绪。与之相反，她面带欢乐地面对父母，以便获得他们的喜爱，与此同时抑制了原发适应性的悲伤情绪。

　　通过这些早期体验，珍妮弗认为自己的悲伤情绪是不可接受的。成年以后，她继续阻碍自己处理悲伤情绪，而缓解悲伤的方式是给自己购买物质商品。这一行为能带来短暂的快乐，并且慢慢地发展为重复性的超支消费模式。由于珍妮弗继续阻碍自己接触悲伤情绪，所以她一直处在狂欢式购物模式中，并且已经开始失控。更进一步地，只有他人送自己贵重的礼物，珍妮弗才能感觉到被爱。

在治疗初期，治疗师发现了珍妮弗的一个有问题的反应，对于这一点珍妮弗的洞察很有限，并且对于消费行为感到很困惑。通过清晰地唤起这一体验，治疗师引发并放大了珍妮弗毫无节制的消费之前和消费期间的情绪体验。随着她觉察到了胃部的"悲伤空虚感"，她意识到这是一种熟悉的身体体验，可以回溯到她的童年期。每当父母出差以及她担心父母对她的爱的时候，她都会体验到这一"空虚感"；但是，当他们回家并给她带来新奇的礼物，这些感受就会暂时得到缓和。通过不断觉察这一身体体验，珍妮弗意识到胃部的这个感受，无论是在过去还是在当下，都直接关联着她深层的悲伤和孤独，她从未允许自己表达这些情绪，而是通过获得新的物质财物，一再地、再而三地阻止它们。

通过持续的治疗，珍妮弗开始允许自己体验这一"空虚感"，以及与之相关联的悲伤和孤独的原发情绪。她开始探索并表达这种悲伤和渴望对她意味着什么，并找到适应性的方式来满足与之相关的需要。通过自我安抚（如跑步、和亲密的朋友聊天、祈祷等），她发展出了调节这种悲伤情绪的健康方式，与此同时她允许自己体验这一情感痛苦。通过这个悲伤情绪的处理过程，珍妮弗以往模糊未明的体会被转变为完整的适应性情绪图式，这个图式让她体验到更多的自我慈悲，并且能够以一种更具适应性的、健康的方式满足自己的需要。

伦理考量

需要注意的是，EFT 与其他人本主义方法有类似之处，即都重视真实关系和治疗联盟的共情性支持，并把这视为最高准则。但是，与其他人文主义立场不同的是，在帮助来访者穿过情绪处理的过程中，EFT的治疗师往往强调其主导性作用。财务治疗师应用EFT，应该做好应对这类情绪问题的准备。如果财务治疗师没有接受培训或者没有准备好引导来访者处理其情绪问题，就应该使用其他的方法。

未来方向

人本主义心理治疗方法的核心要素使它们与其他主要的治疗模式有所区别，并且可以直接应用于财务治疗和金钱障碍治疗。首先，人本主义方法倾向于对个体及其生活情境、存在的问题进行整体性的考量。其他模式倾向于还原论方法，检视认知图式、个体行为和关系模式或脚本，而人本主义方法聚焦治疗师和来访者之间的真实相遇。与整体论一致的是，人本主义治疗核心倾向于关注人而不是关注症状。实际上，治疗过程促使人朝向更加完整的方向发展，从根本上来说，症状的消除是这个过程的必然产物。

> 实际上，治疗过程促使人朝向更加完整的方向发展，从根本上来说，症状的消除是这个过程的必然产物。

人本主义心理治疗方法的另一个特点是，它们倾向于聚焦情绪和情绪过程，并更具整合性。情绪的重要性在具体方法中各有不同，但是它们都认为情绪及其过程是治疗的关键。因此，与其他模式相比，人本主义的治疗过程往往更少具有线性，而更多呈现有机体的感受和过程。这一倾向常常令新手治疗师不安或感到棘手，但这却是整体性和情绪核心治疗的一个固有的方面。

在财务治疗的适用性方面，人本主义的整体性必然支持以下观点，即虽然人本主义取向通常被认为是有效的治疗方法，而且是一个有效治疗紊乱金钱行为的方法，但是应用于财务治疗和治疗金钱障碍时，更深入的研究、学术界更多的关注仍是很有必要的。

第20章

动机式访谈与改变阶段视角下的财务治疗

布兰德利·T. 克朗茨；爱德华·J. 霍维茨；保罗·T. 克朗茨

引言

多少次，你和来访者坐在一起，给出你的最佳建议，来访者却叹了口气，然后争辩道："是的，但是……"然后找各种借口。或者虽然他赞同了你，后来你却发现他根本就没有坚持到底。即使最有经验的临床工作者也承认，虽然来访者在寻求帮助，但让他们采取积极的行动也是一件很有挑战的事。甚至一部分看起来最容易做出改变的来访者也犹犹豫豫，迟迟不能采取行动，或者根本没有按照约定落实治疗师给予的建议。事实是，改变根深蒂固的财务信念和行为并不容易。

财务治疗师经常能感受到来访者在采取行动时的阻抗。无论是同意减少花费，还是迟迟下不了决心，对改变的阻抗反映了来访者的恐惧、认为改变不重要或者对自己做出改变的能力缺乏信心。针对来访者对建议行动的阻抗，财务治疗师典型的回应是进一步说明这个建议的合理依据，提醒来访者这个问题，或者讨论不改变的可能结果是什么。这些技巧有时会奏效，但是大部分时候并不奏效，反而强化了来访者对改变的阻抗。

> 对改变的阻抗是行为改变过程中的正常现象，也在意料之中。

对改变的阻抗是行为改变过程中的正常现象，也在意料之中。研究发现，当面对来访者的阻抗时，如果治疗师未能识别出来访者的阻抗并改变策略，会导致情况变得更加糟糕。换言之，面对来访者对于改变财务信念和行为模式的阻抗，财务治疗师的本能反应很有可能适得其反，导致来访者更不可能改变。为了更加有效地与来访者就财务事务达成一致，治疗师需要采用合适的方法，帮助来访者应对改变及其对改变的阻抗。本章将探讨改变的过程、面对改变的矛盾心态、对改变的阻抗，并引入已经经过实践验证的方法来帮助来访者改变，此外针对以上问题，还会提供一个来访者案例。

改变过程

普罗查斯卡等人提出，改变需要经历六个阶段，财务治疗师在与来访者互动的过程中将进行以下步骤，包括前沉思阶段、沉思阶段、准备阶段、行动阶段、维持阶段、结束阶段。研究者认为改变阶段模型适用于财务规划和财务治疗。接下来是对财务治疗中的改变阶段模型的概括介绍。

↳ 阶段1：前沉思阶段

处于前沉思阶段的来访者对自己的问题浑然不觉，对问题的严重程度轻描淡写，为自己的行为找各种借口并归咎于他人。他们可能削减退休储蓄，在财务方面表现出儿童化倾向，或者无所顾忌地透支信用卡。处于该阶段的来访者将在财务有关的问题上付出代价。那些承受财务否认痛苦的来访者就处于前沉思阶段，他们表现为回避金钱、竭力忘记自己的财务状况并且忽视银行对账单。处于前沉思阶段的来访者不承认这些问题看起来总是由某事或某人引起的。当来访者处于前沉思阶段时，他们常被认为"拒绝承认"自己的问题。

↳ 阶段2：沉思阶段

在沉思阶段，来访者意识到他们存在问题。他们能够识别行为导致的负性结果，承认他们要承担部分责任。处于沉思阶段的来访者开始郑重考虑问题和挑战的本质，收集信息以期理解行为的前因后果。在这个阶段，来访者对改变存在矛盾心态，还不太确信费时费力做出重要改变是件有价值的事情。当处于沉思阶段的来访者意识到自己存在问题时，他们会考虑在接下来的 12 个月内对此做出改变。

↳ 阶段 3：准备阶段

在准备阶段，来访者开始承诺做出改变，并高度重视对财务问题的应对。他们将优先处理财务问题。现在，信息收集工作集中于找到问题的解决方案。在准备阶段，焦点转移到对未来状态的期望。创建行动目标的恰当时机就是在这个阶段。

↳ 阶段 4：行动阶段

在行动阶段，来访者开始实施他们的计划。在这个阶段，来访者能够做出行为改变。正是在这个阶段，来访者迫切需要治疗师或理财规划师的建议，并且最有意愿接受这些建议。在这个阶段，指导方法、意见分享以及具体建议被拒绝的可能性最低。大多数传统的治疗方法旨在帮助处于行动阶段的来访者。但是，普罗查斯卡等人的研究表明，无论是想要解决哪种财务问题，任何既定时间内只有 20% 的来访者处于行动阶段。也就是说，传统的推动改变的方法在 80% 的时间内不适用（如提供更多的信息、有逻辑地讨论、鼓励即刻行动等）。对于未进入改变阶段的来访者，这些方法将导致来访者更不可能按照财务治疗师的建议采取行动。处于准备阶段的来访者有望在接下来的一到三个月内做出改变。

↳ 阶段 5：维持阶段

在维持阶段，来访者的改变至少已经持续数月，并且回顾过去的行为时具有一定的洞察力。（治疗师）以来访者的实际努力为基础，承认并强化他们至今取得的进步，这一点很重要。（治疗师和来访者一起）回顾持续增加的储蓄账户金额或降低了的信用卡欠债余额，核对这些结果与他们期望的财务目标有怎样的关联，对这些方面的评估也有助于量化已经取得的积极改变。在这个阶段，来访者将把他们改变后的行为融入日常生活。问题行为复发在这个阶段时有发生。因此，在这个时段，正常化复发和挫折对来访者会很有帮助。

↳ 阶段6：结束阶段

在结束阶段，来访者充分整合了新的行为方式，建立起财务健康的自我意象，即使出现诱惑，也不会退回到有问题的行为方式上。通常，治疗在这个点上结束，或者会谈的频次减少到每月或每季一次，以强化并巩固来访者的治疗效果。

改变的前兆

↳ 建立信任

为了给促进来访者完成改变的各个阶段奠定基础，需要具备几个重要的关系性要素。为了最有效地做到这一点，需要具备以下几点：建立干预来访者财务行为的可信度和"权利"；赢得来访者的信任，表现出有意愿持久地帮助努力做出改变的来访者。米勒（Miller）与罗尼克（Rollnick）、卡勒（Kahler）等人指出，要激发出来访者改变当前财务状况的动机，必须符合三个条件。这些条件包括：来访者认为改变很重要，相信自己具有改变的能力，愿意改变。通过检视来访者的状况，阐明不做出改变的结果以及改变的好处，可以让来访者意识到需要做出改变。肯定并回顾来访者已经历的成功改变有助于来访者确信自己拥有改变的能力。准备做出改变往往比较困难，需要更多的耐心和韧性。米勒与罗尼克建议治疗师可以使用"标尺"评估改变的这三个前兆性指标。也就是说，让来访者对重要性感知、自信和准备改变这三个前兆性指标进行自我评估，评分分值从 1 到 10。

避免提问

反馈式倾听是一个行之有效的方法，米勒和罗尼克称其有利于来访者克服矛盾心态并形成改变动机，但掌握这个方法并非易事。反馈式倾听包括但不限于努力发现来访者想要说什么，即使这些内容可能并没有被充分或有效地清晰表达出来。娴熟的反馈式倾听者将解释并总结对方说了些什么，接着以陈述句的方式反馈给对方。下面将介绍反馈式倾听的具体应用。与反馈式提问相比，语言组织良好的反馈式陈述不太可能引发来访者的阻抗。为了明确反馈式陈述和反馈式提问之间的差别，请仔细阅读下面的例子并同时关注自己的情绪反应。

提问："你正在经历储蓄方面的困难？"
陈述："你正在经历储蓄方面的困难。"

虽然两句话的内容完全相同，但是句子末尾的声调不同。反馈式陈述以降调收尾，而反馈式提问通常会抬高声调。与陈述相比，来访者对提问的反应会有很大不同。反馈式提问会让来访者想起在中学课堂上被叫起来回答问题，这个问题应该有一个正确答案和一些错误答案；或者让其想起被父母或老板提问或评判的经历。

> 提问常常被来访者体验为对质，很有可能引发其焦虑和防御。

娴熟的反馈式陈述让来访者知道我们理解他们正在说什么，所以不会造成改变的障碍。有时，治疗师的一个问题或一个不恰当的回应会导致阻抗，结果就是引发争论或者让来访者更深地陷在情绪障碍里。提问常常被来访者体验为对质，很有可能引发其焦虑和防御。相反，反馈式陈述能够肯定并安抚来访者的担忧。因为反馈的内容来自于来访者自己的表述和想法,所以更有可能带来正面的情绪体验。语言组织良好的反馈式陈述能让来访者知道我们已理解了他们着力表达的内容,并邀请他们进行对话,共同来解决问题。恰当的反馈式倾听的另一个好处就是有助于来访者感到被听见和被理解。无论内容是什么,这种类型的对话都会给来访者带来正向体验。

↘ 改变语句

改变语句是动机式访谈的一个重要概念。通过强调来访者当前状况及其期望的未来状态之间的差异,改变语句有助于放大这种差异并解决来访者的矛盾心理。改变语句本质上是支持改变的谈话方式。典型的情境是,当治疗师碰到来访者的阻抗时,为了帮助来访者,治疗师将采用改变语句的谈话方式。来访者将以现状语句回应治疗师的改变语句,反复重申他们为什么不应该改变的原因,以及他们不太可能改变。米勒和罗尼克确认了四类改变语句:现状的不利影响;改变的有利影响;对改变持乐观态度;改变的意图。关于现状不利影响的陈述句承认存在一个问题并且值得担忧。这一类的改变语句仅仅是确认当前的行为状态有不可取的地方,而不是承认问题。关于改变的有利影响的陈述句主要是帮助来访者确认未来状态中令人满意的要素,帮助他们通过改变获得积极结果。关于对改变持乐观态度的陈述句是帮助来访者用语言来表达对于改变的自信和能力,以期做出想要的改变。关于改变意图的陈述句是来访者期望的未来状态,即来访者的生活将如何得到改善,变得有条理。接下来是与财务治疗来访者有关的上述改变语句的示例。

- 现状的不利影响
    - ——"说说看,你决定今天来这里见我的原因。"
    - ——"说说看,哪方面的财务问题最令你担忧。"
- 改变的有利影响

——"说说看，如果你有更多的存款，你将感觉如何。"
——"说说看，信用卡偿清之后，你的生活方式会有怎样的改善。"
- 对改变持乐观态度
——"分享一下，你可以利用自己的什么优势让改变发生。"
——"说说你过去做出类似改变的经历。"
- 改变的意图
——"说说看，你的生活发生这样的改变，如何有助于你实现目标。"
——"让我知道，为了实现退休目标，你愿意尝试什么/改变什么。"

> 为了最有效地促进改变，来访者应该是观点来源方。
> 对改变的阻抗是改变过程中的正常现象。

在改变语句中，通过重要且自信的陈述句，治疗师引导来访者建立改变的价值并形成改变动机。这与治疗师的"翻正反射"相悖。后者相信治疗师先需要建立起价值和动机，以便推动来访者采取行动。通过改变语句，来访者详细描述未来状态以及为什么想要达到这种状态。当前状态与未来状态的对比是如此鲜明、强烈，以至于可以促使形成一种内在动机，以克服矛盾心理并创造改变动机。

↘ 理解阻抗

对改变的阻抗是改变过程中的正常现象。财务治疗的首要目标是帮助来访者采取更健康的财务行为。常会遇到的情况是，财务治疗师给出建议，而来访者可能没有做好按此行事的准备。对于改变的阻抗就如同交通信号灯，提示我们需要减速或停下来，因为来访者没有跟上或不赞同治疗师的思路。在讨论改变的过程中出现红灯或黄灯并不是问题，只要治疗师识别出这个状况，停下其正在做的治疗工作，努力让信号灯转绿，就可以推动改变的过程继续前行。如果红灯或黄灯一直在闪，并且在来访者和治疗师互动的过程中变得更加严重，就表示治疗师偏离了轨道。在动机式访谈过程中，如果来访者表现出持续的阻抗，则可能是治疗师技术不熟练的结果。阻抗是一个标志，表明要么是治疗师推进得太快，要么是来访者未准备好按治疗师说的去做。治疗师的角色是"靠向"来访者，让来访者转向改变，如果遇到阻抗，治疗师需要退回一些、放慢进程或者转向另一个主题。动机式访谈的前提是，来访者想要在积极的方向上做出改变，并且能够做出改变。治疗师的角色是推动来访者发现其动机、优势和智慧。来访者的阻抗增加有时是治疗师运用不恰当的方法导致的。治疗师调整治疗策略很重要，这有助于降低阻抗，因为这与长期改变相关。动机式访谈强调，对于治疗师而言，很重要的一点是注意到来访者的阻抗，当阻抗发生的时候就让当前的治疗停下来，换一种有效的方式回应来访者的阻抗。

通过动机式访谈处理来访者对改变的阻抗

动机式访谈提供了促进改变的循证方法，包括激发改变的具体对话技巧。这些方法集中于确认并解决来访者对于改变的矛盾心理，构建来访者改变的动机。来访者的矛盾心理和动机的缺乏是阻抗发生的重要原因。接下来回顾几个以实证为基础的方法，结合对话实例，探索、阐述这些方法的实际应用。治疗师可以在实践中使用这些方法，帮助来访者克服矛盾心理，鼓励来访者实现有意义的改变。

米勒和罗尼克给出了以下八种方法，当遇到来访者的阻抗时，治疗师可以使用这些方法。在概要介绍每种方法之后，出于说明的目的，我们将列出一段来访者-治疗师对话的示例。接下来是一个案例研究，在这个案例中，动机式访谈被用作重要的财务治疗干预方法。

简单式反映　即使治疗师的反映并没有准确理解来访者的意图，来访者需要对治疗师进行纠正，那也有助于来访者澄清自己的想法和感受，推动对话继续开展。简单式反映让来访者感到被理解，并获得对其行为与目标之间的差异的洞察，更加清晰地意识到不改变的结果。治疗师可以选择反映来访者说的内容，或者反映来访者感受到的情绪。

来访者：我没有时间做预算。

治疗师（反馈内容）：这个时候，对于你来说，预算不是第一优先事项。

来访者：我不相信我的丈夫事前连招呼都不打，就买了那辆摩托车。

治疗师（反馈感受）：你感到愤怒、被背叛。

> 简单式反映也许是最有力的改变技术，足以支持来访者朝改变前行。

放大式反映　放大式反映是另一个有效的反映技术，它以一种夸张的方式给出反映。掌握这个方法并不容易，而且使用该技术时，治疗师要秉持一种共情、真诚的态度。这一技术的风险在于来访者可能把一个不成功的放大式反映理解为讽刺或蔑视。放大式反映可以帮助来访者从对抗改变当中退后一步。来访者常常纠正治疗师改变的方向，治疗师可以跟随来访者并邀请对方澄清，这将促成来访者进入改变语句的对话中。

来访者：我知道我应该降低消费水平，但我就是做不到。

治疗师：所以，现在无论减少哪方面的支出，对你来说都根本不可能。

来访者：哦，我没有说不可能。

治疗师：那你指的是什么。

心理咨询中的财务议题

双面反映 双面反映表达了来访者矛盾心理的两个方面。这个方法使来访者能更加深入地探索正反两面的改变理由。为了给出完整的反映,这个技术要求治疗师利用来访者的陈述,同时补充另一面。

来访者:我知道我需要和女儿谈谈她的消费习惯。

治疗师:所以,一方面,你意识到需要有这样一次对话,另一方面,你还担心她也许会冲你发脾气。

转移焦点,离开僵局 转移焦点需要改变对话的角度,以绕开僵局。当来访者对某个特定的话题产生阻抗,治疗师就可以使用这个方法,转移焦点,离开僵局,进入不太能引起争论的话题,让对话继续。

来访者:我没有沉溺赌博,我讨厌别人这样说我。

治疗师:好的,赌博对你来说实际上不是问题,你厌倦了不得不为自己辩护。那让我们来谈谈你的财务目标吧。

重新界定 重新界定是指治疗师向来访者提供新的信息,从而让来访者获得一个新视角。治疗师肯定来访者观点的合理性,同时提供一个不同的参考框架。治疗师以一个不同的框架看问题能够帮助来访者重新界定问题,找到新的解决方案。

来访者:一想到要做预算,我就抑郁了。

治疗师:做预算不容易。那让我们制订支出计划来替代它吧。首先你说一下,打算在什么地方、什么时间、在哪些方面花钱。

> 治疗师以一个不同的框架看问题能够帮助来访者重新界定问题,找到新的解决方案。

同意中有转折　治疗师首先同意来访者的陈述，接下来对此进行转折。同意中有转折，结合了简单式反映和重新界定这两个技术，前者有助于来访者感受到被理解和被支持，后者给来访者提供了新视角。同意来访者是为了让来访者更有可能接受随后的视角上的改变。下面是一个转变来访者视角的例子，视角从谴责妻子过度消费，转变为意识到他们之间的关系动力。

> 来访者：我和妻子总是为同一件事发生争吵。那就是，她总是想要花钱，根本不把退休储蓄这件事放在心上。
>
> 治疗师：感觉她不在乎你们的财务未来，这的确令人担忧。就好像你越是想着为未来储蓄，她越是想要你俩现在就把钱花光。

强调个人选择和控制　来访者越是感到自己的选择自由面临威胁，就越有可能坚持自己的自由。当遇到阻抗时，一个有效的技术就是强调个体的自由权和自主权。

> 来访者：我根本不想去"匿名债务人互助会"（Debtor's Anonymous）。我觉得很尴尬，没有办法向他人谈起我的支出。这对我根本没有帮助。
>
> 治疗师：是啊，这当然应该完全由你来决定。没有人可以要求你做什么，我非常尊重你的决定权。

顺势而行　顺势而行的技术是指治疗师和来访者一起站到改变的对立面。当来访者反对治疗师几乎所有努力的时候，治疗师就以一种平静、就事论事的态度使用这一技术。当治疗师愿意支持来访者不做改变的决定的时候，顺势而行就是最佳选择，即便现况有损于来访者的最大利益。

> 来访者：我认为财务治疗不能改善我的支出状况。之前我就治疗过，它没什么用。
>
> 治疗师：很高兴你能告知我这些。财务治疗确实需要花费大量时间和

精力，如果你不相信会成功，那我们无论如何是很难成功的。

案例研究

↘ 背景信息

乔安（Joann）是一位 52 岁、生活在上流社会的离异白种人女性，有一个处于青春期的女儿。她是一名表演艺术家，有过物质滥用的历史。但已经戒断 20 年了，没有复发。乔安是父母唯一的孩子，父母在她初中时离婚。她的父母都是物质滥用者，都进过监狱。乔安主要由她的祖父母养大，生活在蓝领阶层的社区。十几岁时她就自给自足了，15 岁左右就开始饮酒、吸毒、玩音乐、写歌，和比她大很多的孩子一起四处闲逛。她 35 岁左右结婚，并在 40 多岁的时候离婚。

乔安，有悟性，精明，积极主动，有创造力，多才多艺，有同情心，能内省，诚实，能自我觉察，独立，稳定，有上进心。她 31 岁接受物质滥用治疗，在过去 14 年内接受过不同药物的抑郁症治疗。乔安见过各种精神健康专业人员，但是没有人与她就过度支出有过讨论。在过去的 35 年中，她与三个专业的财务管理团队有过合作关系。她说，这些团队都对她的支出状况表示担忧，其中一个团队还因她的过度支出问题而与她解除了合作关系。

↘ 当前问题

乔安的财务经理在审查她的年度财务状况时，邀请了一位财务治疗师参与讨论，希望在处理长期过度支出方面能有所帮助。乔安说，她对支出的"上瘾"就像过去对酒精和毒品成瘾那样。她说，所有关于金钱的成瘾性思维模式和行为及其合理化都与曾经关于饮酒和吸毒的一模一样。她说，自己需要外界的帮助，因为她数年来一直试图改变，但是没有成功。

乔安说，自己的过度支出问题主要表现在强迫性购物上，无论是在旅程中还是一个人晚上在家上网，她都有强迫性购物的行为。她说自己买的东西主要是衣服和珠宝，而这些其实她并不需要。她说："放弃这个将是我有生以来最艰难的事情。相比较而言，放弃酒精和毒品更容易些。"作为一位成熟的女性表演艺术家，经纪人已经告诉她，她的事业在过去几年就达到顶峰，现在她的机会在减少，不能指望赚的钱可以像过去一样多。乔安最近意识到，如果她不改变消费行为，她可能连自己的住房都保不住；住房是她生命中最重要的东西，她想把它留给女儿。乔安终于意识到，她的顾问没有错，一直以来她通过减少存款来维持每年的生活支出，存款已经从大约 1 500 000 美元锐减为不足 400 000 美元。如果让她现在偿清包括房屋按揭贷款在内的所有欠款，那她将破产。

乔安说自己对于资金即将耗尽的恐惧和焦虑已经十分显著。最近 12 个月，她已经花了 216 000 美元，而她的支付能力只有 72 000 美元。两者之间的差额需要动用她的退休储蓄。她很清楚，如果她不能改变自己的行为，那么她将在三年之后花光退休储蓄。乔安说她对自己的行为感到羞耻和罪疚，对改变感到无望。

↘ 案例概念化

乔安无疑是一个过度消费者。她对自己过度支出的行为十分困惑、予以否认、缺乏觉察、盲目乐观，并且在这个问题上坚持保守秘密。乍一看乔安的案例，其改变动机似乎很强烈。实际上，在量入为出以及为自己和女儿的未来储蓄方面，乔安做出改变的内在动机相当低。主要动因看起来是外在的，表现为恐惧，源自和顾问的讨论。虽然她希望降低消费，但是对于采取必要的步骤却显得矛盾重重。

↘ 干预

  动机式访谈使用自陈式量表，分值范围是从 1 分到 10 分，来访者自己评估改变的重要程度、对于有能力改变的自信程度以及对于改变的准备程度。对于减少支出这一改变，乔安评估其重要程度是 7 分或 8 分；其自信程度，是 3 分；其准备程度，是 10 分。乔安说，如果她不改变，她将失去住房，而且没有能力在经济上照顾她的女儿。她表示自己在积累财富方面没有兴趣，也不想让其他人认为自己是这样的人。她说，要在经济上把自己照顾得足够好，以便女儿不用在经济上照顾她，她想要留样东西（她的房屋）给女儿，好让女儿"先人一步"。当在治疗过程中她减少支出的动机开始减弱的时候，以上提到的这些就可以派上用场。

  当来访者在自陈式量表的某个方面给出低自评分的时候，动机式访谈不会问他们为什么评分不高一些。因为这个问题将引发对现况的讨论，获得适得其反的效果。治疗师使用改变语句的方法，问乔安为什么自信评分是 3 分而不是 0 分。她回答，自己曾经做出过艰难的改变，所以她对自己改变的能力还是有些信心的，但是她需要更多的帮助。乔安表示，她在过去十多年，尝试削减支出十几次，但都不成功。她说，这也是"成瘾"，甚至比酒精和毒品成瘾更厉害，后两者她已经 20 年没碰了。与酒精和毒品不同的是，她不得不每天都和钱打交道，她不可能把钱放在一边，不去面对它。

  为了处理低自信评分，治疗师请乔安说说她是怎么做到戒除酒精和毒品成瘾的。治疗师询问她为了实现戒除目标，曾使用了什么资源（系统性的、人际间的和内心的），并向她确认她是如何使用那些资源做出改变的。乔安把她的成功归因于同辈的支持和辅导。她说："我知道我应该怎么做。我应该继续去匿名债务人互助会。但是我不打算那样做。"她花了些时间详细阐述她为什么不打算那样做，财务治疗师决定改变焦点，离开目前的僵局，并且表示将会优先选择那些更轻松、更少攻击性的方法来让她做出改变，前提是如果存在这样的方法。

在接下来几周的会谈中，当乔安变得沮丧并且对成功处理过度支出问题失去信心的时候，治疗师就向她建议利用她提及的资源，那些资源在改变她的酒精和药物成瘾方面曾很有帮助。

故态复萌和暂时的失败在改变的过程中都属于正常情况，治疗的目标是慢慢的渐进式改变，而不是立竿见影、一蹴而就的线性完美改变。理解这些有助于增强乔安做出改变的信心。治疗师提醒她，故态复萌和暂时的失败仅仅意味着需要落实某件事情。而只有在她落实计划的过程中做得不够"完美"的时候，治疗师才会这样说。

当乔安没有完成自己想要完成的财务管理任务的时候，她就会花费大量的时间、利用各种策略，试图以此改善她强烈的自我憎恨、羞耻感（她最初拒绝去债务人匿名互助会，是因为其他人会知道她存在这个问题）、绝望感和严苛的自我对话。虽然乔安承认过度消费可能是试图满足她未被满足的情感需要，但是她想把财务治疗集中在外部策略上，看看是否掌握一些便捷的金钱管理技巧和意志力就足以推动改变。治疗师建议乔安每天记录下当天的全部支出情况。她发现，智能手机的一款应用程序让记录变得很便利，她说她很享受这个记录过程。治疗中还使用了如下的策略。

- 记录并和财务治疗师一起仔细检视月度/年度支出明细。当前的问题是她每月的支出超预算，支出与预算的比率是3∶1。她每个月的预算是4 000美元，这就需要每个月减少8 000美元的支出。
- 减少自主支配的支出（如有线电视费用、外出就餐费用、给女儿的零花钱等）。
- 动用退休储蓄偿清了60 000美元的信用卡负债。
- 注销所有的个人信用卡，只留一张商业信用卡并且由她的经纪人持有。

- 向她的经纪人坦诚她的支出问题，因为经纪人常和她一起外出。
- 寻求经纪人的帮助和支持，找到替代性方案来解决她在演出的城市里经常性的狂欢式购物行为。乔安的工作会让她定期出现在某一场馆或城市。在她下榻的酒店附近往往有一些精品服装店和珠宝店，她和某些店主建立起了个人关系，这些店主习惯为她保留一些商品，提醒她下次来的时候过来看看。乔安觉得下次来的时候买下这些商品是理所当然的。
- 将女儿和房屋的合影设置为平板电脑的屏保，作为可视化提醒物。
- 平板电脑放在卧室外面（在线购物大多发生在深夜她躺在床上的时候）。乔安承认她在晚上深感孤独，购物是为了缓解孤独感。
- 制订消费计划，设定旅行的支出限额（仅使用现金）。
- 房屋重新按揭，可节约年贷款利率的 2%。
- 更有意愿工作，以增加收入。
- 每月收入的 25% 放入娱乐休闲储蓄账户，25% 用于每月生活支出，50% 留作长期储蓄。

↳ 治疗过程

财务治疗主要通过电话会议或网络会议的方式进行，每周一次，每次 1 个小时，持续 40 周。在每次会谈中，治疗师和乔安都会一起回顾上周的支出情况，并把大量的时间和精力用在重新制定消费决策上，新的消费决策会吸取之前的经验和教训。当会谈结束时，去年和今年的同比支出比率显示进展良好。每个月有一次电话会谈，专门用来检视上个月的财务报表。乔安的支出控制越来越好，虽然有过几次复发，但复发频率越来越低。最后一次复发之后，她同意参加债务人匿名互助会。她与其中一名成员，组成了"减压"小组，并开始定期参加团体会议。

↘ 结果

在 12 个月内,乔安的支出减少了 60%,收入增加了 15%。她的财务顾问认为,这是过去 11 年中乔安第一次年支出低于年收入。乔安确信她现在有"清偿债务的能力",她的目标是保持现在的状态。她对已经取得的成就表示很满意。在最后一次关于治疗结果的回访时,也就是治疗结束后 2 年,她依旧有"清偿债务的能力"。

乔安的改变有以下三个关键要素:一个负责的治疗师,和乔安至少每周会谈一次;乔安每天用心地记录支出情况;与和她一样正接受治疗的人定期交流,直接见面或者通过电话、网络的方式沟通。只要她坚持这些努力,她的预后状况就会很好。但是,存在一个重大的风险,就是她可能会重蹈覆辙。冲动消费的部分原因是因为孤独、抑郁、愤怒和恐惧,显而易见的是乔安具有这些潜在风险。虽然治疗师建议使用体验性财务治疗来处理这些深层次问题,但是乔安没有意愿和能力以直接的方式来处理它们。因此,一旦这些问题凸显出来,她就有复发的风险。

伦理考量

如果理财规划师熟练掌握改变阶段、对于改变的矛盾心理、改变语句与状态语句、反映性倾听这些概念,那么即便没有接受过专业动机式访谈技术或心理治疗培训的理财规划师,也可以使用改变阶段理论和动机式访谈来帮助来访者做出积极的财务决策。例如,如果来访者在取得意愿、建立信任或退休储蓄方面有矛盾心理或者有阻抗,这些技术的使用可以带来很好的效果。但是,理财规划师的最优做法是使用这些技术鼓励来访者到有资质的专业人员那里接受治疗。

> 如果财务治疗的目标是治疗金钱障碍,那没有接受过专业心理健康培训的财务治疗师不适合提供财务治疗。

未来方向

治疗师想要高效地帮助来访者完成改变，关键是识别出来访者所处的阶段。治疗师确定来访者所处的阶段并恰当使用相关方法，可以极大地推动来访者做出改变。虽然本章没有对所有改变阶段的特点和方法进行更深入的介绍，但是给出了每个阶段具体且应该实施的治疗策略。如前所述，在任何阶段、针对任何问题，都存在来访者不想做出改变的情况。关键是财务治疗师识别出来访者的阻抗，停止其当前工作，放慢其治疗速度，如果必要，则改变治疗焦点。如果没有恰当地处理阻抗，与见治疗师之前相比，来访者可能更不愿意做出改变。无论是单独使用还是和其他财务治疗方法联合使用，反映式陈述、改变语句和其他方法都可以有效地处理阻抗，使动机式访谈取得成功。研究表明，治疗师使用动机式访谈可以显著地改善来访者的行为，改变阻滞的状况。但是，在财务治疗领域，改变阶段模型和动机式访谈的有效性尚待科学的进一步证实，这将是未来的研究热点。

致 谢

首先，编者向每一位作者致谢并感恩，祝贺大家在一年内完成本书的核心内容，我们共同成为本书的"父母"。按照出场顺序，依次感谢，伊森·千秋·克朗茨（Ethan Chiaki Klontz），阿比林·玛丽·阿丘利塔（Abilyn Marie Archuleta）和威廉·艾伦·布里特（William Allen Britt）。我们也向我们的伴侣、家人和朋友们致谢，在这个项目期间，他们鼓励我们、为我们打气并照看孩子。没有他们的支持，这个项目可能会被束之高阁。感谢乔尼·娲达（Joni Wada）博士、乔什·布里特（Josh Britt）博士、科丽·阿丘利塔（Cory Archuleta）及各位同事（Kyden，Nekoline，Abilyn）、罗兰（Roland）和特里·佩德森（Terry Pederson）、托妮·佩德森（Toni Pederson）、辛迪（Cindy）和丹尼·阿丘利塔（Danny Archuleta）、各位里费尔（Riffels）[罗杰（Roger）、杰尼（Jenni）、泰森（Tyson）和谢拉（Shayla）]、特德·克朗茨（Ted Klontz）博士、马吉·祖吉（Margie Zugich）、詹姆斯·特纳（James Turner）博士、旺达·特纳（Wanda Turner）、戴安娜·"布巴"·娲达（Diana "Bubba" Wada）、约翰·娲达（John Wada）、各位安德森（Andersons）[安托万（Antoine）、布兰达（Brenda）、摩根 Morgan 和利亚（Leah）]、各位芬纳基（Funakis）[马克(Mark)、妮基(Niki)、梅森(Mason)和杰克(Jake)]、内森·哈顿·沃尔什(Nathan Hatton Walsh)、查克·卡塔诺(Chuck Cattano)、菲利普·摩根(Philip Morgan)、亚历克斯·比文斯(Alex Bivens)博士、东洋铃木(Toyo Suzuki)博士、莫妮卡·钟(Monica Chung)、凯·霍尔特(Kay Holt)和蒂姆·库萨克(Tim Cusack)。

非常感谢本书的文字编辑山姆·赫尼(Sam Honey)。在本书的编辑过程中,山姆和他的妻子琪亚(Kia)迎来了他们的家庭新成员[亨利(Henry)]。山姆是堪萨斯州立大学(Kansas State University)的一名学生,我们都很想念他,希望他的理财规划师事业一帆风顺。也要向我们在堪萨斯州立大学的各位学生和同事致谢,很多人都为本书做出了贡献。我们想提出特别感谢的是莫里·麦克唐纳(Morey McDonald)博士、马丁·西伊(Martin Seay)博士、安东尼·卡纳勒(Anthony Canale)、兰迪·凯姆尼茨(Randy Kemnitz)、德里克·劳森(Derek Lawson)、乔治·锅岛(George Nabeshima)、爱德华·霍维茨(Edward Horwitz)、艾米丽·A. 伯尔(Emily A. Burr)、德里克·撒普(Derek Tharp),感谢他们的远见卓识和不懈努力。也感谢那些在学术界、心理卫生领域和理财规划领域从事财务治疗的同事。还要感谢玛吉·贝克(Maggie Baker)、艾普尔·本森(April Benson)博士、鲁迪·纳萨里尼亚(Roudi Nazarinia)博士、梅根·福特(Megan Ford)、杰里·盖尔(Jerry Gale)博士、约瑟夫·W. 格茨(Joseph W. Goetz)博士、约翰·格拉布尔(John Grable)博士、克林顿·古德芒森(Clinton Gudmunson)博士、帕梅拉·海斯(Pamela Hays)博士、L. 马丁·约翰逊(L. Martin Johnson)博士、塞西尔·里昂(Cecile Lyons)博士、尤兰达·T. 米切尔(Yolanda T. Mitchell)博士、罗恩·赛奇(Ron Sages)博士、凯莉·高泽(Kelly Takasawa)博士、理查德·特拉赫特曼(Richard Trachtman)博士、多蒂·德班(Dottie Durband)博士,感谢他们为财务治疗领域做出的贡献。

最后，我们要感谢我们的朋友和同事，感谢他们愿意翻阅本书并给出反馈和建议。尤其感谢 A. 查尔斯·卡塔诺 III（A. Charles Cattano III），他是位于加利福尼亚州伯林格姆的西方资产管理有限责任公司［Occidental Asset Management（OCCAM，LLC）］的管理负责人；特德·克朗茨（Ted Klontz）哲学博士，他是位于田纳西州纳什维尔的克朗茨咨询集团（Klontz Consulting Group）总裁；身处明尼苏达州圣保罗的莎拉·阿塞拜多（Sarah Asebedo）；身处墨西哥托多斯桑托斯的马塞·雅格（Marcee Yager）；鲁斯提·安德鲁斯（Rusty Andrews）哲学博士，他就职于位于堪萨斯州曼哈顿的安德鲁斯联合公司（Andrews & Associates，Inc.）。感谢他们付出的巨大努力以及给出的宝贵建议。

编者简介

布兰德利·T.克朗茨（Bradley T. Klontz）哲学博士，国际金融理财师（CFP®），堪萨斯州立大学副教授，西方资产管理责任有限公司管理合伙人。他还是一名财务心理学家、演讲者、研究者和作家。克朗茨博士是夏威夷心理协会（Hawaii Psychological Association）的前任主席，美国心理协会的成员，荣获过APA的创新实践总统奖，表彰其在全美范围内财务心理学的创新实践。克朗茨博士目前是专业期刊与杂志的高产作家，是《心理学服务》（Psychological Services）及《财务治疗期刊》的编辑审查委员会成员。克朗茨博士与他的父亲特德·克朗茨（Ted Klontz）哲学博士一起，共同撰写了四本财务心理学书籍：《理智胜于金钱：克服威胁我们财务健康的金钱障碍》（Mind Over Money: Overcoming the Money Disorders that Threaten Our Financial Health），《连线财富：改变深坑金钱心态，激发你的财务潜能》（Wired for Wealth: Change the Money Mindsets That Keep You Trapped and Unleash Your Wealth Potential），《吝啬鬼埃比尼泽的财富智慧：转变你与金钱关系的五原则》（Financial Wisdom of Ebenezer Scrooge: 5 Principles to Transform Your Relationship with Money），《促进财务健康：理财规划师、教练和治疗师的工具》(Facilitating Financial Health: Tools for Financial Planners, Coaches, and Therapists)。克朗茨博士的成果总是出现在各类新闻报道中,并且常常出现在报纸杂志上。

索尼亚·L. 布里特(Sonya L. Britt)哲学博士,国际金融理财师(CFP®),堪萨斯州立大学副教授,该校个人理财规划课程负责人。布里特博士是财务治疗协会的第一任主席,研究重点聚焦婚姻与家庭治疗(其硕士研究领域)和理财规划(其博士研究领域)的结合。布里特博士因在理财规划与咨询设置领域的应激生理评估方面有着开创性的研究而为人所知。在其他研究热点,如婚姻内金钱议题、金钱争议的预测因子以及它们对关系满意度和离婚的影响、金融素养能力的有效性以及在财务规划和咨询设置方面的金钱信念和金钱行为的评估方面,也很有研究。美国财经杂志《基普林格》、《投资新闻》、《华尔街日报》及《纽约时报》及许多其他出版物都重点介绍过布里特博士的研究成果。布里特博士参加了2012年4月在荷兰阿姆斯特丹举行的"儿童与青年财务国际金融素养高峰论坛"(Child and Youth Finance International Financial Literacy Summit),并分享了她在年轻群体金融素养方面的研究。布里特博士与多蒂·德班(Dottie Durband)博士合作编著了《学生金融素养:基于校园的课程开发》(Student Financial Literacy: Campus-Based Program Development),介绍了如何设置大学生金融素养课程的整个过程。布里特博士是多家学术期刊的常任审稿人,还是《家庭与经济期刊》(Journal of Family and Economic Issues)和《财务治疗期刊》的编委会成员。

克里斯蒂·L. 阿丘利塔(Kristy L. Archuleta)哲学博士,婚姻与家庭治疗师(LMFT),堪萨斯州立大学副教授,该校个人理财规划临床学院研究所所长。阿丘利塔博士是享誉国际的研究者和财务治疗师,拥有个人财务治疗师和婚姻与家庭治疗师双重身份。她的研究重点是如何在人际间和心灵内的各要素之间建立连接,以及如何在个人财务研究与实践之间建立联结。阿丘利塔博士与他人联合创立了财务治疗协会、《财务治疗期刊》、个人理财规划诊所及妇女经营农场（Women Managing the Farm）。她是财务治疗协会的现任主席和财务主管，也是 FTA 学术期刊和《财务治疗期刊》的编辑。阿丘利塔博士与他人合作编著的《理财规划与量表》(*Financial Planning and Scales*)，是同类型第一本也是唯一一本适用于学术社群的图书。阿丘利塔博士及其团队所撰写的论文曾被财务治疗协会授予"杰出论文奖"，以表彰他们在发展财务治疗方面具有重大意义的概念性框架工作。阿丘利塔博士被堪萨斯州立大学人文学院授予"Myers-Alford 杰出教学奖"，也获得过俄克拉荷马州立大学（Oklahoma State University）人文科学学院的"杰出校友奖"。阿丘利塔博士的研究成果发表在多家期刊及其在线官网上。除了学术工作之外，阿丘利塔博士还是堪萨斯州曼哈顿市的婚姻与家庭执业治疗师。

作者简介

玛吉·贝克（Maggie Baker）哲学博士 从布林莫尔学院（Bryn Mawr College）获得儿童发展与临床评估博士学位。私人执业30年，曾在维德纳大学（Weidner University）临床心理学研究生院任教。其于2011年2月出版的《为钱疯狂：情绪如何复杂化我们的金钱选择，为此该做些什么》（*Crazy about Money: How Emotions Confuse Our Money Choices and What To Do About It*），源自她在2000年互联网泡沫破灭时的情绪体验。贝克博士的临床实践专注个体和夫妇的金钱议题，也关注如何帮助伴侣建立金钱议题的有效沟通模式等问题。

艾博·莱恩·本森（April Lane Benson）哲学博士 美国知名心理学家，擅长治疗强迫性购物障碍。她和他人联合创建了神经性厌食症和暴食症研究中心（Center for the Study of Anorexia and Bulimia），当前任职于当代心理治疗学院董事会（Institute for Contemporary Psychotherapy），这两个机构都位于纽约。她在纽约从事私人执业已经超过35年。本森博士出版的第一本书名叫《我停止，所以我如此：强迫性购物与寻找自我》（*I Shop, Therefore I Am: Compulsive Buying and the Search for Self*），是一本多学科研究专著。她的第二本书《买或者不买：我们为什么过度购物，如何停止》（*To Buy or Not to Buy: Why We Overshop and How to Stop*），介绍了一个非常有效的过度购物制动项目。《成瘾与康复团体期刊》（*Journal of Groups in Addiction and Recovery*）在 2013 年发表了她的研究，介绍了她的治疗模型以及该模型的案例说明，并在 2014 年 3 月发表了该模型疗效的研究。本森博士通过电话交流和 Skype 的方式，提供个体治疗和团体辅导，也培训想要与过度购物者工作的治疗师。

艾米丽·A.伯尔（Emily A. Burr）硕士 PLMHP 一名门诊治疗师，在内布拉斯加州林肯市的儿童指导中心（Child Guidance Center）与年轻人和家庭开展工作，是堪萨斯州立大学的个人理财规划专业博士生，她也在这所大学取得了婚姻与家庭治疗的硕士学位。与此同时，艾米丽是堪萨斯州个人理财规划临床学院的实习治疗师，并且是与财务治疗有关的诸多持续研究项目的项目组成员。艾米丽是美国婚姻与家庭治疗协会和财务治疗协会的会员。她从 2013 年起开始担任财务治疗协会专业期刊《财务治疗期刊》的书讯和书评编辑。从 2010 年到 2011 年，艾米丽曾参与建立了内布拉斯加州学生金钱管理中心（University of Nebraska's Student Money Management Center），并担任课程助理和财务顾问。

安东尼·卡纳勒（Anthony Canale）工商管理硕士 国际金融理财师（CFP®） 堪萨斯州立大学的博士生，专业是个人理财规划。他是一名获得了认证的理财师，也是圣约翰大学的客座教授，曾在 2014 年担任理财协会纽约分部主席。

梅根·R.福特（Megan R. Ford）硕士 乔治亚州 ASPIRE 临床大学的临床协调员，从事跨学科临床工作，以合作性的方式结合多种方法来促进整体幸福感的提升。她于 2010 年在堪萨斯州立大学取得婚姻与家庭治疗的硕士学位。梅根是美国婚姻与家庭治疗协会和财务治疗协会的会员。自 2009 年起，她就是财务治疗协会专业期刊出版物《财务治疗期刊》的文字编辑。《财务治疗期刊》在2011年重点介绍了她的"福特财务利他模型"。除了是一名ASPIRE临床协调员以外，她还是乔治亚州雅典市的一名执业治疗师。

杰里·盖尔（Jerry Gale）**哲学博士**　人类发展学与家庭科学系的副教授，婚姻与家庭治疗的博士生课程的课程负责人。他是ASPIRE临床的联合创始人。参加过众多国内外会议，曾受邀出席在韩国召开的国际会议，写了70多篇论文和3本书。他曾荣获美国家庭治疗研究院2006年的杰出研究奖。他和约瑟夫W.戈茨（Joseph W. Goetz）博士一起整合系统理论和财务治疗，建立了关系财务治疗模型。

约瑟夫·W.戈茨（Joseph W. Goetz）**哲学博士**　乔治亚州立大学的理财规划副教授，ASPIERE临床的联合创始人，埃尔伍德及戈茨财富顾问集团的创始人。他是财务治疗协会的前任主席，也是包括《财务咨询与规划期刊》《理财规划期刊》《财务治疗期刊》和《个人财务期刊》在内的多家专业期刊的编辑委员会成员。最近他被财务咨询与规划教育协会任命为2013年度财务顾问，并荣获2012年理查德·B.拉塞尔杰出教学奖（Richard B. Russell Excellence in Teaching Award）。他在密苏里哥伦比亚大学取得学士学位，在得克萨斯理工大学（Texas Tech University）获得理财规划、心理学和消费经济学三门学科的研究生学位。

约翰·E.格拉布尔（John E. Grable）**国际金融理财师**（CFP®）　在佐治亚州立大学认证理财师（CFP®）标准委员会教授本科和研究生课程，是该校体育联合会客座教授（Athletic Association Endowed Professorship）。在从事学术工作之前，他是一名养老金福利管理人，之后成为一家资产管理公司的注册投资顾问。格拉布尔博士是《个人理财期刊》的创始编辑，《财务治疗期刊》的联合编辑。他的研究方向包括财务风险容忍评估、心理生物经济学和理财规划咨询。他曾荣获多项研究和出版物奖以及多项资助，致力于促进研究与理财规划实践之间的连接，并就此发表了众多期刊论文。他还是两本理财规划教科书的共同作者，与他人共同编撰了一本理财规划与咨询量表的图书。格拉贝尔博士目前是一本顶尖财务服务期刊的季度专栏作者，《理财规划期刊》的学术顾问，国际金融理财师教育委员会主席。

蒂莫西·S. 格里斯多恩（Timothy S. Griesdorn）**哲学博士　国际金融理财师**（CFP®）**认证金融顾问**（AFC®）爱荷华州立大学人文发展与家庭研究院副教授。他在得州理工大学获得个人理财规划的哲学博士。他的研究方向包括金融素养、职场财务教育及行为金融学。格里斯多恩持有理财咨询与规划教育联合会（Association for Financial Counseling and Planning Education）认可的认证金融顾问（AFC®, Accredited Financial Counselor），国际退休教育基金会（International Foundation for Retirement Education）认可的认证退休顾问（CRC®, Certified Retirement Counselor），认证理财规划委员会（Certified Financial Planning Board of Standards）认可的国际金融理财师（CFP®, Certified Financial Planner）。

克林顿·G. 古德芒森（Clinton G. Gudmunson）**哲学博士**　爱荷华州立大学人类发展与家庭研究学院副教授，他从生命过程的视角研究家庭金融社会性，并带领研究团队从事金融咨询研究。目前，研究方向聚焦财务态度、经济压力的发展性，以及财务态度对于个人及家庭福祉的影响。他于2010年从明尼苏达州立大学（University of Minnesota）获得家庭社会科学哲学博士。他主要教授个人理财、金融咨询、家庭策略及研究方法领域的课程。

帕梅拉·海斯（Pamela Hays）**哲学博士**　夏威大学临床心理学博士，新墨西哥州立大学心理学学士，法国巴黎索邦大学的法语学士。1987年到1988年期间，她是罗彻斯特医学院的美国精神卫生研究所博士后。1989年到2000

年期间，她是西雅图安提亚克大学的研究生心理学课程的核心教员。在2000年，她回到家乡阿拉斯加州的基奈半岛，在社区心理卫生方面开展工作，开始私人执业，并在基奈策部落的纳克努家庭中心工作。她的研究关注北非、越南、老挝、柬埔寨、突尼斯的妇女工作。她的论著包括《处理文化复杂性实践：评估、诊断与治疗》(Addressing Cultural Complexities in Practice: Assessment, Diagnosis, and Therapy)、《跨文化联结：助人者工具箱》(Connecting across Cultures: The Helper's Toolkit)，并且和他人一起编辑完成《文化回应型认知行为疗法：评估、实践与督导》(Culturally Responsive Cognitive-Behavioral Therapy: Assessment, Practice, and Supervision)。APA拍摄了她的工作纪录片，作为关于专业治疗师的专题纪录片《文化回应型认知行为疗法：评估、实践与督导》的一部分。她在国际范围内提供咨询、开展教学。

爱德华·J. 霍维茨（Edward J. Horwitz）国际金融理财师（CFP®）理财规划师（ChFC®）特许人寿保险人（CLU®）认证高级顾问（CSA） 克瑞顿大学商学院风险管理中心负责人，保险与理财规划讲师。他也是堪萨斯州立大学个人理财规划的一名博士生。

L. 马丁·约翰逊（L. Martin Johnson）临床心理学博士，工商管理硕士 夏威夷心理学中心的董事。夏威夷心理学中心是夏威夷檀香山市的一所私人门诊心理治疗中心，他在那里提供治疗、培训和督导。他是阿尔格西大学夏威夷职业心理学学院的客座教授，教授的课程包括人本主义心理治疗、以人为中心的心理治疗、心理学史。他在哥伦比亚大学获得MBA学位，在檀香山校区的美国职业心理学学院获得临床博士学位。他的实践重点和职业方向是心理发展及功能连续体上的个人发展。他曾获得"夏威夷心理协会的杰出服务奖"。

兰迪·凯姆尼茨（Randy Kemnitz）理学硕士，国际金融理财师（CFP®） 有超过25年的金融服务经验。他在多家跨国金融服务提供商和财务咨询公司中担任要职。他是一名国际金融理财师（Certified Financial Planner™），持有 Series 7 和 Series 66 两项金融牌照，在威斯康星州立大学获得商业管理学位。他也拥有理财规划大学的硕士学位，目前是堪萨斯州立大学个人理财规划学院的博士生。

保罗·T. 克朗茨（Paul T. Klontz）哲学博士 财务治疗协会的创始副主席。他被公认是财务心理学的开拓者，在美国田纳西州纳什维尔拥有自己的个人咨询业务，为个体、伴侣和家庭提供咨询，来访者来自各行各业，有运动员、演艺人员、继承人、娱乐公司职员、寻求理财规划的人。他也是多家公司的顾问，包括 Flood、Bumstead、McCready、McCarthy 以及一家在线工作坊与静修中心（Onsite Workshops & Retreat Center）和一家国际知名的疗养组织。他和不同公司集团合作，教授管理沟通技巧，以提高其工作效率。他还是多本书籍的联合作者，包括《金钱背后的心理》(Mind Over Money)、《埃比尼泽·斯克罗吉的财务智慧》(The Financial Wisdom of Ebenezer Scrooge) 和《提升财务健康》(Facilitating Financial Health)，并且是《修复灵魂的心灵鸡汤》(Chicken Soup for the Recovering Soul) 丛书的著者，还发表过多篇论文。

德里克·R. 劳森（Derek R. Lawson）工商管理学学士 Sonas 金融集团股份责任公司的理财规划师。毕业于爱荷华州立大学，获得金融专业的学士学位，并于 2014 年 12 月从堪萨斯州立大学获得理财规划硕士学位。基于其硕士课程，他打算继续攻读理财规划的博士学位，专业方向为财务治疗与行为金融学，也涉及金融素养、神经经济学、理财规划专业及财务治疗领域的教育要求和策略等内容。德里克也是大堪萨斯市理财规划协会的董事。此外，他是国家个人理财顾问协会（National Association of Personal Financial Advisors，NAPFA）和财务治疗协会的会员。

塞西尔·菲利普斯·里昂（Cécile Phillips Lyons）哲学博士 从位于美国

卡平特里亚的太平洋研究生院取得临床心理学博士学位，拥有伯克利太平洋宗教学院理论研究专业和斯坦福大学教育专业的双重硕士学位。她从旧金山神学院获得精神指导艺术专业的学士学位，并且是得到认证的金钱教练（Certified Money Coach，CMC®）。在2010年美国心理学协会全美大会上，里昂博士分享了关于"金钱：转化的催化剂"的实证现象学研究。这项研究基于并扩展了其在2012年完成的"金钱阴影"研究。作为2012年财务治疗协会年度秋季会议的发言人，她分享了自己对金钱的主观体验的研究，提倡不同专业人员，比如治疗师、教练、顾问、规划师之间的合作。

梅根·A.麦考伊（Megan A. McCoy）理学硕士　目前在佐治亚大学人类发展与家庭科学系攻读博士学位，专业是婚姻与家庭治疗。攻读博士学位期间，她在ASPIRE诊所实习，既是传统意义上的治疗师，也是财务治疗师。2008年，她获得德雷克塞尔大学婚姻与家庭治疗的硕士学位。从那以后，梅根就是执业于宾夕法尼亚州、北卡罗来纳州和乔治亚州的一名治疗师。此外，她刚刚结束她在财务治疗理事会作为学生代表的任期。

尤兰达·T.米切尔（Yolanda T. Mitchell）哲学博士　内布拉斯加大学林肯分校儿童、青少年及家庭研究系实习助理教授。她在2008年从堪萨斯州立大学获得婚姻与家庭治疗的硕士学位。她既是堪萨斯州曼哈顿市社区矫正中心的少年犯的实习治疗师，也是堪萨斯州莱利堡军事基地的父母/青年团体的导师，还是堪萨斯Sunflower CASA项目的观察员，她应法院要求对没有永久居留权的父母对孩子的养育进行观察并提供评估。

乔治·锅岛（George Nabeshima）国际金融理财师（CFP®）特许人寿保险人（CLU®）理财规划师（ChFC®）　从1995年起就一直从事金融服务行业，目前是堪萨斯州立大学个人理财规划专业的一名在读博士。

D.布鲁斯·罗斯（D. Bruce Ross）理学硕士　婚姻与家庭治疗师，正在

心理咨询中的财务议题

攻读佐治亚大学人类发展与家庭科学博士学位,研究方向是婚姻与家庭治疗。他在马里兰大学获得了婚姻与家庭治疗的硕士学位。除了是一名在读博士外,他还是一名传统意义上的治疗师,也是 ASPIRE 诊所的财务治疗师和财务顾问。他是美国婚姻与家庭治疗协会和财务治疗协会的成员。此外,他在这学期刚刚开始作为财务治疗协会理事会的学生代表的任期。他的研究方向涉及家庭内部的财务管理问题以及财务治疗实践。

鲁迪·纳萨里尼亚·尼娅(Roudi Nazarinia Roy)哲学博士 加利福尼亚州立大学长滩分校家庭与消费者科学部儿童发展与家庭研究专业副教授。她是英属哥伦比亚大学心理学学士、家庭科学文学硕士,并于 2009 年获得堪萨斯州立大学家庭研究方向博士学位。她教授与家庭生命周期教育、家庭与多样性和父母教育有关的课程。她的研究方向聚焦父母身份的转变、关系满意度、关系与金钱以及父母角色的文化影响。她荣获过堪萨斯州立大学的"RICE 杰出教授奖",是《向父母身份的转变》(*Transition to Parenthood*)一书的联合作者,并与格拉布尔博士和阿丘利塔博士共同编著了《理财规划与咨询量表》(*Financial Planning and Counseling Scales*)。除了在学术方面的工作以外,她还坚持在社会领域的工作,和孩子们及其家庭一起工作。

罗纳德·A. 赛奇(Ronald A. Sages)哲学博士 国际金融理财师(CFP®),AEP®,CTFA,EA,Chapin 资产管理公司的创始人和董事长。这是一家专业财务管理公司,分别在康州小镇格林尼治和南卡罗来纳州的希尔顿黑德岛设有办公室。在成立这家公司之前,大约 21 年前,罗纳德曾是一家银行家信托公司私人客户集团的董事长。他目前在堪萨斯州立大学的研究生部工作,教授个人理财规划硕士生项目的整合式课程。他的研究方向是行为金融学、风险管理和金融素养。

马丁·西伊(Martin Seay)临床心理学博士,国际金融理财师

（CFP®） 堪萨斯州立大学副教授，负责个人理财规划课程，教授理财规划方面的研究生和本科生课程。西伊博士还是佐治亚大学的ASPIRE临床的财务顾问和研究生导师，负责为学生和社区人员提供合作性的财务治疗。他的研究方向聚焦于家庭财富与家庭财务福祉的交互影响。

凯莉 H. 高泽（Kelly H. Takasawa）临床心理学博士 夏威夷心理学中心（位于夏威夷州的檀香山市，是一家提供治疗的私人门诊心理治疗中心）助理主任。除了主持临床工作之外，高泽博士还负责临床培训项目。作为美国阿尔格西大学（Argosy University）夏威夷职业心理学学院的特约教授，她主要教授有关各种临床技能和胜任力的研讨课。她还在老年心理学领域有所建树。高泽博士的心理治疗方法整合了情绪聚焦、心理动力学和认知行为疗法。她在阿尔格西大学的美国职业心理学学院获得的临床心理学博士，并荣获毕业班"杰出临床技能奖"。

德里克·撒普（Derek Tharp）MFCS，RLP® 堪萨斯州立大学哲学博士，目前生活在爱荷华州锡达拉皮兹市。德里克是金融专业的理学士，爱荷华州立大学家庭理财规划专业的MFCS。多家金融报刊引用过德里克的观点。在业余时间，德里克喜欢健身、烹饪、与家人和朋友共度时光。

理查德·特拉赫特曼（Richard Trachtman）哲学博士 临床社会工作者，擅长金钱与关系教练、咨询与心理治疗。他的治疗方法灵活多样，深受心理治疗发展理论和精神分析取向的心理治疗的影响。他曾在美国密歇根州立大学的社会工作学院、史密斯学院的社会工作学院，以及心理治疗研究学院、儿童心理治疗项目的犹太监护人委员会（Jewish Board of Guardians' program in Child Psychotherapy）、家庭与离婚调解中心（Center for Family and Divorce Mediation）学习。他创建了MORE Services for Money & Relationships公司并担任董事，该公司主要提供临床与教育服务。他是临床工作者、督导、管理者和教师。特拉赫特曼博士出版过多部书籍，包括《金钱与心理治疗：精神健康专业工作指南》(*Money and Psychotherapy: A Guide for Mental Health Professionals*)、《金钱与追求快乐：顺境与逆境》(*Money and the Pursuit of Happiness: In Good Times and Bad*)，发表过众多的与金钱和心理治疗有关的文章。他在纽约的纽约城和哥伦比亚县工作和生活。

乔妮·克朗茨·娲达（Joni Klontz Wada）临床心理学博士 临床心理学家和认证物质滥用咨询师。她是欧拉·拉会·考艾岛（Ho'ola Lahui Kauai）行为健康服务中心（Behavioral Health Services）负责人，这是联邦政府资助的夏威夷土著健康中心（Native Hawaiian Health Center）。娲达博士的研究聚焦初级保健心理学、多元文化主义、女性议题和强迫与成瘾行为。在完成博士学位的过程中，娲达博士创建了女性财务赋权模型，把接纳与承诺疗法与财务治疗整合在一起。

CFP 是 Certified Financial Planner，"国际金融理财师"的简称。

版权声明

First published in English under the title

Financial Therapy: Theory, Research, and Practice

Edited by Bradley T. Klontz, Sonya L. Britt and Kristy L. Archuleta

Copyright © 2015 Springer International Publishing Switzerland

This edition has been translated and published under licence from Springer International Publishing AG.

All Rights Reserved.

本书中文简体翻译版授权由人民邮电出版社有限公司独家出版并限在中国大陆地区销售，未经出版者书面许可，不得以任何方式复制或发行本书的任何部分。

版权所有，侵权必究。